中等职业学校计算机系列教材
zhongdeng zhiye xuexiao jisuanji xilie jiaocai

计算机图形图像处理

Photoshop CS4 中文版

傅珊珊　栾泽成　主编
陈英宏　郭万军　武宏　副主编

人民邮电出版社
北京

图书在版编目（C I P）数据

计算机图形图像处理Photoshop CS4 : 中文版 / 傅珊珊，栾泽成主编. -- 北京 : 人民邮电出版社，2011.12
中等职业学校计算机系列教材
ISBN 978-7-115-25903-5

Ⅰ. ①计… Ⅱ. ①傅… ②栾… Ⅲ. ①图象处理软件，Photoshop CS4—中等专业学校—教材 Ⅳ. ①TP391.41

中国版本图书馆CIP数据核字(2011)第129290号

内 容 提 要

本书共分为 11 个项目，包括软件的基本操作，各种选区和移动工具的应用，绘画和各种修复工具的应用，路径和矢量图形，文本的输入与编辑，图层、通道和蒙版的概念及应用方法，图像的基本编辑和处理，图像颜色的调整方法，滤镜命令介绍及几种特殊效果的制作内容。

每个项目都以实例操作为主，操作实例都有详细的操作步骤，同时配有项目实训和项目拓展，突出对读者实际操作能力的培养。另外，项目最后设有习题，使读者能够巩固并检验本项目所学的知识。

本书通俗易懂、可读性好，图文并茂、可操作性强，适合作为中等职业学校“图形图像处理”课程的教材，也可作为社会培训学校的教材，还可作为广大计算机用户的自学参考书。

中等职业学校计算机系列教材
计算机图形图像处理 Photoshop CS4 中文版

◆ 主　　编　傅珊珊　栾泽成
副 主 编　陈英宏　郭万军　武　宏
责任编辑　王亚娜

◆ 人民邮电出版社出版发行　　北京市崇文区夕照寺街 14 号
邮编　100061　　电子邮件　315@ptpress.com.cn
网址　http://www.ptpress.com.cn
三河市潮河印业有限公司印刷

◆ 开本：787×1092　1/16
印张：15.25　　　　2011 年 12 月第 1 版
字数：384 千字　　　2011 年 12 月河北第 1 次印刷

ISBN 978-7-115-25903-5

定价：28.00 元

读者服务热线：(010)67170985　印装质量热线：(010)67129223
反盗版热线：(010)67171154
广告经营许可证：京崇工商广字第 0021 号

前 言

本书以基本功能讲解和典型实例制作的形式，介绍 Photoshop CS4 中文版的使用方法和技巧。

在讲解基本功能时，本书对常用的功能选项和参数设置进行了详细介绍，并在介绍了常用工具和菜单命令后，安排了一些较典型的实例制作，使读者达到融会贯通、学以致用的目的。在范例制作过程中，都给出了详细的操作步骤，读者只要根据提示一步一步进行操作，就可完成每个实例的制作，同时轻松掌握 Photoshop CS4 的使用方法。

在本书的每个项目中还配有项目实训和项目拓展，突出对读者实际操作能力的培养。另外，在每个项目的最后，都给出了习题，通过习题的制作，使读者加深对所学内容的印象。

本书分为 11 个项目，具体内容如下。

- 项目一：介绍 Photoshop CS4 软件的界面及图像文件的基本操作。
- 项目二：介绍图像的各种选取技巧及移动工具的灵活运用。
- 项目三：介绍渐变工具、绘画工具及各种修复工具的使用方法和应用技巧。
- 项目四：介绍路径的功能及使用方法。
- 项目五：介绍文字的输入与编辑方法，以及文字的转换和沿路径排列操作。
- 项目六：介绍图像的裁剪、擦除、切片等辅助工具以及 3D 工具的应用。
- 项目七：介绍图层的概念、功能及使用方法。
- 项目八：介绍通道和蒙版的概念及使用方法。
- 项目九：介绍图像编辑时常用的几种命令及图像尺寸的重新设置。
- 项目十：介绍图像颜色的调整命令及使用。
- 项目十一：介绍各种滤镜效果命令及其应用。

读者对象

本书适合作为 Photoshop 培训教材以及大中专院校学生的自学教材和参考资料，同时还适合于初学者，在软件应用方面有一定基础并渴望提高的读者，想从事平面广告设计、图案设计、产品包装设计、网页制作、印刷制版等的工作人员以及计算机美术爱好者阅读。

素材内容及用法

为了方便读者的学习，本书提供相关素材，主要内容如下。

一、“图库”目录

该目录下包含“项目一”～“项目十一”共 11 个子目录，分别存放实例制作过程中用到的原始素材。

二、“作品”目录

该目录下包含“项目一”～“项目十一”共 11 个子目录，分别存放各项目中实例制作

的最终效果。读者在制作时，可以参照这些作品；也可以在制作后，查看自己所做的是否与书中给出的效果一致。

以上素材可从人民邮电出版社教学服务与资源网（www.ptpedu.com.cn）上免费注册下载。

本书由傅珊珊、栾泽成任主编，陈英宏、郭万军、武宏担任副主编。参加本书编写工作的还有沈精虎、黄业清、宋一兵、谭雪松、向先波、冯辉、计晓明、滕玲、董彩霞、管振起等。

限于编者水平，书中难免存在错误与不足，敬请广大读者批评指正，也可直接和编者联系。联系方式为：老虎工作室网站 http://www.laohu.net。电子邮件：postmaster@laohu.net。

编者

2011 年 8 月

目录

Photoshop CS4 的基本操作

Photoshop CS4 作为专业的图像处理软件，可以使用户提高工作效率，尝试新的创作方式以及制作适用于打印、Web 图形和其他用途的最佳品质的图像。通过它便捷的文件数据访问、流线型的 Web 设计、更快的专业品质照片润饰功能及其他功能，可创造出无与伦比的影像世界。

本项目主要介绍 Photoshop CS4 的基础知识，包括启动和退出 Photoshop CS4，界面分区，窗口的大小调整，控制面板的显示和隐藏以及拆分和组合，图像文件的新建、打开、存储，颜色设置，图像的缩放显示以及输入与输出。在相应的案例中，还将介绍计算机图像技术的基本概念，包括文件存储格式、图像色彩模式、矢量图与位图、像素与分辨率等，这些知识点都是学习 Photoshop CS4 最基本、最重要的内容。

学习目标

学会 Photoshop CS4 的启动和退出方法。
了解 Photoshop CS4 的界面。
学会软件窗口大小的调整方法。
学会显示、隐藏、拆分、组合控制面板。
学会图像文件的新建、打开与存储。
学会图像文件的颜色设置及填充方法。
学会图像的缩放显示、输入与输出。

任务一 启动和退出 Photoshop CS4

学习某个软件，首先要掌握软件的启动和退出方法，这里主要介绍 Photoshop CS4 的启动和退出的方法。

（一） 启动 Photoshop CS4

首先确认计算机中已经安装了 Photoshop CS4 中文版软件。下面介绍该软件的启动方法。

【步骤解析】

(1) 启动计算机，进入 Windows 界面。

(2) 在 Windows 界面左下角的开始按钮上单击，在弹出的【开始】菜单中，依次选择【所有程序】/【Adobe Photoshop CS4】命令。

(3) 稍等片刻，即可启动 Photoshop CS4。

（二） 退出 Photoshop CS4

退出 Photoshop CS4 主要有以下几种方法。

(1) 在 Photoshop CS4 工作界面窗口标题栏的右上角有一组控制按钮，单击×按钮，即可退出 Photoshop CS4。

(2) 执行【文件】/【退出】命令。

(3) 利用快捷键，即按 Ctrl+Q 组合键或 Alt+F4 组合键退出。

任务二 了解 Photoshop CS4 工作界面

启动 Photoshop CS4 之后，默认的工作界面如图 1-1 所示。

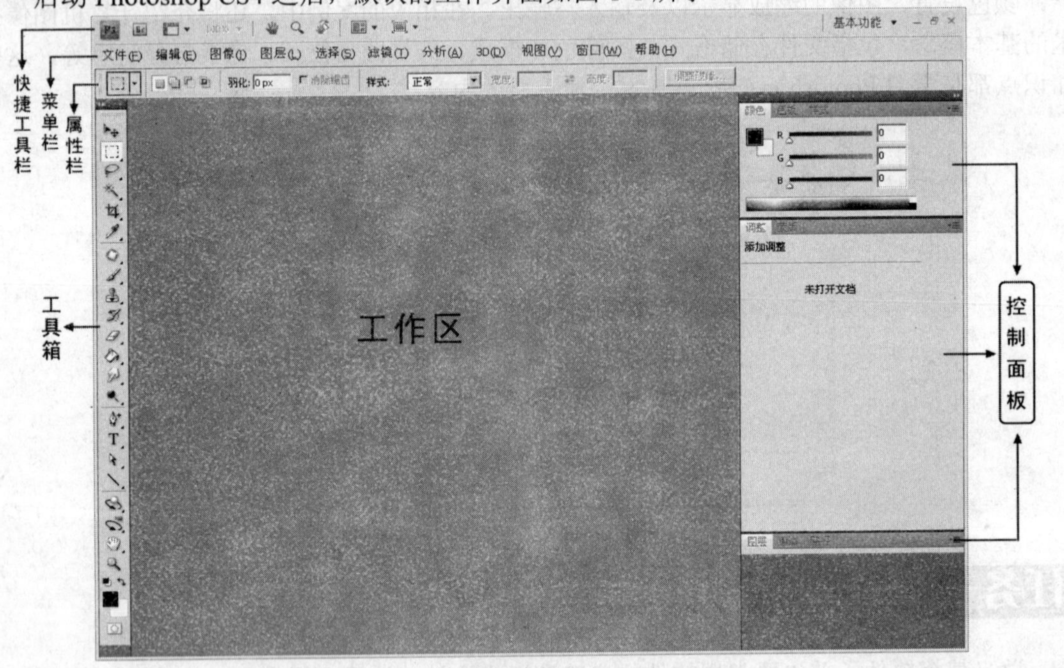

图1-1 界面布局

Photoshop CS4 界面按其功能可分为快捷工具栏、菜单栏、属性栏、工具箱、控制面板、工作区等几部分，下面介绍一下各部分的功能和作用。

1. 快捷工具栏

Photoshop CS4 重新设计了工作界面，去掉了 Windows 本身的“蓝条”，而直接以快捷工具栏代替，快捷工具栏位于工作界面的最上方。快捷工具栏中的工具主要用于快速调整桌面布局及显示方式。另外，在 Photoshop CS4 中打开多个图像文件后，打开的图像文件会以选项卡方式来显示，因此还多出了一个排列文档工具，它可以快速控制多个文件在工作区中的排列方式，具体操作将在本项目任务三的“打开文件”中讲解。

2. 菜单栏

菜单栏位于快捷工具栏的下方，包括【文件】、【编辑】、【图像】、【图层】、【选择】、【滤镜】、【分析】、【3D】、【视图】、【窗口】和【帮助】11 个菜单。单击任意一个菜单，将会弹出相应的下拉菜单，其中又包含若干个子命令，选择任意一个子命令即可实现相应的操作。

3. 属性栏

属性栏显示工具箱中当前选择工具按钮的参数和选项设置。在工具箱中选择不同的工具按钮，属性栏中显示的选项和参数也各不相同。

4. 工具箱

工具箱的默认位置为界面窗口的左侧，包含 Photoshop CS4 的各种图形绘制和图像处理工具。注意，将鼠标指针放置在工具箱上方的灰色区域内，按下鼠标左键并拖曳即可移动工具箱的位置。单击按钮，可以将工具箱转换为双列显示。

将鼠标指针移动到工具箱中的任一按钮上时，该按钮将突起显示，如果鼠标指针在工具按钮上停留一段时间，鼠标指针的右下角会显示该工具的名称，如图 1-2 所示。单击工具箱中的任一工具按钮可将其选择。另外，绝大多数工具按钮的右下角带有黑色的小三角形，表示该工具是个工具组，还有其他同类隐藏的工具，将鼠标指针放置在这样的按钮上按下鼠标左键不放或单击鼠标右键，即可将隐藏的工具显示出来，如图 1-3 所示。移动鼠标指针至展开工具组中的任意一个工具上并单击，即可将其选择。

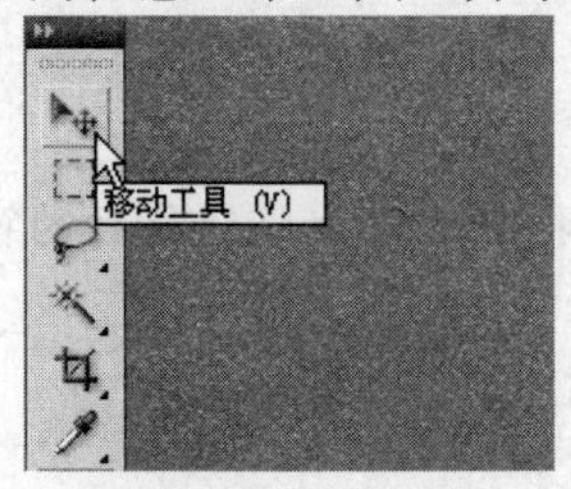

图1-2　显示的按钮名称

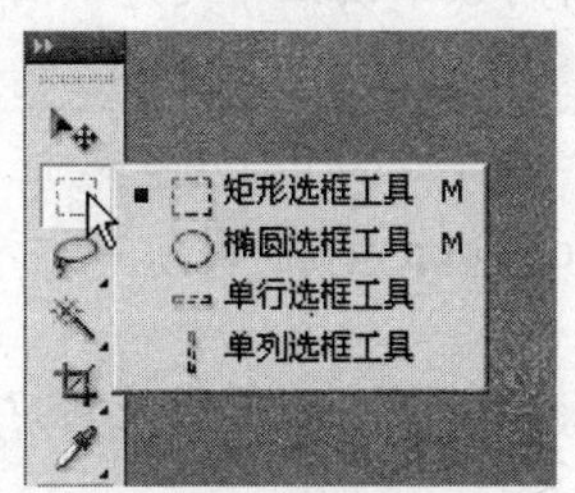

图1-3　显示出的隐藏工具

工具箱及其所有展开的工具按钮如图 1-4 所示。

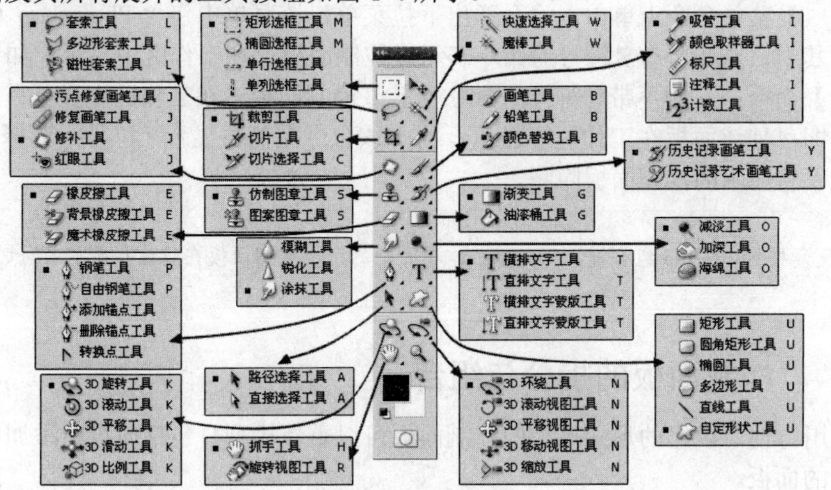

图1-4　工具箱及所有隐藏的工具按钮

5. 控制面板

在 Photoshop CS4 中共提供了 23 种控制面板，利用这些控制面板可以对当前图像的色彩、大小显示、样式以及相关的操作等进行设置和控制。

6. 工作区

工作区是指 Photoshop CS4 工作界面中的大片灰色区域，打开的图像文件将显示在工作区内。在实际工作过程中，为了获得较大的空间来显示图像，可以将属性栏、工具箱和控制面板隐藏，以便将它们所占的空间释放用于图像窗口的显示。按 Tab 键，即可将属性栏、工具箱和控制面板同时隐藏；再次按 Tab 键，可以使它们重新显示出来。

（一） 调整软件窗口的大小

当需要多个软件配合使用时，调整软件窗口的大小可以方便各软件间的操作。

【操作步骤】

(1) 在 Photoshop CS4 标题栏右上角单击按钮，可以使工作界面窗口变为最小化图标状态，其最小化图标会显示在 Windows 系统的任务栏中，图标形状如图 1-5 所示。

(2) 在 Windows 系统的任务栏中单击最小化后的图标，Photoshop CS4 工作界面窗口还原为最大化显示。

(3) 在 Photoshop CS4 标题栏右上角单击按钮，可以使窗口变为还原状态。还原后，窗口右上角的 3 个按钮即变为如图 1-6 所示的形状。

Ps Adobe Photoshop CS4...

图1-5 最小化图标形状

图1-6 还原后的按钮形状

(4) 当 Photoshop CS4 窗口显示为还原状态时，单击按钮，可以将还原后的窗口最大化显示。

(5) 单击按钮，可以将当前窗口关闭，退出 Photoshop CS4。

（二） 控制面板的显示与隐藏

在【窗口】菜单命令上单击，将会弹出下拉菜单，该菜单中包含 Photoshop CS4 的所有控制面板。其中，左侧带有✔符号的命令表示该控制面板已在工作区中显示，如【调整】命令和【颜色】命令；左侧不带✔符号的命令表示该控制面板未在工作区中显示。选择不带✔符号的命令即可使该面板在工作区中显示，同时该命令左侧将显示✔符号；选择带有✔符号的命令则可以将显示的控制面板隐藏。

反复按 Shift+Tab 组合键，可以将工作界面中的所有控制面板在隐藏和显示之间切换。

（三） 控制面板的拆分与组合

为了使用方便，以组的形式堆叠的控制面板可以重新排列，包括向组中添加面板或从组中移出指定的面板。

将鼠标指针移动到需要分离出来的面板选项卡上，按下鼠标左键并向工作区中拖曳，释

放鼠标左键后，即可将需要分离的面板从组中分离出来，其操作过程如图 1-7 所示。

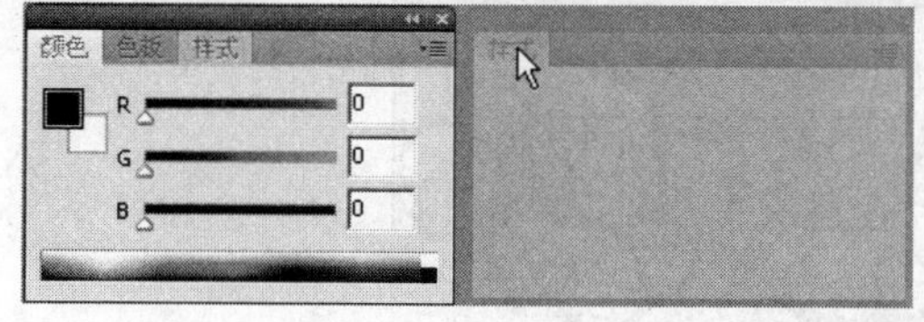

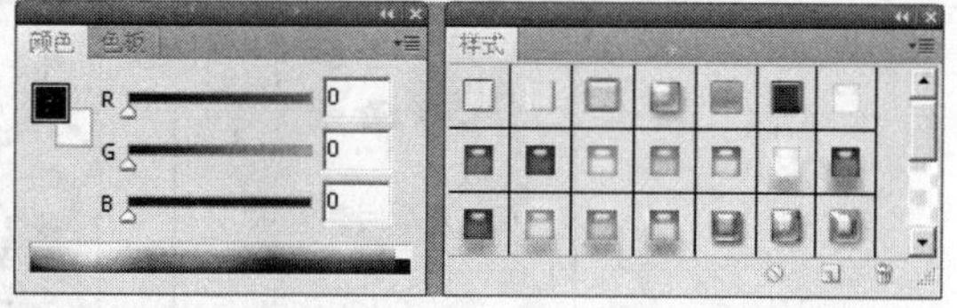

图1-7 分离控制面板的操作过程示意图

将控制面板分离出来后，还可以将它们重新组合成组。例如，将鼠标指针移动到分离出的【样式】面板选项卡上，按下鼠标左键并向【颜色】面板组名称右侧的灰色区域拖曳，当出现蓝色的边框时释放鼠标左键，即可将【样式】面板和【颜色】面板组重新组合，其操作过程如图 1-8 所示。

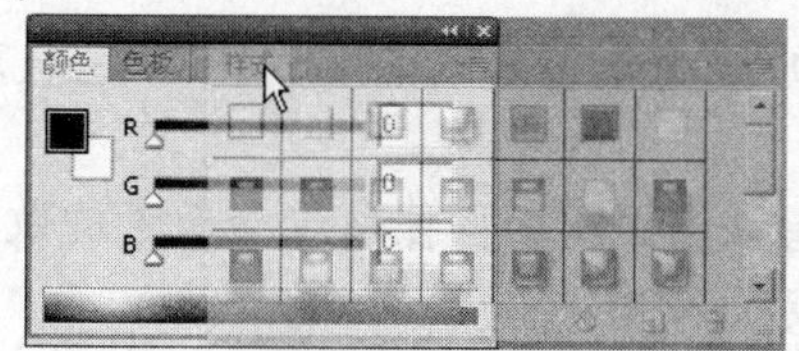

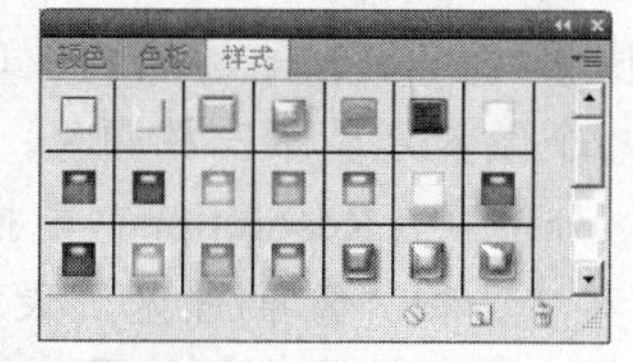

图1-8 合并控制面板的操作过程示意图

任务三 图像文件的基本操作

由于每一个软件的性质不同，其新建、打开及存储文件时的对话框也不相同，下面简要介绍一下 Photoshop CS4 的新建、打开及存储对话框。

（一） 新建文件

【知识准备】

1. 位图和矢量图

(1) 位图（Bitmap）也叫做栅格图像，是由很多个像素组成的，比较适合制作细腻、轻柔缥缈的特殊效果，Photoshop 生成的图像一般都是位图。位图图像放大到一定的倍数后，看到的便是一个一个方形的色块，整体图像也会变得模糊、粗糙，如图 1-9 所示。

图1-9 不同放大倍数时位图的显示效果

(2) 矢量图（Vector Graphic）又称为向量图形，是由线条和图块组成的，适用于编辑色彩较为单纯的色块或文字，如 Illustrator、PageMaker、FreeHand、CorelDRAW 等绘图软件创建的图形都是矢量图。当对矢量图进行放大后，图形仍能保持原来的清晰度，且色彩不失真，如图 1-10 所示。

图1-10 不同放大倍数时的矢量图显示效果

2. 像素与分辨率

像素与分辨率是 Photoshop 中最常用的两个概念，对它们的设置决定了文件的大小及图像的质量。

- 像素：像素（Pixel）是构成图像的最小单位，位图中的一个色块就是一个像素，且一个像素只显示一种颜色。
- 分辨率：分辨率（Resolution）是指单位面积内图像所包含像素的数目，通常用“像素/英寸”和“像素/厘米”表示。

分辨率的高低直接影响图像的效果，使用太低的分辨率会导致图像粗糙，在排版打印时图片会变得非常模糊；而使用较高的分辨率则会增加文件的大小，并降低图像的打印速度。

> 说明：修改图像的分辨率可以改变图像的精细程度。对以较低分辨率扫描或创建的图像，在 Photoshop CS4 中提高图像的分辨率只能提高每单位图像中的像素数量，却不能提高图像的品质。

在工作之前建立一个合适大小的文件至关重要，除尺寸设置要合理外，分辨率的设置也要合理。图像分辨率的正确设置应考虑图像最终发布的媒介，通常对一些有特别用途的图像，分辨率都有一些基本的标准。

- Photoshop 默认分辨率为 72 像素/英寸，这是满足普通显示器的分辨率。
- 发布于网页上的图像分辨率通常可以设置为 72 像素/英寸或 96 像素/英寸。
- 报纸图像通常设置为 120 像素/英寸或 150 像素/英寸。
- 彩版印刷图像通常设置为 300 像素/英寸。
- 大型灯箱图像一般不低于 30 像素/英寸。
- 一些特大的墙面广告等有时可设定在 30 像素/英寸以下。

以上提供的这些分辨率数值只是通常情况下使用的设置值，读者在作图时还要根据实际情况灵活运用。

本案例利用【文件】/【新建】命令来介绍新建文件的基本操作。新建的文件【名称】为“新建文件练习”，【宽度】为“25 厘米”，【高度】为“20 厘米”，【分辨率】为“72 像素/英寸”，【颜色模式】为“RGB 颜色”、“8 位”，【背景内容】为“白色”。

【操作步骤】

(1) 执行【文件】/【新建】命令，弹出【新建】对话框，单击【高级】选项左侧的按钮，对话框将增加高级选项显示，如图 1-11 所示。

> 说明：弹出【新建】对话框的方法有 3 种：（1）执行【文件】/【新建】命令；（2）按 Ctrl+N 组合键；（3）按住 Ctrl 键，在工作区中双击。

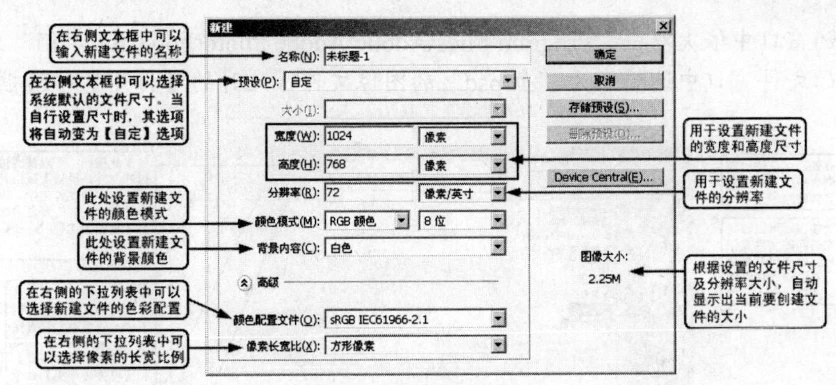

图1-11　【新建】对话框

(2) 将鼠标指针放置在【名称】文本框中，自文字的右侧向左侧拖曳，将文字反白显示，然后任选一种文字输入法，输入“新建文件练习”文字。

(3) 单击【宽度】最右侧下拉列表框的▼按钮，在弹出的下拉列表中选择【厘米】选项，然后将【宽度】和【高度】分别设置为“25”和“20”。

(4) 单击【颜色模式】右侧下拉列表框的▼按钮，在弹出的下拉列表中选择【RGB 颜色】选项，设置各选项及参数后的【新建】对话框如图 1-12 所示。

(5) 单击 确定 按钮，即可按照设置的选项及参数创建一个新的文件，如图 1-13 所示。

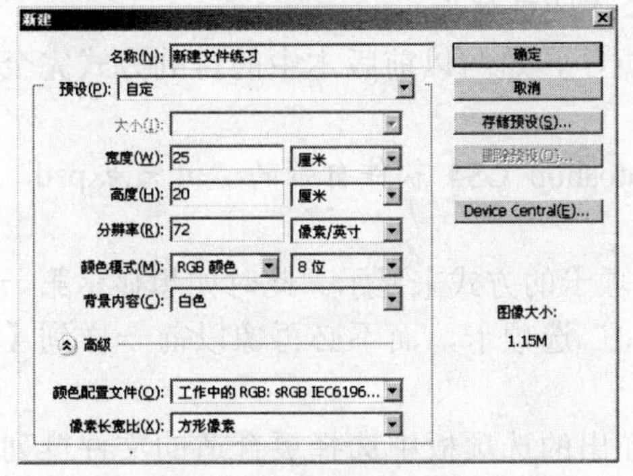

图1-12　设置各选项及参数后的【新建】对话框

图1-13　新建的文件

（二）　打开文件

执行【文件】/【打开】命令（快捷键为 Ctrl+O 组合键）或直接在工作区中双击，会弹出【打开】对话框，利用此对话框可以打开计算机中存储的 PSD、BMP、TIFF、JPEG、TGA 和 PNG 等多种格式的图像文件。在打开图像文件之前，首先要知道文件的名称、格式和存储路径，这样才能顺利地打开文件。

下面利用【文件】/【打开】命令，将 Photoshop CS4 自带的一幅名为“鱼.psd”的图像文件打开。

【操作步骤】

(1) 执行【文件】/【打开】命令，弹出【打开】对话框。

(2) 单击【查找范围】下拉列表框或右侧的▼按钮，在弹出的下拉列表中选择 Photoshop CS4 安装的盘符。

(3) 在下方的窗口中依次双击“Program Files\Adobe\Adobe Photoshop CS4\示例”文件夹。

(4) 在弹出的文件窗口中选择名为“鱼.psd”的图像文件，此时的【打开】对话框如图 1-14 所示。

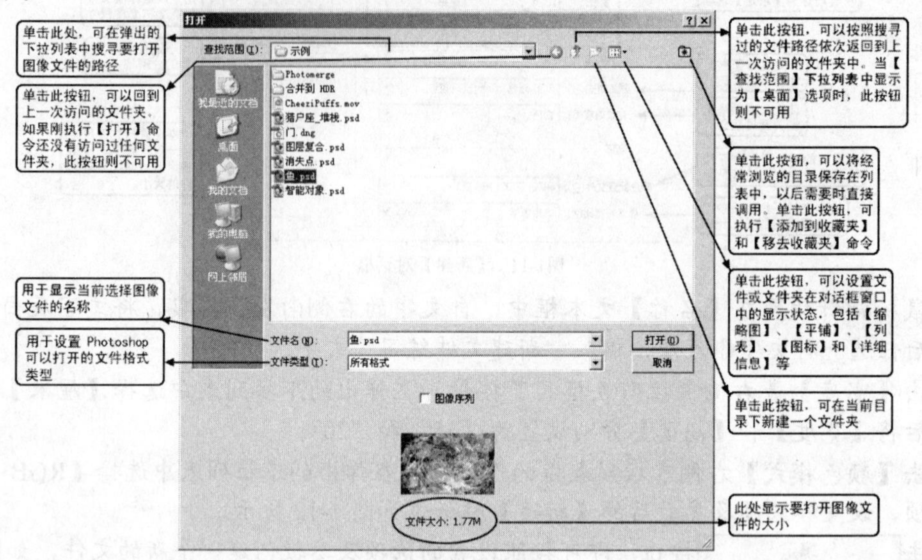

图1-14 【打开】对话框

(5) 单击 打开(O) 按钮，即可将选择的图像文件在工作区中打开。

此时，打开的图像文件将整个工作区全部占据了，这与以前版本中的排列方式完全不同。下面来具体讲解图像窗口的排列设置。

(6) 用与上面相同的打开图像文件的方法，将 Photoshop CS4 软件自带的“消失点.psd”文件打开，如图 1-15 所示。

从图 1-15 中可以看出，打开的图像文件以选项卡的方式来显示。此时如想显示第一次打开的“鱼”图像，可直接单击左上角的“鱼.psd”选项卡，而不必再像以前一样到【窗口】菜单中选择，这样可大大提高作图效率。

另外，单击快捷工具栏中的 按钮，可在弹出的选项板中选择更合适的文件排列方式。如选择 按钮，文件的排列方式如图 1-16 所示。

图1-15 打开的图像文件

图1-16 垂直双联排列方式

选择 按钮，文件的排列方式如图 1-17 所示。读者也可自行打开多个文件，来观察一下选择其他按钮时文件的排列方式。

如在选项板中选择下方的【使所有内容在窗口中浮动】命令，即可将图像文件的排列方式切换为以前版本的状态，如图 1-18 所示。

图1-17　水平双联排列方式

图1-18　图像文件浮动显示的状态

（三）　存储文件

【知识准备】

在 Photoshop CS4 中，文件的存储主要包括【存储】和【存储为】两种方式。当新建的图像文件第一次存储时，【文件】菜单中的【存储】和【存储为】命令功能相同，都是将当前图像文件命名后存储，并且都会弹出如图 1-19 所示的【存储为】对话框。

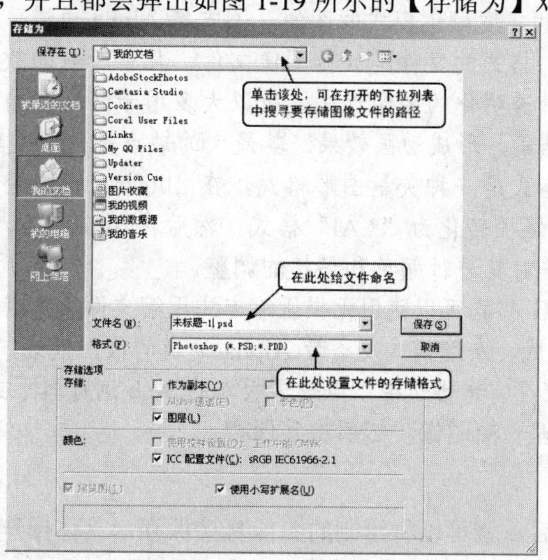

图1-19　【存储为】对话框

将打开的图像文件编辑后再存储时，就应该正确区分【存储】和【存储为】命令的不同。【存储】命令是在覆盖原文件的基础上直接进行存储，不弹出【存储为】对话框；而【存储为】命令仍会弹出【存储为】对话框，它是在原文件不变的基础上可以将编辑后的文件重新命名另存储。

说明

【存储】命令的快捷键为 Ctrl+S 组合键，【存储为】命令的快捷键为 Shift+Ctrl+S 组合键。在绘图过程中，一定要养成随时存盘的好习惯，以免因断电、死机等突发情况造成不必要的麻烦。

在文件存储时，需要设置文件的存储格式，Photoshop 可以支持很多种图像文件格式，下面介绍几种常用的文件格式，有助于满足以后读者对图像进行编辑、保存和转换的需要。

- PSD 格式。PSD 格式是 Photoshop 的专用格式，它能保存图像数据的每一个细节，可以存储为 RGB 或 CMYK 颜色模式，也能对自定义颜色数据进行存储。它还可以保存图像中各图层的效果和相互关系，各图层之间相互独立，便于对单独的图层进行修改和制作各种特效。其缺点是存储的图像文件特别大。
- BMP 格式。BMP 格式也是 Photoshop 最常用的点阵图格式之一，支持多种 Windows 和 OS/2 应用程序软件，支持 RGB、索引颜色、灰度和位图颜色模式的图像，但不支持 Alpha 通道。
- TIFF 格式。TIFF 格式是最常用的图像文件格式，它既应用于 Mac（苹果机），也应用于 PC。该格式文件以 RGB 全彩色模式存储，在 Photoshop 中可支持 24 个通道的存储，TIFF 格式是除了 Photoshop 自身格式外，唯一能存储多个通道的文件格式。
- EPS 格式。EPS 格式是 Adobe 公司专门为存储矢量图形而设计的，用于在 PostScript 输出设备上打印，它可以使文件在各软件之间进行转换。
- JPEG 格式。JPEG 格式是最卓越的压缩格式。虽然它是一种有损失的压缩格式，但是在图像文件压缩前，可以在文件压缩对话框中选择所需图像的最终质量，这样就有效地控制了 JPEG 在压缩时的数据损失量。JPEG 格式支持 CMYK、RGB 和灰度颜色模式的图像，不支持 Alpha 通道。
- GIF 格式。GIF 格式的文件是 8 位图像文件，几乎所有的软件都支持该格式。它能存储成背景透明化的图像形式，所以大多用于网络传输，并可以将多张图像存储成一个档案，形成动画效果；其最大的缺点是只能处理 256 种色彩。
- AI 格式。AI 格式是一种矢量图形格式，在 Illustrator 中经常用到，它可以把 Photoshop 中的路径转化为“*.AI”格式，然后在 Illustrator 或 CorelDRAW 中将文件打开，并对其进行颜色和形状的调整。
- PNG 格式。PNG 格式可以使用无损压缩方式压缩文件，支持带一个 Alpha 通道的 RGB 颜色模式、灰度模式及不带 Alpha 通道的位图模式、索引颜色模式。它产生的透明背景没有锯齿边缘，但较早版本的 Web 浏览器不支持 PNG 格式。

读者可自己动手处理一幅图像，然后将其保存。

1. 直接保存文件

当绘制完一幅图像后，就可以将绘制的图像直接保存，具体操作步骤如下。

(1) 执行【文件】/【存储】命令，弹出【存储为】对话框。

(2) 在【存储为】对话框的【保存在】下拉列表中选择 本地磁盘 (D:)，在弹出的新【存储为】对话框中，单击【新建文件夹】按钮，创建一个新文件夹。

(3) 在创建的新文件夹中输入“卡通”作为文件夹名称。

(4) 双击刚创建的“卡通”文件夹，将其打开，然后在【格式】下拉列表中选择【Photoshop (*.psd;*.PDD)】，在【文件名】下拉列表中输入“卡通图片”。

(5) 单击 保存(S) 按钮，就可以保存绘制的图像了。以后按照保存的文件名称及路径就可以打开此文件。

2. 另一种存储文件的方法

(1) 执行【文件】/【打开】命令，打开素材文件中名为“花.psd”的文件，打开的图像与【图层】面板形状如图 1-20 所示。

图1-20　打开的图像与【图层】面板

(2) 将鼠标指针放置在【图层】面板中如图 1-21 所示的图层上。

(3) 按下鼠标左键并拖动该图层到如图 1-22 所示的【删除图层】按钮 上。

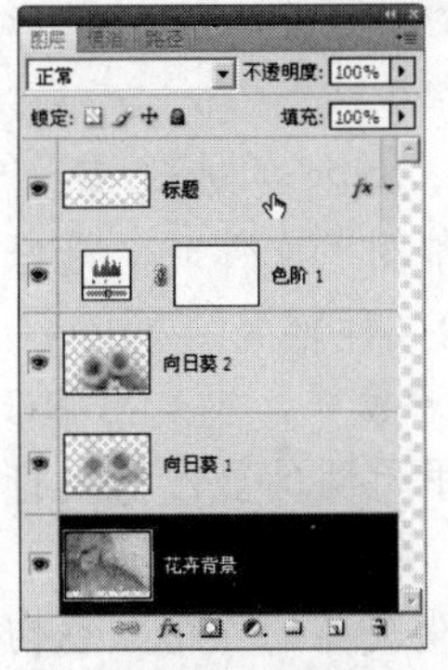

图1-21　鼠标指针放置的位置

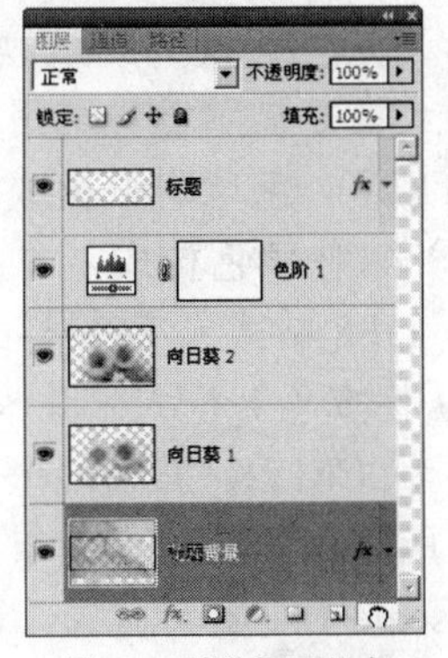

图1-22　删除图层状态

(4) 释放鼠标左键，删除图层后的图像效果如图 1-23 所示。

(5) 执行【文件】/【存储为】命令，弹出【存储为】对话框，在【文件名】下拉列表中输入“花修改”作为文件名，如图 1-24 所示。

图1-23　删除图层后的图像效果

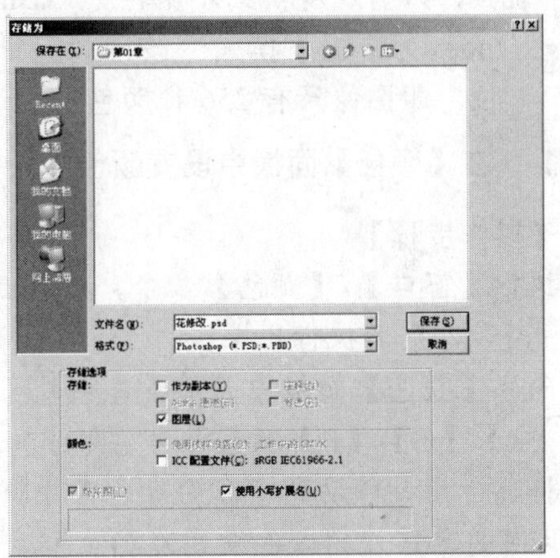

图1-24　【存储为】对话框

(6) 单击 保存(S) 按钮，就保存了修改后的文件。

任务四 图像文件的颜色设置

本节将介绍图像文件的颜色设置。颜色设置的方法有3种：在【拾色器】对话框中设置颜色；在【颜色】面板中设置颜色；在【色板】面板中设置颜色，下面分别详细介绍。

（一） 颜色设置基础知识

【知识准备】

颜色模式是指同一属性下不同颜色的集合，它使用户在使用各种颜色进行显示、印刷及打印时，不必重新调配颜色就可以直接进行转换和应用。计算机软件系统为用户提供的颜色模式主要有 RGB 颜色模式、CMYK 颜色模式、Lab 颜色模式、位图模式、灰度（Grayscale）模式、索引（Index）颜色模式等。每一种颜色模式都有它的使用范围和特点，并且各颜色模式之间可以根据处理图像的需要进行转换。

- RGB（光色）模式：该模式的图像由红（R）、绿（G）、蓝（B）3 种颜色构成，大多数显示器均采用此种色彩模式。
- CMYK（4 色印刷）模式：该模式的图像由青（C）、洋红（M）、黄（Y）、黑（K）4 种颜色构成，主要用于彩色印刷。在制作印刷用文件时，最好将其保存成 TIFF 格式或 EPS 格式，它们都是印刷厂支持的文件格式。
- Lab（标准色）模式：该模式是 Photoshop 的标准色彩模式，也是由 RGB 模式转换为 CMYK 模式的中间模式。它的特点是在使用不同的显示器或打印设备时，所显示的颜色都是相同的。
- Grayscale（灰度）模式：该模式的图像由具有 256 级灰度的黑白颜色构成。一幅灰度图像在转变成 CMYK 模式后可以增加色彩。如果将 CMYK 模式的彩色图像转变为灰度模式，则颜色不能再恢复。
- Bitmap（位图）模式：该模式的图像由黑白两色构成，图像不能使用编辑工具，只有灰度模式才能转变成 Bitmap 模式。
- Index（索引）模式：该模式又叫图像映射色彩模式，这种模式的像素只有 8 位，即图像只有 256 种颜色。

1. 在【颜色】面板中设置颜色

【操作步骤】

(1) 执行【窗口】/【颜色】命令，将【颜色】面板显示在工作区中。如该命令前面已经有✔符号，则不执行此操作。

(2) 确认【颜色】面板中的前景色块处于具有方框的选择状态，利用鼠标任意拖动右侧的【R】、【G】、【B】颜色滑块，即可改变前景色的颜色。

(3) 将鼠标指针移动到下方的颜色条中，鼠标指针将显示为吸管形状，在颜色条中单击，即可将单击处的颜色设置为前景色，如图 1-25 所示。

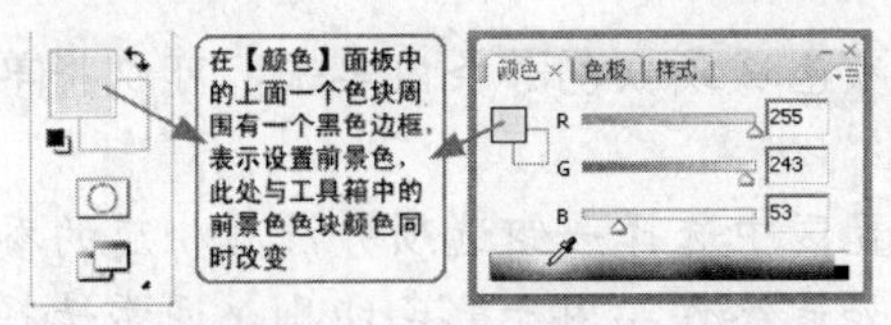

图1-25 利用【颜色】面板设置前景色时的状态

(4) 在【颜色】面板中单击背景色色块，使其处于选择状态，然后利用设置前景色的方法即可设置背景色，如图 1-26 所示。

(5) 在【颜色】面板的右上角单击 按钮，在弹出的选项列表中选择【CMYK 滑块】选项，【颜色】面板中的 RGB 颜色滑块即会变为 CMYK 颜色滑块，如图 1-27 所示。

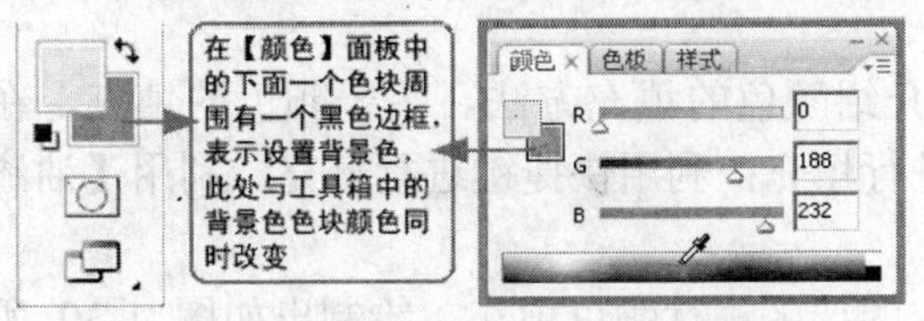

图1-26 利用【颜色】面板设置背景色时的状态

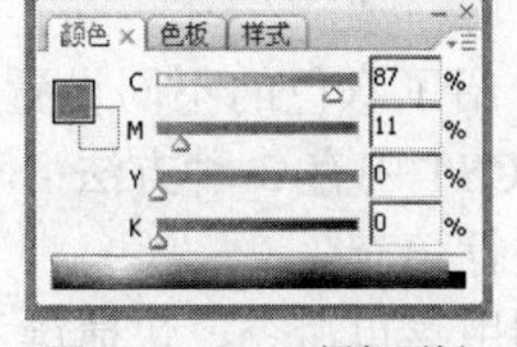

图1-27 CMYK 颜色面板

(6) 拖动【C】、【M】、【Y】、【K】颜色滑块，就可以用 CMYK 模式设置背景颜色。

2. 在【色板】面板中设置颜色

【操作步骤】

(1) 在【颜色】面板中选择【色板】选项卡，显示【色板】面板。
(2) 将鼠标指针移动至【色板】面板中，鼠标指针变为吸管形状。
(3) 在【色板】面板中需要的颜色上单击，即可将前景色设置为选择的颜色。
(4) 按住 Alt 键，在【色板】面板中需要的颜色上单击，即可将背景色设置为选择的颜色。

3. 在【拾色器】对话框中设置颜色

【操作步骤】

(1) 单击工具箱中如图 1-28 所示的前景色或背景色窗口，弹出如图 1-29 所示的【拾色器】对话框。

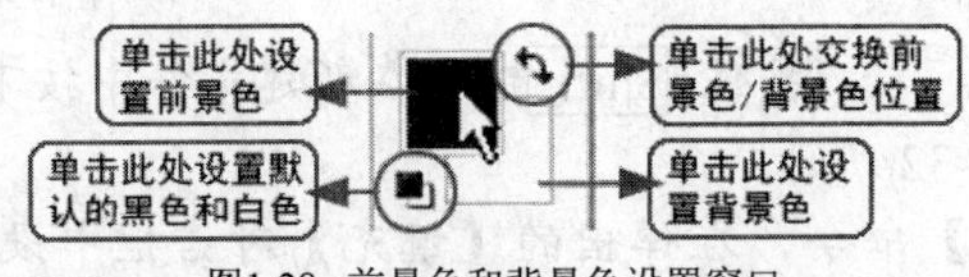

图1-28 前景色和背景色设置窗口

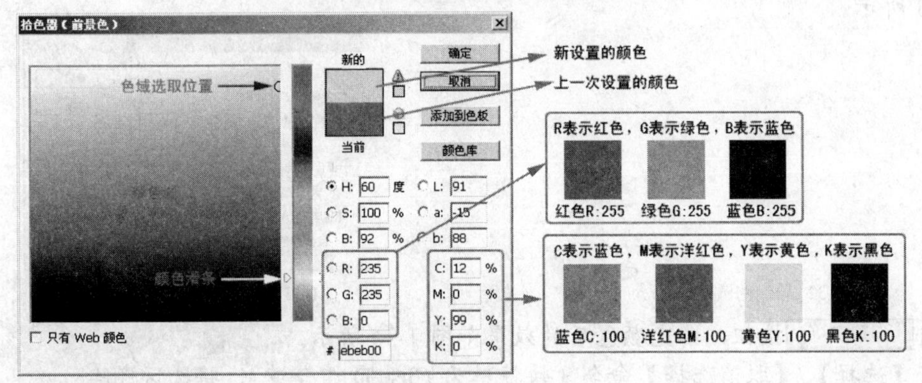

图1-29 【拾色器】对话框

(2) 在【拾色器】对话框的颜色域或颜色滑条内单击，可以将单击位置的颜色设置为需要的颜色。

(3) 在对话框右侧的参数设置区中选择一组选项并设置相应的参数值，即可得到所需要的颜色。在设置颜色时，如最终作品用于彩色印刷，通常选择 CMYK 颜色模式设置颜色，即通过设置【C】、【M】、【Y】、【K】4 种颜色值来设置；如最终作品用于网络，即在计算机屏幕上观看，通常选择 RGB 颜色模式，即通过设置【R】、【G】、【B】3 种颜色值来设置。

（二） 颜色填充

前面介绍了颜色的不同设置方法，本小节介绍颜色的填充方法。关于颜色的填充，在 Photoshop CS4 中有 3 种方法：利用菜单命令进行填充；利用快捷键进行填充；利用【油漆桶】工具进行填充。

分别利用菜单命令、快捷键和工具箱对指定的选区进行颜色填充，绘制出如图 1-30 所示的图形。

【操作步骤】

(1) 执行【文件】/【新建】命令，新建【宽度】为"12 厘米"、【高度】为"12 厘米"、【分辨率】为"72 像素/英寸"、【背景色】为"白色"的文件。

(2) 在【图层】面板底部单击按钮新建"图层 1"，在【色板】面板中选择如图 1-31 所示的颜色。

图1-30 绘制的图形

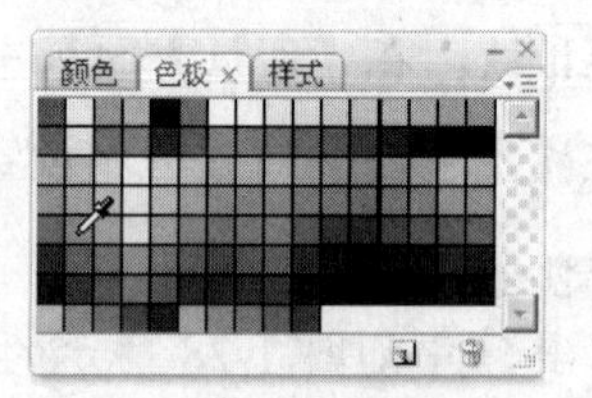

图1-31 选择颜色

(3) 选择【椭圆选框】工具，按住 Shift 键，在新建文件中按下鼠标左键并拖曳，绘制一个圆形选区，如图 1-32 所示。

(4) 执行【编辑】/【填充】命令，在弹出的【填充】对话框中设置各选项及参数，如图 1-33 所示。

图1-32 绘制的圆形选区

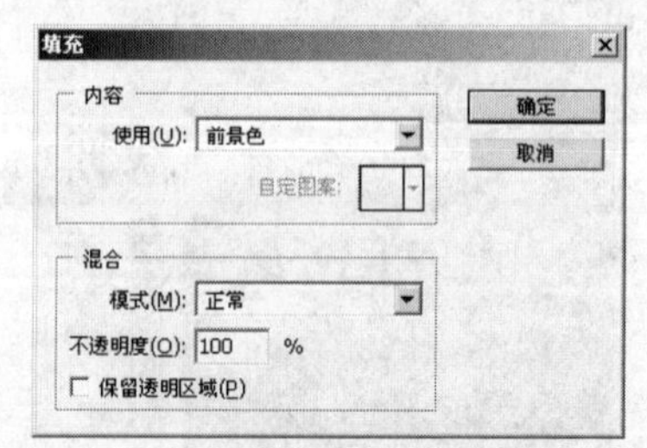

图1-33 【填充】对话框参数设置

(5) 单击 确定 按钮，填充颜色后的效果如图 1-34 所示。

(6) 执行【选择】/【取消选择】命令（快捷键为 Ctrl+D 组合键），将选区删除。

(7) 在工具箱中的【自定形状】工具 上按住鼠标左键，在弹出的工具组中选择【直线】工具，单击属性栏中的【填充像素】按钮，设置 粗细: 4 px 的参数为“4 px”。

(8) 在圆形周围绘制出如图 1-35 所示的直线。

(9) 在【图层】面板中创建“图层 2”，按住 Shift 键，利用 工具绘制一个大的圆形选区，如图 1-36 所示。

图1-34　填充红颜色后的效果

图1-35　绘制的直线

图1-36　绘制的选区

(10) 在【色板】面板中选择如图 1-37 所示的颜色。

(11) 按 Alt+Delete 组合键将选区填充黄色，效果如图 1-38 所示。

(12) 在【图层】面板中将【不透明度】设置为“50%”，如图 1-39 所示，使“图层 2”中的图形显示透明效果，以辅助读者观察下面步骤中绘制矩形选区的位置。

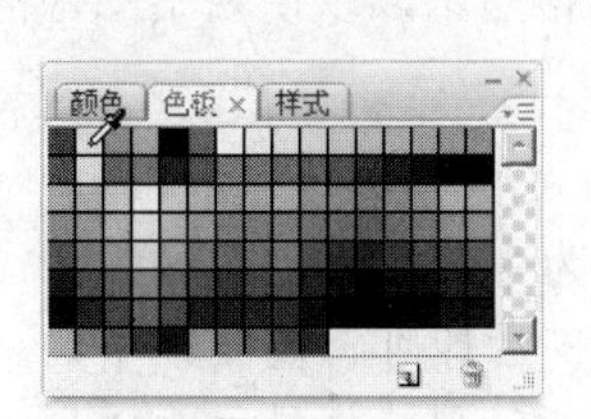

图1-37　选择颜色

图1-38　填充颜色的效果

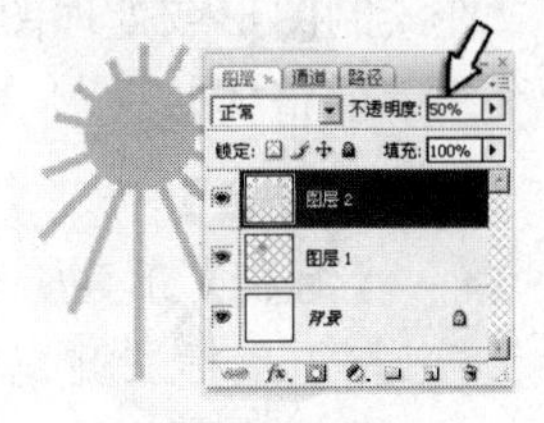

图1-39　设置不透明参数

(13) 选择【矩形选框】工具 ，绘制出如图 1-40 所示的矩形选区。

(14) 按 Delete 键删除圆形的左半边部分，然后将【图层】面板中的【不透明度】参数再设置为“100%”，此时的效果如图 1-41 所示。

(15) 按 Ctrl+D 组合键将选区删除。

(16) 在【图层】面板中创建“图层 3”，然后绘制出如图 1-42 所示的圆形选区。

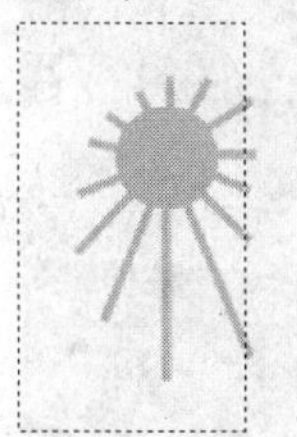

图1-40　绘制的选区

图1-41　删除图形后的效果

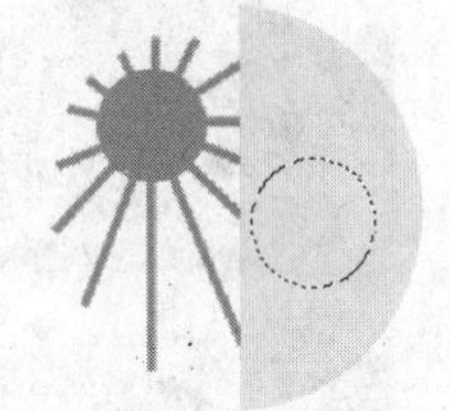

图1-42　绘制的选区

(17) 按 D 键将工具箱中的前景色与背景色分别设置为黑色和白色。

(18) 按 X 键将工具箱中前景色与背景色的位置交换。

(19) 在工具箱中的【渐变】工具 上按住鼠标左键，在弹出的工具组中选择 （油漆桶）工具。

(20) 将鼠标指针移动到圆形选区里面，鼠标指针则会变为油漆桶形状。

(21) 按下鼠标左键，给圆形选区填充白色，效果如图 1-43 所示。

(22) 选择 ◯ 工具，将鼠标指针放置在选区内部，按下鼠标左键并拖曳，将选区移动到如图 1-44 所示的位置。

(23) 按 Delete 键删除选区内的白色，得到月牙图形，如图 1-45 所示。

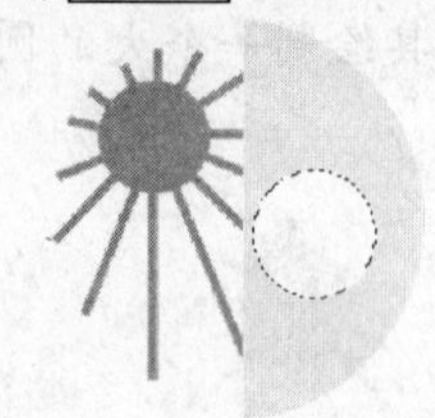
图1-43 填充白色后的效果

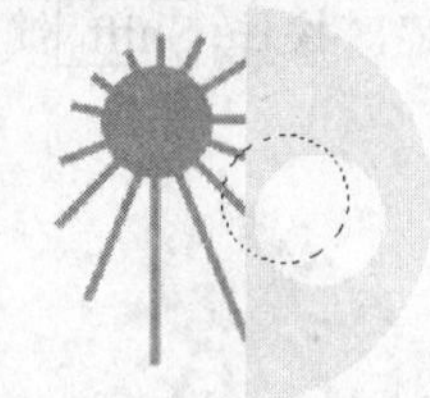
图1-44 移动选区的位置

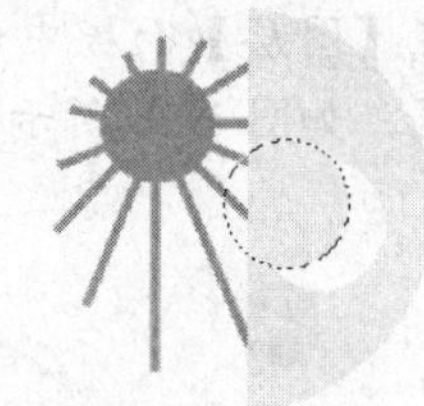
图1-45 得到的月牙图形

(24) 利用 ◯ 工具再绘制出 3 个小的白色圆形，如图 1-30 所示。

(25) 至此，颜色填充练习操作完成。按 Ctrl+S 组合键将此文件命名为“颜色填充练习.psd”保存。

项目实训一 图像的缩放显示

在绘制图形或处理图像时，经常需要将图像放大、缩小或平移显示，以便观察图像的每一个细节或整体效果。

【知识准备】

- 【缩放】工具 🔍：在图像窗口中单击，图像将以单击处为中心放大显示一级；按下鼠标左键拖曳，拖出一个矩形虚线框，释放鼠标左键后即可将虚线框中的图像放大显示，如图 1-46 所示。如果按住 Alt 键，鼠标指针形状将显示为 🔍 形状，在图像窗口中单击时，图像将以单击处为中心缩小显示一级。
- 【抓手】工具 ✋：将图像放大到一定程度，无法在屏幕中完全显示时，选择 ✋ 工具，将鼠标指针移动到图像中按下鼠标左键拖曳，可以在不影响图像放大级别的前提下，平移图像，以观察图像窗口中无法显示的图像。

图1-46 图像放大显示状态

1. 【缩放】工具 🔍 和【抓手】工具 ✋ 的属性栏

【缩放】和【抓手】工具的属性栏基本相同，【缩放】工具的属性栏如图 1-47 所示。

☑ 调整窗口大小以满屏显示 ☐ 缩放所有窗口 | 实际像素 | 适合屏幕 | 填充屏幕 | 打印尺寸

图1-47 【缩放】工具的属性栏

- 【放大】按钮：激活此按钮，在图像窗口中单击，可以将图像窗口中的画面放大显示，最高放大级别为 1 600%。
- 【缩小】按钮：激活此按钮，在图像窗口中单击，可以将图像窗口中的画面缩小显示。
- 【调整窗口大小以满屏显示】：勾选此复选框，当对图像进行缩放时，软件会自动调整图像窗口的大小，使其与当前图像适配。
- 【缩放所有窗口】：当工作区中打开多个图像窗口时，勾选此复选框或按住 Shift 键，缩放操作可以影响到工作区中的所有图像窗口，即同时放大或缩小所有图像文件。
- 实际像素按钮：单击此按钮，图像恢复为原大小，以实际像素尺寸显示，即以 100%比例显示。
- 适合屏幕按钮：单击此按钮，图像窗口根据绘图窗口中剩余空间的大小，自动调整图像窗口大小及图像的显示比例，使其在不与工具栏和控制面板重叠的情况下，尽可能地放大显示。
- 填充屏幕按钮：单击此按钮，系统根据工作区剩余空间的大小自动分配和调整图像窗口的大小及比例，使其在工作区中尽可能放大显示。
- 打印尺寸按钮：单击此按钮，图像将显示打印尺寸。

2.　和工具的快捷键

(1)　工具的快捷键。

- 按 Ctrl++组合键，可以放大显示图像；按 Ctrl+-组合键，可以缩小显示图像；按 Ctrl+O 组合键，可以将图像窗口内的图像自动适配至屏幕大小显示。
- 双击工具栏中的工具，可以将图像窗口中的图像以实际像素尺寸显示，即以 100%比例显示。
- 按住 Alt 键，可以将当前的放大显示工具切换为缩小显示工具。
- 按住 Ctrl 键，可以将当前的【缩放】工具切换为【移动】工具，松开 Ctrl 键后，即恢复到【缩放】工具。

(2)　工具的快捷键。

- 双击工具，可以将图像适配至屏幕大小显示。
- 按住 Ctrl 键在图像窗口中单击，可以对图像放大显示；按住 Alt 键在图像窗口中单击，可以对图像缩小显示。
- 无论当前哪个工具按钮处于被选择状态，按键盘上的空格键，都可以将当前工具切换为【抓手】工具。

【操作步骤】

(1) 执行【文件】/【打开】命令，打开素材文件中名为“食品.jpg”的图片文件。

(2) 选择【缩放】工具，在打开的图片中按下鼠标左键向右下角拖曳，将出现一个虚线矩形框，如图 1-48 所示。

(3) 释放鼠标左键，放大后的画面形状如图 1-49 所示。

(4) 选择【抓手】工具，将鼠标指针移动到画面中，鼠标指针将变成形状，按下鼠标左键并拖曳，可以平移画面观察其他位置的图像，如图 1-50 所示。

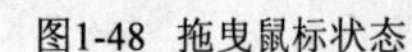

图1-48　拖曳鼠标状态

图1-49　放大后的画面

图1-50　平移图像窗口状态

说明：利用工具将图像放大后，图像在窗口中将无法完全显示，此时可以利用工具平移图像，对图像进行局部观察。【缩放】工具和【抓手】工具通常配合使用。

(5) 选择工具，将鼠标指针移动到画面中，按住 Alt 键，鼠标指针变为形状，单击可以将画面缩小显示，以观察画面的整体效果。

项目实训二　界面模式的显示设置

利用 Photoshop CS4 进行编辑和处理图像时，其工作界面有两种模式，分别为编辑模式和显示模式，下面分别对它们进行详细介绍。

1. 编辑模式

在 Photoshop CS4 工具箱的下方有以下两种模式按钮。

- 【以标准模式编辑】按钮：单击该按钮，可切换到 Photoshop CS4 默认的编辑模式。
- 【以快速蒙版模式编辑】按钮：快速蒙版模式用于创建各种特殊选区。在默认的编辑模式下单击该按钮，可切换到快速蒙版编辑模式，此时所进行的各种编辑操作不是对图像进行的，而是对快速蒙版进行的。这时，【通道】面板中会增加一个临时的快速蒙版通道。

2. 显示模式

Photoshop CS4 给设计者提供了 3 种屏幕显示模式，执行【视图】/【屏幕模式】命令，将弹出如图 1-51 所示的 3 种命令。

- 【标准屏幕模式】命令：执行此命令，则进入默认的显示模式。
- 【带有菜单栏的全屏模式】命令：执行此命令，界面会将标题栏和文件的信息栏隐藏。
- 【全屏模式】命令：执行此命令，会在隐藏标题栏和信息栏的基础上将菜单栏也隐藏。

✔ 标准屏幕模式
带有菜单栏的全屏模式
全屏模式

图1-51　显示的菜单命令

说明：连续按 F 键，可以在这几种模式之间相互切换。

项目拓展 图像的输入与输出

【知识准备】

- 【文件】/【导入】/【EPSON Perfection V10/v100】命令：进入所选择的扫描仪参数设置对话框，进行图片扫描参数设置和扫描命令的执行。
- 【文件】/【打印】命令：进入打印机参数设置对话框，进行图片打印参数设置和打印命令的执行。

（一） 图像输入

【操作步骤】

(1) 打开扫描仪电源开关，启动 Photoshop CS 4。

(2) 将准备好的图片放在扫描仪的玻璃板上。

(3) 在 Photoshop CS4 中，执行【文件】/【导入】/【EPSON Perfection V10/v100】命令，弹出如图 1-52 所示的【EPSON Scan】扫描参数设置窗口及【预览】窗口。

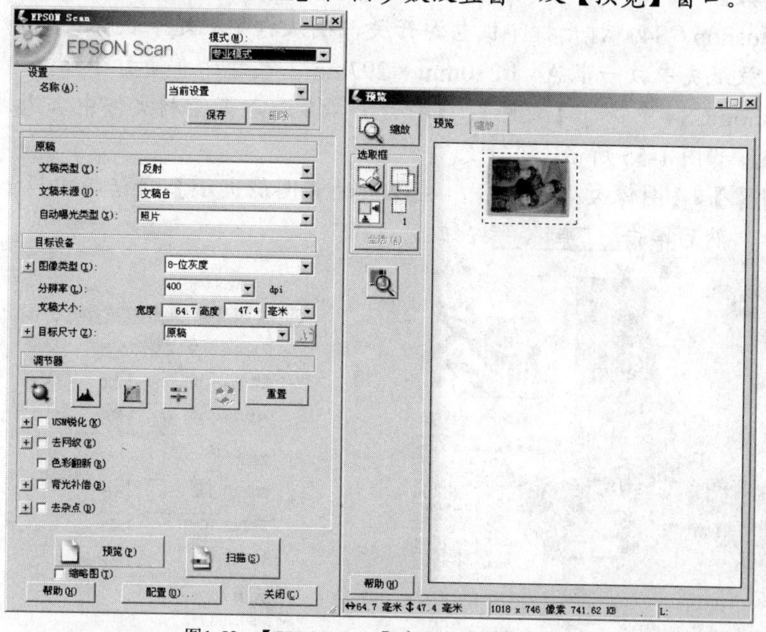

图1-52 【EPSON Scan】窗口及【预览】窗口

说明：只有在计算机安装了扫描仪驱动程序后，此命令才可以执行。由于计算机所连接的扫描仪不同，安装驱动程序后此处所显示的命令也会有所不同。另外，在【预览】窗口中看到的图像是上一次使用扫描仪时保留下来的图像。

(4) 在【EPSON Scan】参数设置窗口中单击 预览(P) 按钮，放入扫描仪中的图像就会显示在该窗口中，如图 1-53 所示。

(5) 在【预览】窗口中绘制选区将所要扫描的图像部分选取，如图 1-54 所示。

图1-53 【预览】窗口中显示的扫描图像

图1-54 选取的图像

(6) 在扫描参数设置对话框中，根据原图像的质量以及不同的印刷要求，可以分别设置和调整扫描图像的分辨率、图像尺寸、曝光度、色彩和添加滤镜效果等选项参数。

(7) 单击 扫描(S) 按钮执行【扫描】命令，扫描完成后的图像将显示在 Photoshop CS4 窗口中。

（二） 图像输出

使用打印机打印素材文件中名为“广告画面.jpg”的图片文件。

【操作步骤】

(1) 进入 Photoshop CS4。打开打印机电源开关，确认打印机处于联机状态。

(2) 在打印机放纸夹中放一张 A4（210mm × 297mm）尺寸的普通打印纸。

(3) 在 Photoshop CS4 中执行【文件】/【打开】命令，打开素材文件中名为“T1-02.jpg”的图片文件，如图 1-55 所示。

(4) 执行【图像】/【图像大小】命令，在弹出的【图像大小】对话框中设置其参数，如图 1-56 所示，然后单击 确定 按钮。

图1-55 打开的图片

图像大小
像素大小:2.99M(之前为1.92M)
宽度(W): 1181 像素
高度(H): 886 像素
文档大小:
宽度(D): 20 厘米
高度(G): 15.01 厘米
分辨率(R): 150 像素/英寸
缩放样式(Y)
约束比例(C)
重定图像像素(I):
两次立方（适用于平滑渐变）
确定
取消
自动(A)...

图1-56 【图像大小】对话框参数设置

在【图像大小】对话框中，可以为将要打印的图像设置尺寸、分辨率等参数。当将【重定图像像素】复选框的勾选状态取消之后，打印尺寸的宽度、高度与分辨率参数将成反比例设置。

(5) 执行【文件】/【打印】命令，弹出如图 1-57 所示的【打印】对话框。

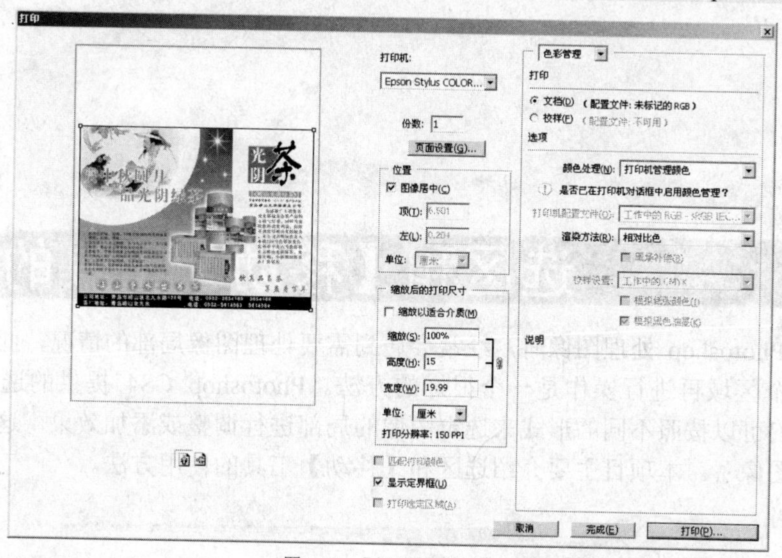

图1-57　【打印】对话框

(6) 单击 页面设置(G)... 按钮，弹出文档属性对话框，默认打开【布局】选项卡，将页面的方向设置为【横向】，如图 1-58 所示。

(7) 选择【纸张/质量】选项卡，根据打印需要分别设置【媒体】、【质量设置】和【颜色】选项，如图 1-59 所示。

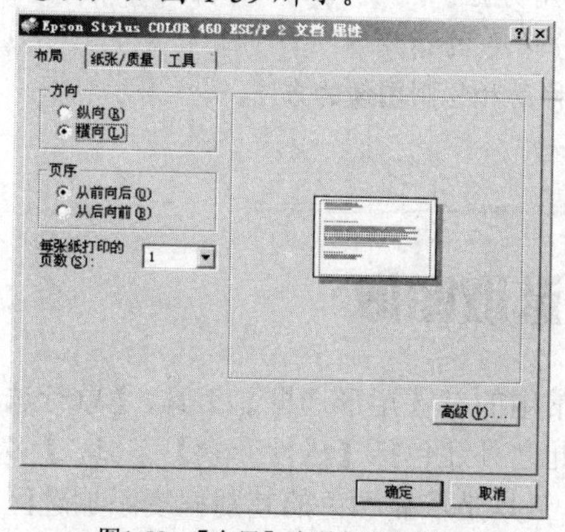

图1-58　【布局】选项卡选项设置

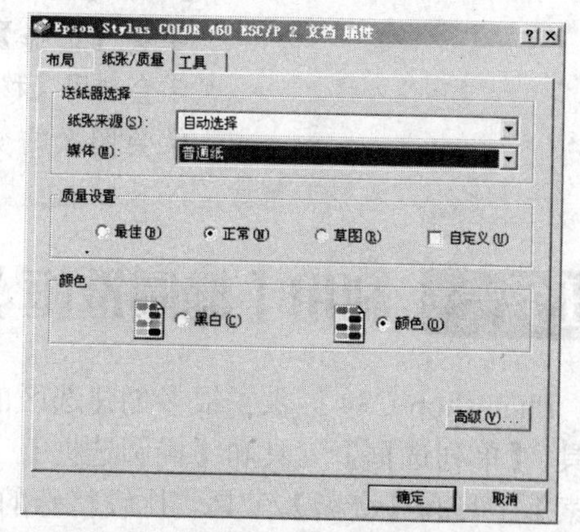

图1-59　【纸张/质量】选项卡选项设置

(8) 单击 确定 按钮，退出【纸张/质量】选项卡。

(9) 各选项及参数设置完成后，单击 打印(P)... 按钮，即可完成图片的打印。

习题

1. 根据本项目任务二“调整软件窗口的大小”小节中介绍的知识点，练习 Photoshop CS4 窗口大小的调整。

2. 根据本项目任务二“控制面板的拆分与组合”小节中介绍的知识点，练习控制面板的拆分与组合。

选区和【移动】工具的应用

在利用 Photoshop 处理图像时，经常会遇到需要处理图像局部的情况，此时运用选区选定图像的某个区域再进行操作是一个很好的方法。Photoshop CS4 提供的选区工具有很多种，利用它们可以按照不同的形式来选定图像的局部进行调整或添加效果，这样就可以有针对性地编辑图像了。本项目主要介绍选区和【移动】工具的使用方法。

学习目标

学会【矩形选框】工具、【椭圆选框】工具和【魔棒】工具的使用方法。
学会【套索】工具、【多边形套索】工具和【磁性套索】工具的使用方法。
学会【选择】菜单部分命令的运用。
学会利用【移动】工具移动和复制图像的方法。
学会图像的变形操作。

任务一 利用【椭圆选框】工具选取图像

Photoshop CS4 提供了很多创建选区的工具，常用的有【矩形选框】工具、【单行选框】工具、【单列选框】工具和【椭圆选框】工具，除此之外还包括【磁性套索】工具、【多边形套索】工具和【套索】工具。比较特殊的【魔棒】工具是依靠颜色的差别程度添加选区的，它操作简便快捷，但是容易受到图片内容的限制。

【知识准备】

- 【矩形选框】工具：利用此工具可以在图像中建立矩形或正方形选区。
- 【椭圆选框】工具：利用此工具可以在图像中建立椭圆形或圆形选区。

【矩形选框】工具和【椭圆选框】工具的属性栏相同，当在工具箱中选择工具后，界面上的属性栏如图 2-1 所示。

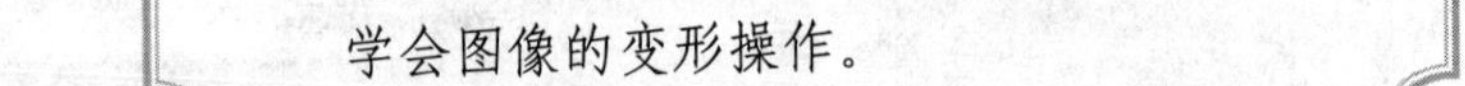

羽化: 0 px　消除锯齿　样式: 正常　宽度:　高度:　调整边缘...

图2-1 【矩形选框】工具的属性栏

1. 选区运算按钮

- 【新选区】按钮：默认情况下此按钮处于激活状态。即在图像文件中依次

创建选区，图像文件中将始终保留最后一次创建的选区。

- 【添加到选区】按钮：激活此按钮或按住 Shift 键，在图像文件中依次创建选区，后创建的选区将与先创建的选区合并成为新的选区，如图 2-2 所示。

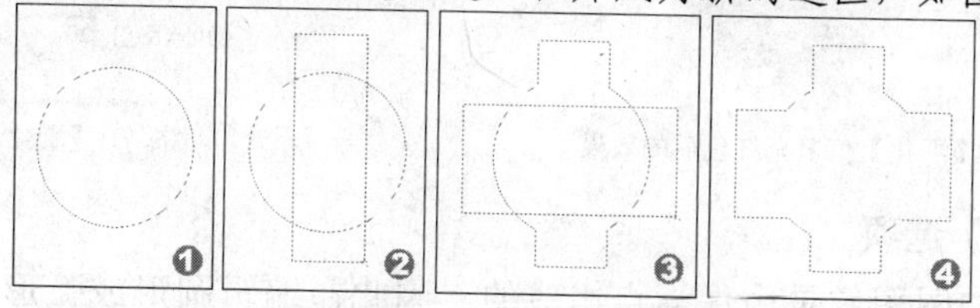

图2-2　添加到选区操作示意图

- 【从选区减去】按钮：激活此按钮或按住 Alt 键，在图像文件中依次创建选区，如果后创建的选区与先创建的选区有相交部分，则从先创建的选区中减去相交的部分，剩余的选区作为新的选区，如图 2-3 所示。

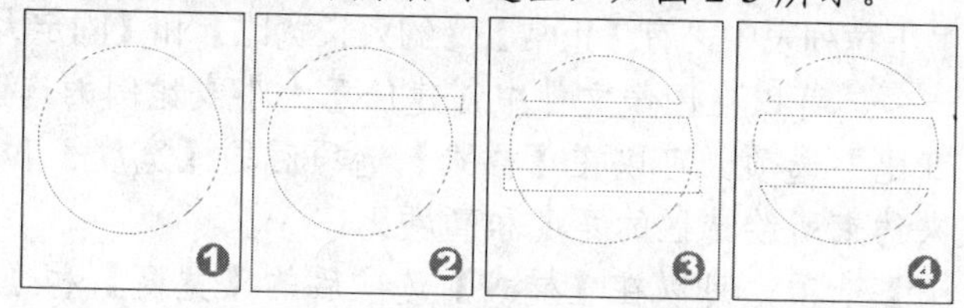

图2-3　从选区中减去操作示意图

- 【与选区交叉】按钮：激活此按钮或按住 Shift+Alt 组合键，在图像文件中依次创建选区，如果后创建的选区与先创建的选区有相交部分，则把相交的部分作为新的选区，如图 2-4 所示；如果创建的选区之间没有相交部分，系统将弹出如图 2-5 所示的【Adobe Photoshop CS4 Extended】警告对话框，警告未选择任何像素。

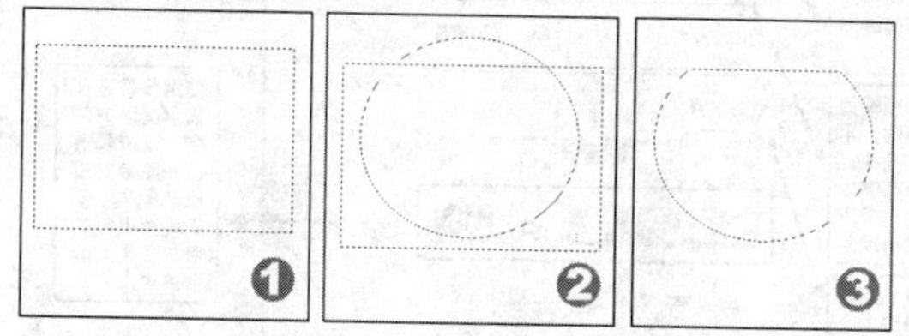

图2-4　与选区交叉操作示意图

图2-5　警告对话框

2.　选区羽化设置

在【羽化】文本框中输入数值，再绘制选区，可使创建选区的边缘变得平滑，填色后产生柔和的边缘效果。图 2-6 所示为无羽化选区和设置羽化后填充红色的效果。

> 说明
> 在设置【羽化】选项的参数时，其数值一定要小于要创建选区的最小半径，否则系统会弹出警告对话框，提示用户将选区绘制得大一点，或将【羽化】值设置得小一点。

当绘制完选区后，执行【选择】/【修改】/【羽化】命令（快捷键为 Shift+F6 组合键），在弹出的如图 2-7 所示的【羽化选区】对话框中设置适当的【羽化半径】值，单击 确定 按钮，也可对选区进行羽化设置。

> 说明
> 羽化值决定选区的羽化程度，其值越大，产生的平滑度越高，柔和效果也越好。另外，在进行羽化值的设置时，如文件尺寸与分辨率较大，其值相对也要大一些。

图2-6 设置不同的【羽化】值填充红色后的效果

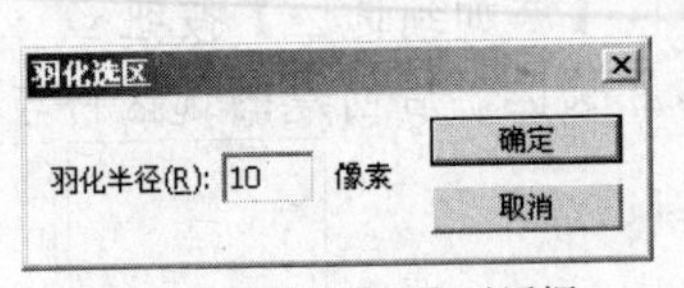

图2-7 【羽化选区】对话框

3. 【消除锯齿】选项

Photoshop 中的位图图像是由像素点组成的，因此在编辑圆形或弧形图形时，其边缘会出现锯齿现象。当在属性栏中勾选【消除锯齿】复选框后，即可通过淡化边缘来产生与背景颜色之间的过渡，使锯齿边缘得到平滑。

4. 【样式】选项

在属性栏的【样式】下拉列表中，有【正常】、【约束长宽比】和【固定大小】3 个选项。

- 选择【正常】选项，可以在图像文件中创建任意大小或比例的选区。
- 选择【约束长宽比】选项，可以在【样式】选项后的【宽度】和【高度】文本框中设定数值来约束所绘选区的宽度和高度比。
- 选择【固定大小】选项，可以在【样式】选项后的【宽度】和【高度】文本框中设定将要创建选区的宽度和高度值，其单位为像素。

5. 调整边缘... 按钮

利用 调整边缘... 按钮可以将选区调整得更加平滑和细致，还可以对选区进行扩展或收缩，使其更加符合用户的要求。单击 调整边缘... 按钮，弹出的【调整边缘】对话框如图 2-8 所示。

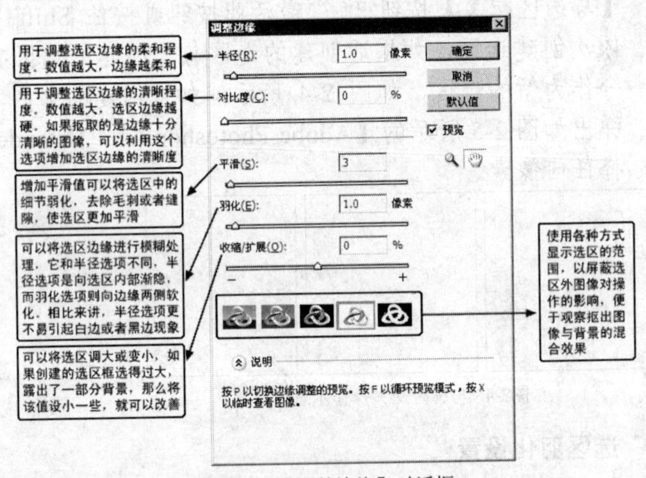

图2-8 【调整边缘】对话框

利用工具箱中的 工具制作如图 2-9 所示的效果。

图2-9 原图与合成后的效果对比

【操作步骤】

(1) 执行【文件】/【打开】命令，打开素材文件中名为“锅.jpg”的图片文件。

(2) 选择工具，按住 Shift+Alt 组合键，在靠近左侧锅盖中央的位置单击并拖曳鼠标左键，拉出一个与锅盖近似大小的圆形选区，如图 2-10 所示。

(3) 执行【选择】/【变换选区】命令（快捷键为 Ctrl+T 组合键），为选区添加变换选框。

(4) 将鼠标指针放置在变换选框任意边中间的控制点上，按住鼠标左键向内、外侧拖曳，调整选区大小直至与锅盖精确吻合为止，效果如图 2-11 所示。

图2-10 画出一个圆形选区

图2-11 将选区调整到与锅盖精确吻合

(5) 单击属性栏中的按钮，确认选区的调整。

(6) 执行【图层】/【新建】/【通过拷贝的图层】命令，将选区内的锅盖图像复制生成“图层 1”,【图层】面板如图 2-12 所示。

(7) 选择工具，将复制出的锅盖图像向右移动至如图 2-13 所示的位置。

图2-12 生成的新图层

图2-13 图像放置的位置

(8) 按 Shift+Ctrl+S 组合键，将此文件另命名为“椭圆选框工具应用.psd”保存。

任务二 利用【磁性套索】工具选取图像

【知识准备】

- 【套索】工具：利用此工具可以在图像中按照鼠标拖曳的轨迹绘制选区。
- 【多边形套索】工具：利用此工具可以通过鼠标连续单击的轨迹自动生成选区。
- 【磁性套索】工具：利用此工具可以在图像中根据颜色的差别自动勾画出选区。

工具箱中的【套索】工具、【多边形套索】工具和【磁性套索】工具的属性栏与前面介绍的选框工具的属性栏基本相同，只是工具的属性栏增加了几个新的选项，如图 2-14 所示。

羽化: 0 px ☑消除锯齿 宽度: 10 px 对比度: 10% 频率: 57 调整边缘...

图2-14 【磁性套索】工具属性栏

- 【宽度】选项：决定使用【磁性套索】工具时的探测宽度，数值越大探测范围越大。
- 【对比度】选项：决定【磁性套索】工具探测图形边界的灵敏度，该数值过大时，将只能对颜色分界明显的边缘进行探测。
- 【频率】选项：在利用【磁性套索】工具绘制选区时，会有很多的小矩形对图像的选区进行固定，以确保选区不被移动。此选项决定这些小矩形出现的次数，数值越大，在拖曳鼠标指针过程中出现的小矩形越多。
- 【压力】按钮：用于设置绘图板的笔刷压力。激活此按钮，钢笔的压力增加时会使套索的宽度变细。

利用【磁性套索】工具选取图像后移动复制，制作出如图 2-15 所示的画面效果。

图2-15 原图及移动复制后的画面效果

【操作步骤】

(1) 打开素材文件中名为“杨桃.jpg”的图片文件

(2) 选择工具，在画面中杨桃图像的轮廓边缘处单击，确定绘制选区的起始点，如图 2-16 所示。

(3) 沿着图像轮廓边缘移动鼠标指针，会发现选区会自动吸附在图像的轮廓边缘，且自动生成吸附在图像边缘的紧固点，如图 2-17 所示。

图2-16 确定起始点

图2-17 沿图像轮廓边缘移动鼠标

(4) 继续沿图像的轮廓边缘拖动鼠标指针，如果选区没有吸附在想要的图像边缘位置时，可以通过单击手工添加一个紧固点来确定要吸附的位置，然后再拖动鼠标，直到鼠标指针和最初设定的起始点重合，此时鼠标指针的右下角会出现一个小圆圈提醒，如图 2-18 所示。

(5) 按下鼠标左键，随即建立封闭选区，如图 2-19 所示。

图2-18 鼠标指针形状

图2-19 生成的选区

说明：在拖曳鼠标时，如果出现的线形没有吸附在想要的图像边缘位置，可以通过单击手工添加紧固点来确定要吸附的位置。另外，按 Backspace 键或 Delete 键可逐步撤销已生成的紧固点。

(6) 执行【图层】/【新建】/【通过拷贝的图层】命令，将选区内的图像复制生成“图层 1”。

(7) 利用移动工具将选区内的图像向右下方拖动，调整至如图 2-20 所示的位置。

(8) 再次执行【图层】/【新建】/【通过拷贝的图层】命令，将选区内的图像复制生成“图层 2”。

(9) 执行【编辑】/【变换】/【旋转】命令（或按 Ctrl+T 组合键），给图片添加变换框，将鼠标指针放置在变换框任意角外侧，出现旋转箭头。按住鼠标左键并顺时针拖曳，使选区内的图像变换角度，至合适位置按 Enter 键确认。

(10) 利用移动工具，按住鼠标左键，将变换角度后的图像拖动到画面的上方位置，如图 2-21 所示。

图2-20 图像放置的位置

图2-21 画面最终效果

(11) 按 Shift+Ctrl+S 组合键，将当前文件另命名为“磁性套索工具应用.psd”保存。

任务三 利用【快速选择】工具选取图像

本任务主要学习快速选择工具和魔棒工具的使用方法，利用这两个工具可以快速地选取图像中颜色较单纯的区域，以便快速地编辑图像。

【知识准备】

- 【快速选择】工具：是一种非常直观、灵活和快捷的选取图像中面积较大的单色颜色区域的工具。其使用方法是，在图像需要添加选区的位置按下鼠标左键然后移动鼠标，即像利用【画笔】工具绘画一样，将鼠标指针经过的区域及与其颜色相近的区域都添加上选区。
- 【魔棒】工具：主要用于选择图像中大块的单色区域或相近的颜色区域。其使用方法非常简单，只需在要选择的颜色范围内单击，即可将图像中与鼠标指针落点相同或相近的颜色区域全部选择。

(1) 【快速选择】工具的属性栏如图 2-22 所示。

画笔: 30 □对所有图层取样 □自动增强 调整边缘...

图2-22 【快速选择】工具属性栏

- 【新选区】按钮：默认状态下此按钮处于激活状态，此时在图像中按下鼠标左键拖曳可以绘制新的选区。
- 【添加到选区】按钮：当使用按钮添加选区后，此按钮会自动切换为激活状态，按下鼠标左键在图像中拖曳，可以增加图像的选择范围。
- 【从选区减去】按钮：激活此按钮，可以将图像中已有的选区按照鼠标拖曳的区域来减少被选择的范围。
- 【画笔】选项：用于设置所选范围区域的大小。
- 【对所有图层取样】选项：勾选此复选框，在绘制选区时，将应用到所有可见图层中。若不勾选此复选框，则只能选择工作层中与单击处颜色相近的部分。
- 【自动增强】选项：设置此选项，添加的选区边缘会减少锯齿的粗糙程度，且自动将选区向图像边缘进一步扩展调整。

(2) 【魔棒】工具的属性栏如图 2-23 所示。

容差: 5 ☑消除锯齿 ☑连续 □对所有图层取样 调整边缘...

图2-23 【魔棒】工具的属性栏

- 【容差】选项：决定创建选区的范围大小。数值越大，选择范围越大。
- 【连续】选项：勾选此复选框，只能选择图像中与单击处颜色相近且相连的部分；若不勾选此项，则可以选择图像中所有与单击处颜色相近的部分，如图 2-24 所示。

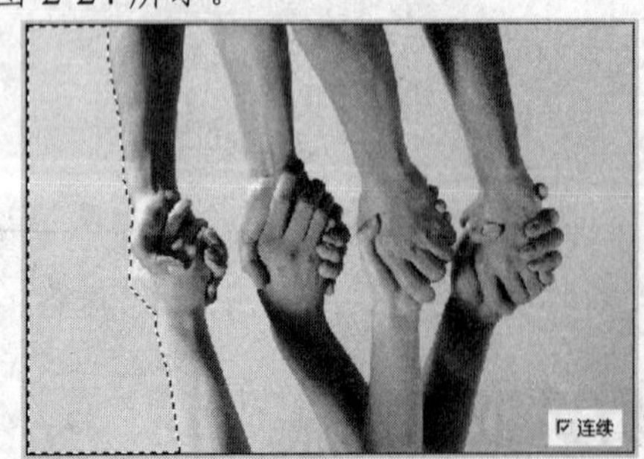

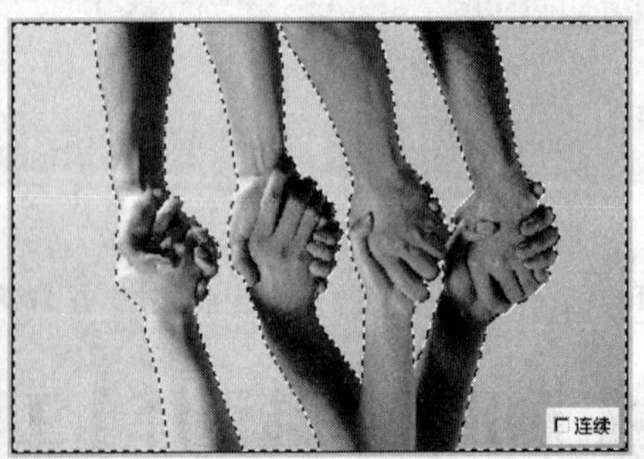

图2-24 勾选与不勾选【连续】复选框创建的选区

利用工具选择人物的衣服后调整颜色，效果对比如图 2-25 所示。

图2-25　原图及调色后的效果

【操作步骤】

(1) 打开素材文件中名为“儿童.jpg”的图片文件。

(2) 选择工具，在属性栏中单击【画笔】右侧的画笔图标，在弹出的【笔头设置】面板中设置参数如图 2-26 所示。

(3) 将鼠标指针移动到儿童照片的红色上衣处按下鼠标左键，创建选区，如图 2-27 所示。

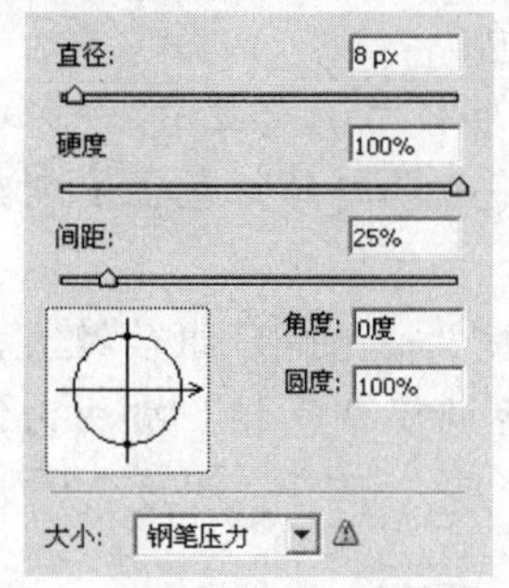

图2-26　【笔头设置】面板参数设置

图2-27　在红色上衣中创建选区

(4) 继续按住鼠标左键在红色上衣中移动，可以增加选区的范围，如图 2-28 所示。

(5) 激活属性栏中的按钮，在左侧的红色衣服区域及上方的帽子处依次按下鼠标左键并拖曳，直至把上衣和帽子区域全部选择，如图 2-29 所示。

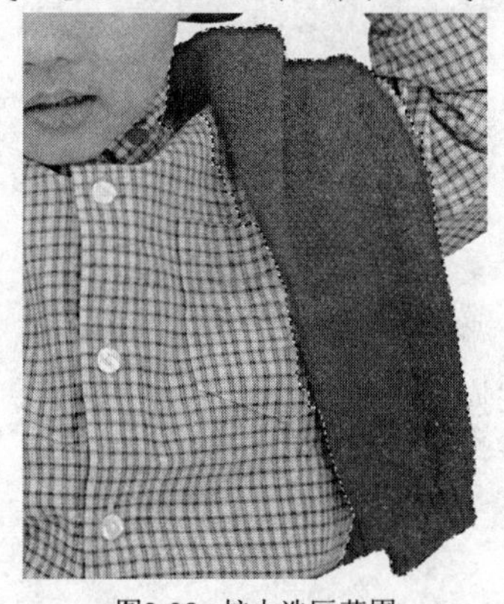

图2-28　扩大选区范围

图2-29　选择的图像

在图中会发现，右侧红色上衣的左边有黄色格子衬衣包含在选区之内，下面利用工具将其从选区内删除。

(6) 选择【放大镜】工具，在包含黄色衬衣的选区左侧按住鼠标左键拖曳，局部放大图像，这样可以方便修改选区，如图 2-30 所示。

(7) 选择工具，在属性栏右侧激活按钮，然后单击画笔右侧的调节画笔大小列表框，在【笔头设置】面板中将【直径】参数设置为“20 px”。

(8) 在局部放大的图像中，将鼠标指针放置在选区内的黄色格子衬衣上，按下鼠标左键来修剪选区，将选区内多余的黄色格子衬衣全部删除，如图 2-31 所示。

图2-30 用放大镜工具局部放大图像

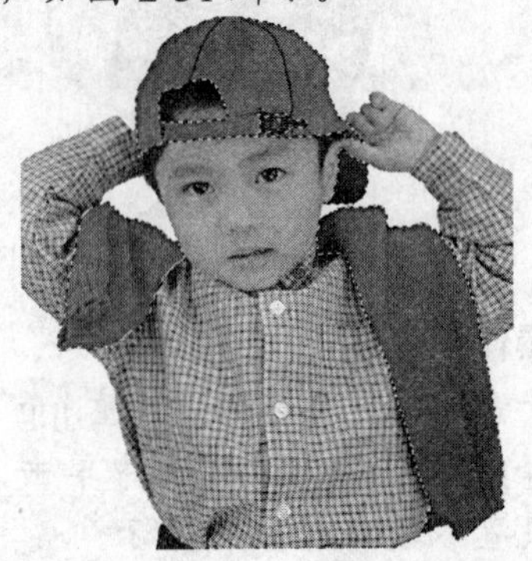

图2-31 将黄色衬衣从选区内全部删除

至此，完成了上衣的选取操作，下面来调整衣服的颜色。

(9) 执行【视图】/【按屏幕大小缩放】命令，使画面适合屏幕大小来显示。

(10) 执行【图层】/【新建】/【通过拷贝的图层】命令，将选区内的红色上衣新建为“图层 1”。

(11) 执行【图像】/【调整】/【色相/饱和度】命令（快捷键为 Ctrl+U 组合键），在弹出的【色相/饱和度】对话框中勾选【着色】复选框，然后调节“色相”滑块为红色上衣修改颜色，调节“饱和度”滑块为上衣的颜色改变饱和度，调节“明度”滑块为上衣增加明暗度，参数设置如图 2-32 所示。

(12) 单击 确定 按钮，衣服调整颜色后的效果如图 2-33 所示。

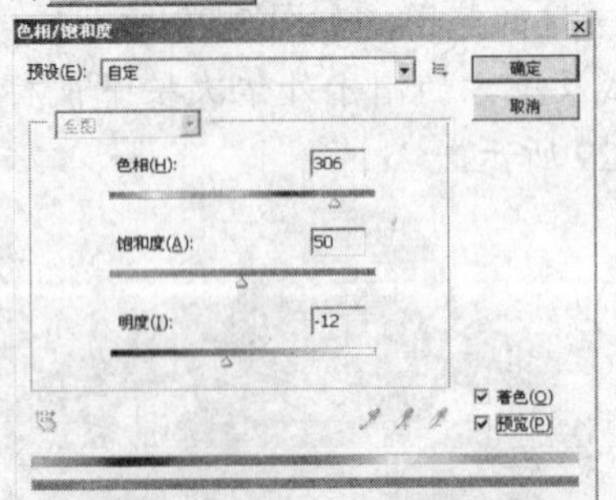

图2-32 【色相/饱和度】面板参数设置

图2-33 调整颜色后的最终画面效果

(13) 按 Shift+Ctrl+S 组合键，将当前文件另命名为“快速选择工具应用.psd”保存。

任务四 移动复制图像

【移动】工具是 Photoshop CS4 中应用最为频繁的工具，它主要用于对选择的内容进行移动、复制、变形以及排列和分布等。

【知识准备】

【移动】工具的使用方法为：拖曳除背景层外的内容可以将其移动；按住 Alt 键的

同时拖曳鼠标，可以将其复制。另外，配合属性栏中的【显示变换控件】选项可以对当前图像进行变形操作。

【移动】工具的属性栏如图 2-34 所示。

图2-34 【移动】工具的属性栏

默认情况下，【移动】工具属性栏中只有【自动选择】选项和【显示变换控件】选项可用，右侧的对齐和分布按钮只有在满足一定条件后才可用。

- 【自动选择】选项：勾选此复选框，并在右侧的下拉列表中选择要自动移动的“图层”或者“组”，然后在图像文件中移动图像，软件会自动选择当前图像所在的图层或者组；如果不勾选此项，要想移动某一图像，必须先将此图像所在的图层设置为当前层。
- 【显示变换控件】选项：勾选此复选框，图像文件中会根据当前层（背景层除外）图像的大小出现虚线的定界框。定界框的四周有 8 个小矩形，称为调节点；中间的符号为调节中心。将鼠标指针放置在定界框的调节点上按住鼠标左键拖曳，可以对定界框中的图像进行变换调节。
- 对齐操作：在【图层】面板中选择两个或两个以上的图层时，在【图层】/【对齐】子菜单中选择相应的命令，或单击【移动】工具属性栏中相应的对齐按钮，即可将选择的图层进行顶对齐、垂直居中对齐、底对齐、左对齐、水平居中对齐或右对齐，如图 2-35 所示。

说明

如果选择的图层中包含背景层，其他图层中的内容将以背景层为依据进行对齐。

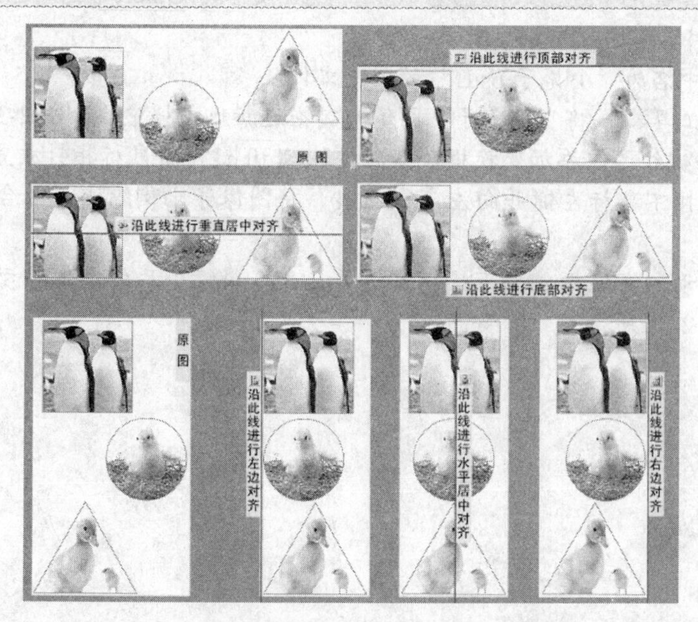

图2-35 选择图层执行各种对齐命令后的形状

- 分布操作：在【图层】面板中选择 3 个或 3 个以上的图层时（不含背景层），在【图层】/【分布】子菜单中选择相应的命令，或单击【移动】工具属性栏中相

应的分布按钮，即可将选择的图层在垂直方向上按顶端、垂直中心或底部平均分布，或者在水平方向上按左边、水平居中和右边平均分布，如图 2-36 所示。

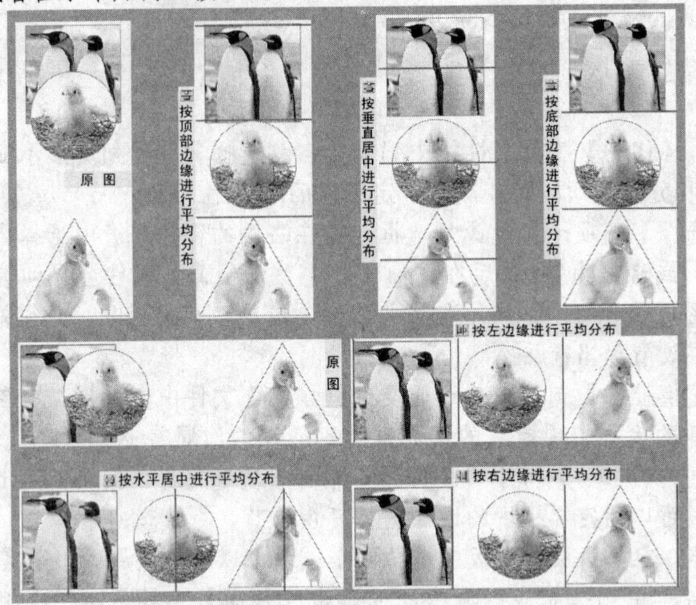

图2-36　选择图层执行各种分布命令后的形状

【操作步骤】

(1) 执行【文件】/【新建】命令，新建【宽度】为“20 厘米”，【高度】为“20 厘米”，【分辨率】为“120 像素/英寸”的文件。

(2) 设置前景色为浅黄色（R:255,G:229,B:183），然后按 Alt+Delete 组合键将设置的前景色填充至背景层中。

(3) 打开素材文件中名为“小兔子.psd ”的图片文件。

(4) 单击【移动】工具，将“小兔子”图像直接拖进新建文档中，如图 2-37 所示。

(5) 按 Ctrl+T 组合键给图像添加变换框，然后按住 Shift 键，将鼠标指针放置到变换框右上角的控制点上按下鼠标左键并向左下方拖曳，将图像等比例缩小，至合适大小后释放鼠标左键。

(6) 将鼠标指针移动到变换框内按下鼠标左键并拖曳，将缩小后的图像移动到画面的左上角位置，如图 2-38 所示。

图2-37　移动复制入的图像

图2-38　将“小兔子“图像缩小后放置到画面左上角

(7) 单击属性栏中的按钮，确认图片的缩小及位置调整操作。

(8) 按住Ctrl键，在【图层】面板中单击“图层 1”前面的图层缩览图，给图片添加选区，如图 2-39 所示，添加的选区形状如图 2-40 所示。

图2-39　添加选区的图层

图2-40　添加的选区状态

(9) 按住 Shift+Alt 组合键，将鼠标指针移动到选区内，然后按住鼠标左键向右拖曳鼠标，水平移动复制选区的图片，释放鼠标左键后，图片即被移动复制到指定的位置，如图 2-41 所示。

(10) 继续按住 Shift+Alt 组合键并向右移动复制所选择的图片，得到 4 个小兔子的图像，如图 2-42 所示。

图2-41　第 1 次移动复制出的图像

图2-42　连续移动复制出的图像

(11) 按住Ctrl键，在图层面板中再次单击“图层 1”前面的缩览图，将复制出的 4 只小兔子一起选取，然后按住 Shift+Alt 组合键向右移动复制图片，直至并排成一行，如图 2-43 所示。

图2-43　移动复制得到整行的小白兔

(12) 用与步骤 11 相同的方法将整行小白兔选中，并向下移动复制，得到如图 2-44 所示的效果。

(13) 继续向下移动复制，得到多行小白兔的画面效果，如图 2-45 所示。

图2-44　向下复制得到两行小白兔

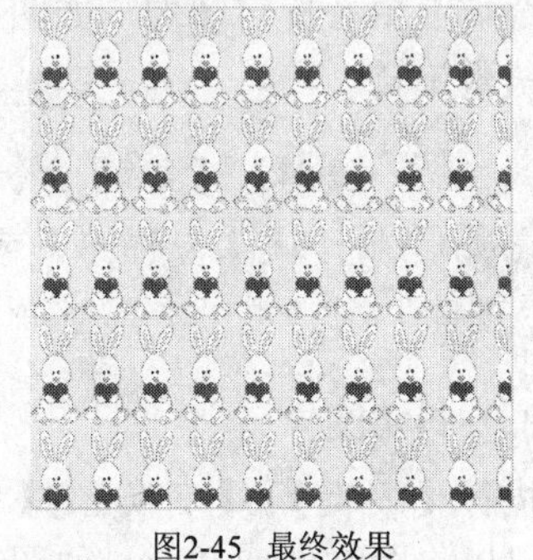

图2-45　最终效果

(14) 按 Shift+Ctrl+S 组合键，将当前文件另命名为“移动复制图像.psd”保存。

任务五　图像的变形应用

在 Photoshop CS4 中，变换图像的方法有 3 种：一是直接利用【移动】工具并结合属性栏中的 ☑显示变换控件 选项来变换图像；二是利用【编辑】/【自由变换】命令来变换图像；三是利用【编辑】/【变换】子菜单命令变换图像。无论使用哪种方法，都可以得到相同的变换效果。

【知识准备】

1.　缩放图像

将鼠标指针放置到变换框各边中间的调节点上，当鼠标指针显示为↔或↕形状时，按下鼠标左键左右或上下拖曳，可以水平或垂直缩放图像。将鼠标指针放置到变换框 4 个角的调节点上，当鼠标指针显示为⤡或⤢形状时，按下鼠标左键并拖曳，可以任意缩放图像。此时，按住 Shift 键可以等比例缩放图像；按住 Alt+Shift 组合键可以以变换框的调节中心为基准等比例缩放图像。以不同方式缩放图像时的形状如图 2-46 所示。

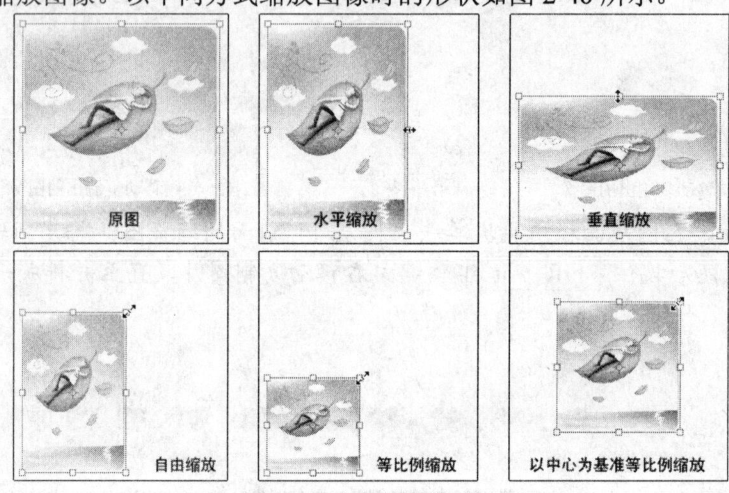

图2-46　以不同方式缩放图像时的形状

2.　旋转图像

将鼠标指针移动到变换框的外部，当鼠标指针显示为↶或↷形状时拖曳鼠标指针，可以围绕调节中心旋转图像，如图 2-47 所示。若按住 Shift 键旋转图像，可以使图像按 15° 角的倍数旋转。

> 在【编辑】/【变换】命令的子菜单中选择【旋转 180 度】、【旋转 90 度（顺时针）】、【旋转 90 度（逆时针）】、【水平翻转】或【垂直翻转】等命令，可以将图像旋转 180°、顺时针旋转 90°、逆时针旋转 90°、水平翻转或垂直翻转。
>
> 说明

3.　斜切图像

执行【编辑】/【变换】/【斜切】命令，或按住 Ctrl+Shift 组合键调整变换框的调节点，可以将图像斜切变换，如图 2-48 所示。

4. 扭曲图像

执行【编辑】/【变换】/【扭曲】命令，或按住 Ctrl 键调整变换框的调节点，可以对图像进行扭曲变形，如图 2-49 所示。

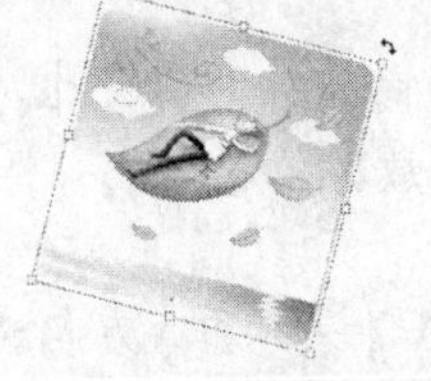
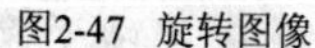

图2-47　旋转图像

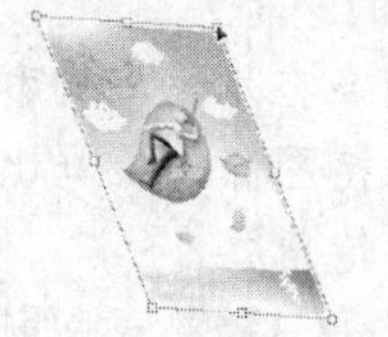

图2-48　斜切变换图像

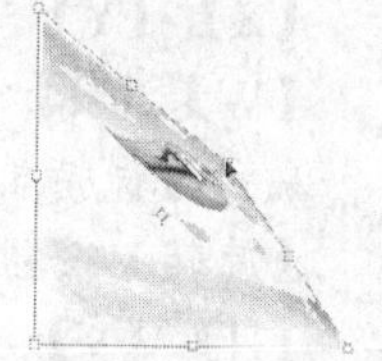

图2-49　扭曲变形

5. 透视图像

执行【编辑】/【变换】/【透视】命令，或按住 Ctrl+Alt+Shift 组合键调整变换框的调节点，可以使图像产生透视变形效果，如图 2-50 所示。

6. 变形图像

执行【编辑】/【变换】/【变形】命令，或激活属性栏中的【在自由变换和变形模式之间切换】按钮，变换框将转换为变形框，通过调整变形框来调整图像，如图 2-51 所示。

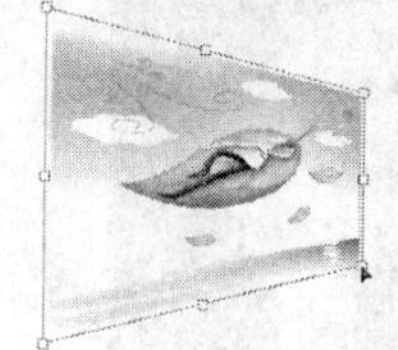
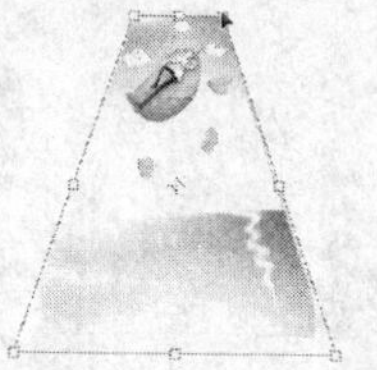

图2-50　透视变形

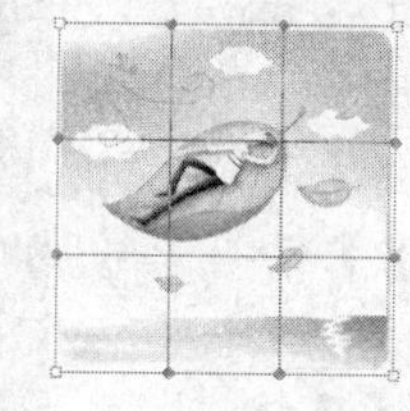
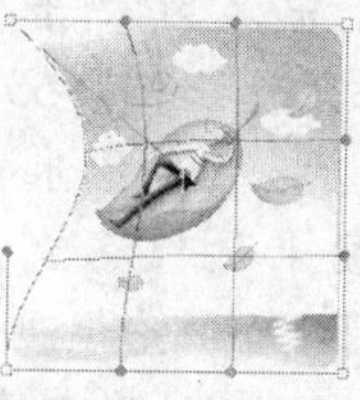
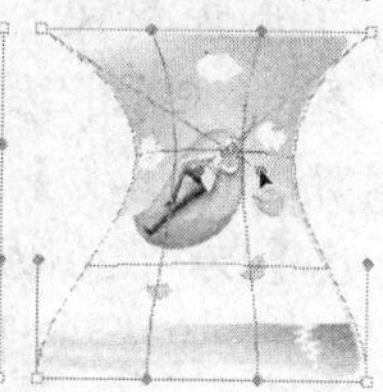

图2-51　变形图像

在属性栏中的【变形】下拉列表中选择一种变形样式，还可以使图像产生各种相应的变形效果，如图 2-52 所示。

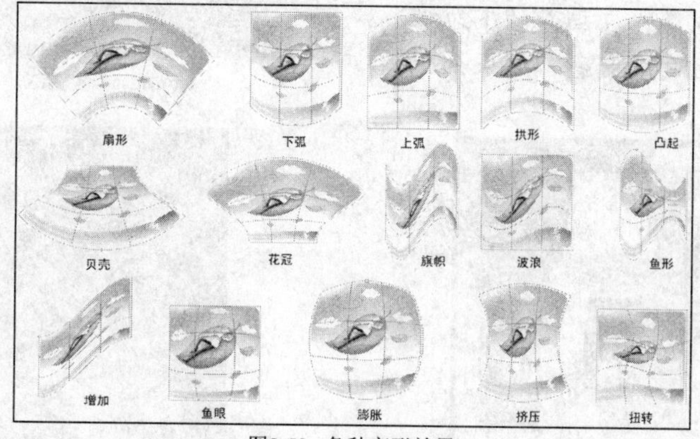

图2-52　各种变形效果

7. 变换命令属性栏

执行【编辑】/【自由变换】命令，属性栏如图 2-53 所示。

X: 66.5 px　Y: 70.5 px　W: 100.0%　H: 100.0%　0.0 度　H: 0.0 度　V: 0.0 度

图2-53　【自由变换】属性栏

- 【参考点位置】图标：中间的黑点表示调节中心在变换框中的位置，在任意

白色小点上单击，可以定位调节中心的位置。另外，将鼠标指针移动至变换框中间的调节中心上，待鼠标指针显示为形状时拖曳，可以在图像中任意移动调节中心的位置。

- 【X】、【Y】: 用于精确定位调节中心的坐标。
- 【W】、【H】: 分别控制变换框中的图像在水平方向和垂直方向缩放的百分比。激活【保持长宽比】按钮，可以保持图像的长宽比例来缩放。
- 【旋转】按钮: 用于设置图像的旋转角度。
- 【H】、【V】: 分别控制图像的倾斜角度，【H】表示水平方向，【V】表示垂直方向。
- 【在自由变换和变形模式之间切换】按钮: 激活此按钮，可以将自由变换模式切换为变形模式；取消其激活状态，可再次切换到自由变换模式。
- 【取消变换】按钮: 单击按钮（或按 Esc 键），将取消图像的变形操作。
- 【进行变换】按钮: 单击按钮（或按 Enter 键），将确认图像的变形操作。

将打开的图片组合，然后利用【移动】工具属性栏中的【显示变换控件】选项给图像制作变形，制作出如图 2-54 所示的包装盒立体效果。

【操作步骤】

(1) 打开素材文件中名为“平面展开图.jpg”的图片文件，如图 2-55 所示。

(2) 新建【宽度】为“20 厘米”，【高度】为“20 厘米”，【分辨率】为“120 像素/英寸”的文件。

(3) 选择工具，激活属性栏中的【径向渐变】按钮，将工具箱中的前景色设置为蓝灰色（R:118,G:140,B:150）、背景色设置为黑色，在画面的下边缘位置向上填充径向渐变色，效果如图 2-56 所示。

图2-54 包装立体效果图

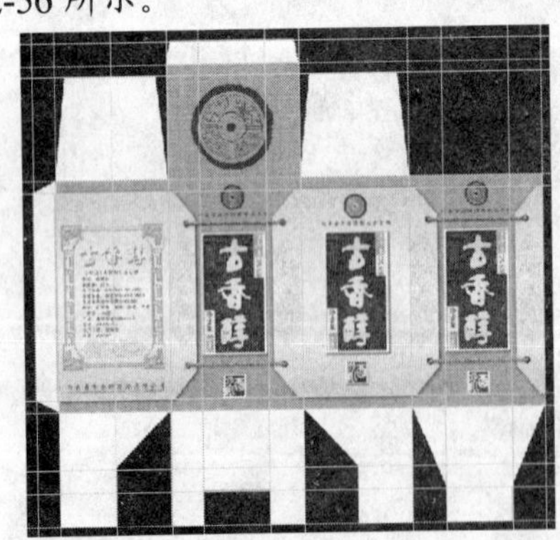

图2-55 平面展开图

图2-56 填充渐变色后的效果

(4) 利用工具将“平面展开图.jpg”文件中如图 2-57 所示的面选择。

(5) 将选择的正面图形移动复制到“未标题-1”文件中，在属性栏中勾选 显示变换控件 复选框，给图片添加变换框，如图 2-58 所示。

图2-57　选择正面图形

图2-58　显示的变换框

(6) 按住 Ctrl 键，将鼠标指针放置在变换框右下角的控制点上稍微向上移动此控制点，然后稍微向上移动右上角的控制点，调整出透视效果，如图 2-59 所示。

说明：由于透视的原因，右边的高度要比左边的高度矮一些，一般遵循近大远小的透视规律调整。

(7) 将鼠标指针放置在变换框右边中间的控制点上稍微向左缩小立面的宽度，如图 2-60 所示。

(8) 调整完成后按 Enter 键，确认图片的透视变形调整。

(9) 利用 [ ] 工具将“平面展开图.jpg”文件中的侧面选取后移动复制到“未标题-1”文件中，并将其放置到如图 2-61 所示的位置。

图2-59　透视变形调整时的状态

图2-60　缩小立面宽度

图2-61　移动复制入的侧面

(10) 用与调整正面相同的透视变形方法将侧面图形进行透视变形调整，状态如图 2-62 所示，然后按 Enter 键确认。

(11) 将顶面选取后移动复制到“未标题-1”文件中，放置到如图 2-63 所示的位置。

(12) 按住 Ctrl 键，将鼠标指针放置在变换框左边中间的控制点上，向右向上调整透视，如图 2-64 所示。

图2-62　透视变形调整时的状态

图2-63　移动复制入的顶面

图2-64　调整透视状态

(13) 按住 Ctrl 键，将鼠标指针放置在变换框上边中间的控制点上，向右向下调整透视，如图 2-65 所示。

(14) 按住 Ctrl 键，将最后面右侧的一个控制点向左向下调整透视，制作出包装盒顶面的透视效果，如图 2-66 所示。

(15) 按 Enter 键确定透视调整，在属性栏中将 显示变换控件 复选框的勾选取消。

(16) 执行【图像】/【调整】/【色相/饱和度】命令，在弹出的【色相/饱和度】对话框中设置参数，如图 2-67 所示。

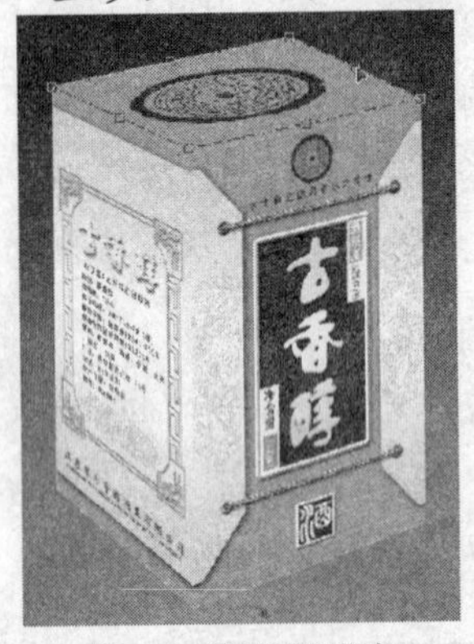
图2-65 调整透视状态

图2-66 顶面透视效果

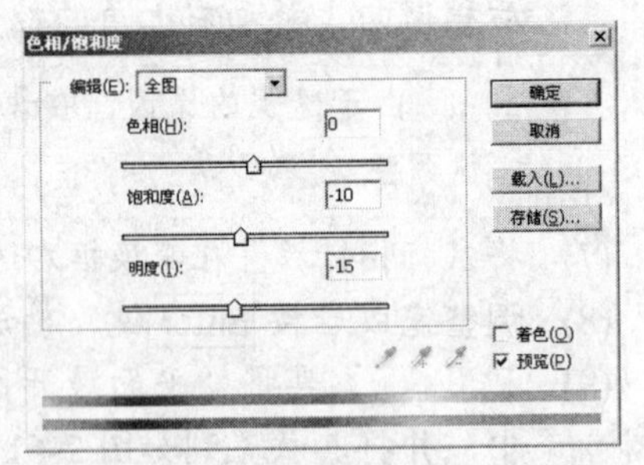

图2-67 【色相/饱和度】对话框参数设置

(17) 单击 确定 按钮，降低饱和度和明度后的效果如图 2-68 所示。

(18) 将“图层 2”设置为工作层，同样利用【色相/饱和度】命令将侧面也降低饱和度和明度，效果如图 2-69 所示。

包装盒的面和面之间的棱角结构转折位置应该是稍微有点圆滑的，而并不是刀锋效果般的生硬，所以大家要注意物体结构转折的微妙变化规律，只有仔细观察、仔细绘制，才能使表现出的物体更加真实自然。下面进行棱角处理。

(19) 新建“图层 4”，并将其放置在“图层 3”的上方，然后将前景色设置为浅黄色（R:255,G:251,B:213）。

(20) 选择 工具，激活属性栏中的 按钮，并设置 粗细: 2 px 的参数为“2px”，然后沿包装盒的面和面的结构转折位置绘制出如图 2-70 所示的直线。

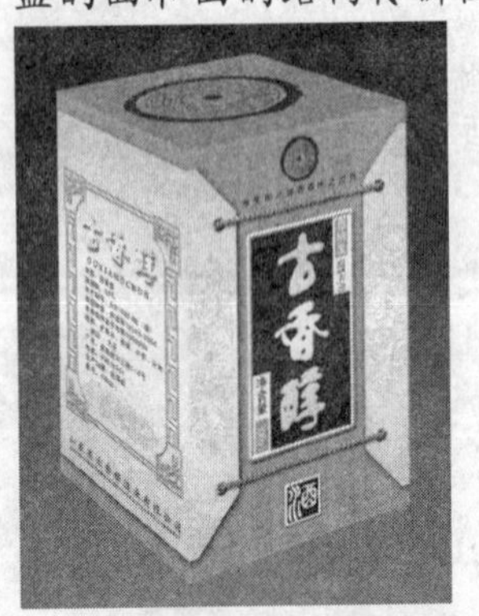
图2-68 降低饱和度和明度后的效果

图2-69 降低饱和度和明度后的效果

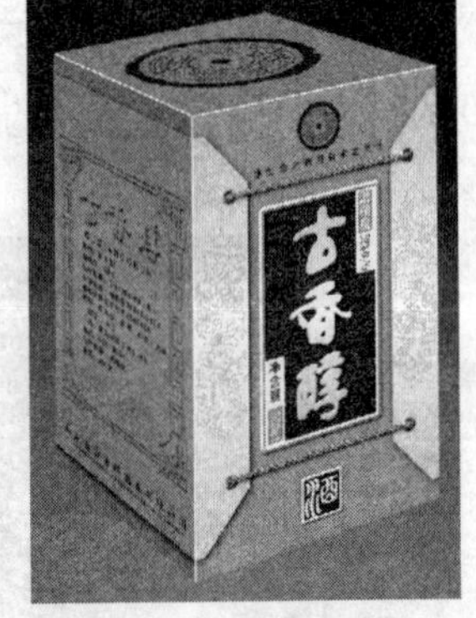
图2-70 绘制出的直线

(21) 选择【模糊】工具 ，沿着绘制的直线做一下模糊处理，使其不那么生硬。

(22) 选择【橡皮擦】工具 ，设置属性栏中的参数如图 2-71 所示。

(23) 沿着模糊后的直线将竖面的下边、左侧的后面和右侧右面轻轻地擦除一下，表现出远虚近实的变化，效果如图 2-72 所示。

下面为包装盒绘制投影效果，增强包装盒在光线照射下的立体感。读者还要特别注意的是，每一种物体的投影形状根据物体本身的形状结构是不同的，投影要跟随物体的结构变化以及周围环境的变化而变化。

(24) 新建“图层 5”，并将其放置在“图层 1”的下方，然后将工具箱中的前景色设置为黑色。

(25) 选择工具，在画面中根据包装盒的结构绘制出投影区域，然后为其填充黑色，效果如图 2-73 所示。

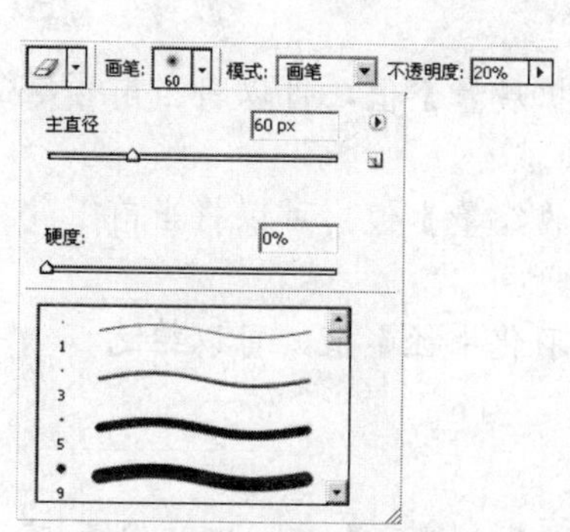

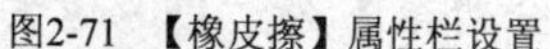

图2-71 【橡皮擦】属性栏设置

图2-72 远虚近实的变化

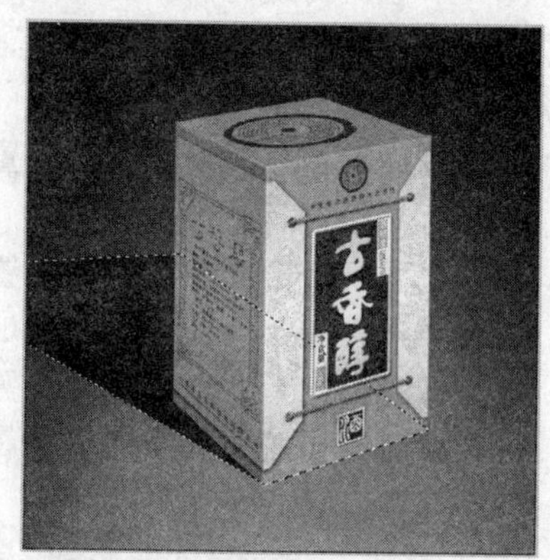

图2-73 制作出的投影

(26) 按 Ctrl+D 组合键删除选区，执行【滤镜】/【模糊】/【高斯模糊】命令，在弹出的【高斯模糊】对话框中将【半径】选项设置为“10”像素。

(27) 单击 确定 按钮，模糊后的投影效果如图 2-54 所示。

(28) 至此，包装盒的立体效果就制作完成了，按 Ctrl+S 组合键，将此文件命名为“包装立体效果图.psd”保存。

项目实训一　绘制标志图形

利用各种选框工具和几种常用的命令绘制出如图 2-74 所示的标志图形。

【知识准备】

图2-74 绘制的标志

除了前面介绍的几种常用选区工具以外，在【选择】菜单中还有几种编辑选区的命令，分别如下。

- 【全部】命令：可以对当前层中的所有内容进行选择，快捷键为 Ctrl+A 组合键。
- 【取消选择】命令：当图像文件中有选区时，此命令才可用。选择此命令，可以将当前的选区删除，快捷键为 Ctrl+D 组合键。
- 【重新选择】命令：将图像文件中的选区删除后，选择此命令，可以将刚才取消的选区恢复，快捷键为 Shift+Ctrl+D 组合键。

- 【反向】命令：当图像文件中有选区时，此命令才可用。选择此命令，可以将当前的选区反选，快捷键为 Ctrl+Shift+I 组合键。
- 【色彩范围】命令：此命令与【魔棒】工具的功能相似，也可以根据容差值与选择的颜色样本来创建选区。使用此命令创建选区的优势在于，它可以根据图像中色彩的变化情况设定选择程度的变化，从而使选择操作更加灵活、准确。

在菜单栏中的【选择】/【修改】子菜单中，还包括【边界】、【平滑】、【扩展】、【收缩】、【羽化】等命令，其含义分别介绍如下。

- 【边界】命令：通过设置【边界选区】对话框中的【宽度】值，可以将当前选区向内或向外扩展。
- 【平滑】命令：通过设置【平滑选区】对话框中的【取样半径】值，可以将当前选区进行平滑处理。
- 【扩展】命令：通过设置【扩展选区】对话框中的【扩展量】值，可以将当前选区进行扩展。
- 【收缩】命令：通过设置【收缩选区】对话框中的【收缩量】值，可以将当前选区缩小。
- 【羽化】命令：通过设置【羽化选区】对话框中的【羽化半径】值，可以给选区设置不同大小的羽化属性。

【操作步骤】

(1) 新建一个【宽度】为“18 厘米”，【高度】为“10 厘米”，【分辨率】为“150 像素/英寸”，【颜色模式】为“RGB 颜色”，【背景内容】为“白色”的文件。

(2) 设置前景色为黑色，然后按 Alt+Delete 组合键填充至背景层。

(3) 新建“图层 1”，选择 [] 工具，按住 Shift 键在文档左侧绘制一个正方形选区，如图 2-75 所示。

(4) 将前景色设置为黄色（R:237,G:249,B:35），然后按 Alt+Delete 组合键填充至正方形选区中，如图 2-76 所示。

图2-75 绘制的选区

图2-76 将选区填充黄色

(5) 新建“图层 2”，将前景色设置为蓝色（R:35,G:216,B:249），按 Alt+Delete 组合键填充正方形选区。

(6) 新建“图层 3”，将前景色设置为橙色（R:249,G:156,B:35），按 Alt+Delete 组合键填充正方形选区。

(7) 按 Ctrl+D 组合键取消选区，然后选择【移动】工具，将最上方的正方形图像向右移动至如图 2-77 所示的位置。

(8) 按住 Shift 键在【图层】面板中单击“图层 1”，将“图层 1”、“图层 2”和“图层 3”同时选择。

(9) 单击属性栏中的按钮，将3个正方形以相同的间距分布，如图2-78所示。

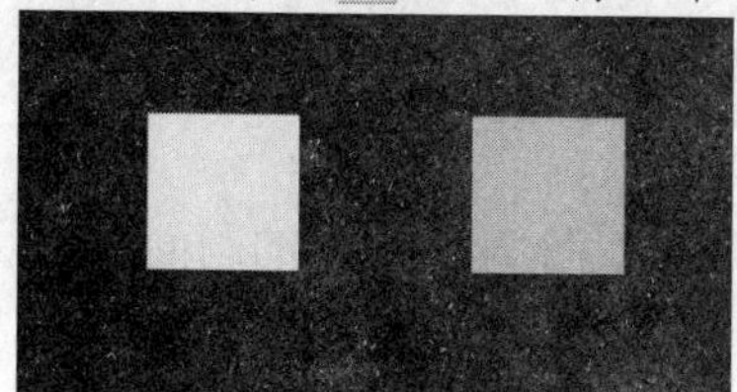
图2-77 正方形移动的位置

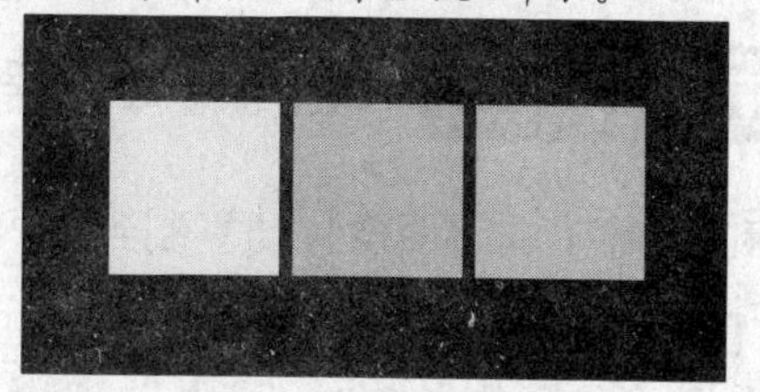
图2-78 平均分布后的效果

(10) 选择工具，按住Shift键绘制出如图2-79所示的圆形选区。

(11) 新建“图层4”，将前景色设置为黑色，按Alt+Delete组合键填充选区，如图2-80所示。

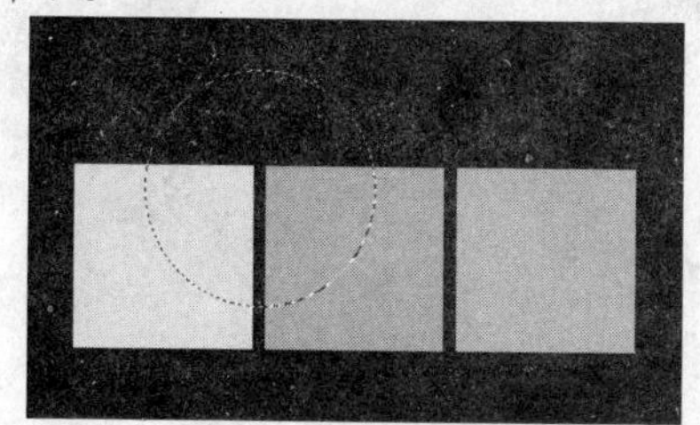
图2-79 绘制的圆形选区

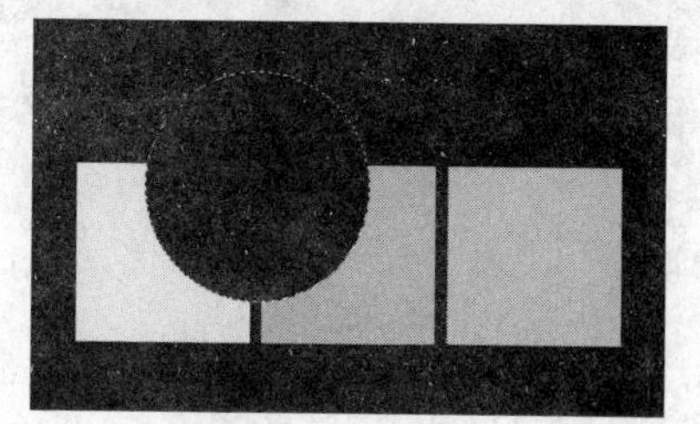
图2-80 填充前景色

(12) 执行【选择】/【修改】/【收缩】命令，将“收缩量”参数设置为10，单击 确定 按钮。

(13) 按Delete键将选区内的黑色删除，得到连接黄色和蓝色图形的黑色的圆环，如图2-81所示。

(14) 选择工具，将图形外的多余圆环框选，并按Delete键删除，效果如图2-82所示，再按Ctrl+D组合键删除选区。

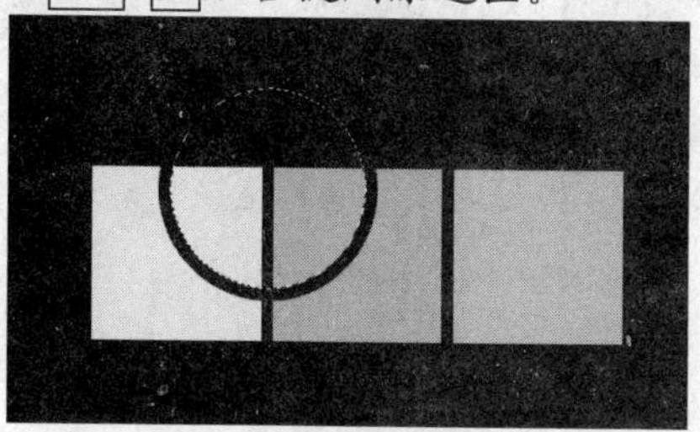
图2-81 删除黑色后的圆环

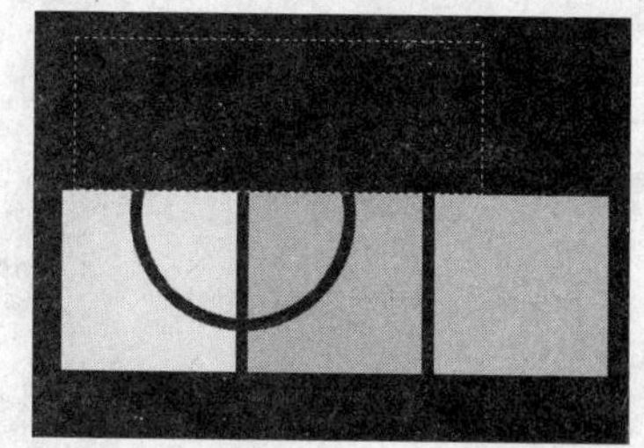
图2-82 框选并删除多余的黑色圆环

(15) 依次新建图层，并用与步骤10～14相同的方法绘制出如图2-83所示的黑色图形。

(16) 选择【横排文字】工具，设置字体颜色为白色，然后在图形下方输入如图2-84所示的字母。

图2-83 绘制的黑色图形

图2-84 输入的英文字母

(17) 按Shift+Ctrl+S组合键，将当前文件另存为“标志设计.psd”保存。

项目实训二 在两个文件之间移动复制图像

利用工具将图像移动复制到另一个文件中，来合成如图 2-85 所示的画面效果。

【操作步骤】

(1) 打开素材文件中名为“底图.jpg”和“女孩.jpg”的图片文件，如图 2-86 所示。

图2-85 合成后的画面效果

图2-86 打开的图片文件

(2) 确认“女孩.jpg”文件处于工作状态，选择工具，在属性栏中将容差: 70 参数设置为“70”，激活属性栏中的按钮，将红色背景选取，如图 2-87 所示。

(3) 选择工具，激活属性栏中的按钮，将人物中多选取的帽子位置的图像选区删除，修剪后的选区如图 2-88 所示。

(4) 执行【选择】/【反选】命令将选区反选，效果如图 2-89 所示。

图2-87 创建的选区

图2-88 修剪后的选区

图2-89 反选的选区

(5) 选择工具，在“女孩.jpg”文件中选取的人物图片内按住鼠标左键，然后向“底图.jpg”图像文件中拖动，状态如图 2-90 所示。

(6) 当鼠标指针变为符号时释放鼠标左键，所选取的图片即被移动到另一个图像文件中，如图 2-91 所示。

图2-90　向另一个图像文件中移动图片状态

图2-91　移动到当前文件中的图片

(7) 按 Ctrl+T 组合键给图片添加变换框，将图片缩小后移动到画面的右侧，如图 2-92 所示。

(8) 按 Enter 键确认图片的缩小调整。

(9) 执行【图层】/【图层样式】/【外发光】命令，弹出【图层样式】对话框，选项及参数设置如图 2-93 所示。单击 确定 按钮添加外发光效果，如图 2-85 所示。

图2-92　调整图片大小及位置

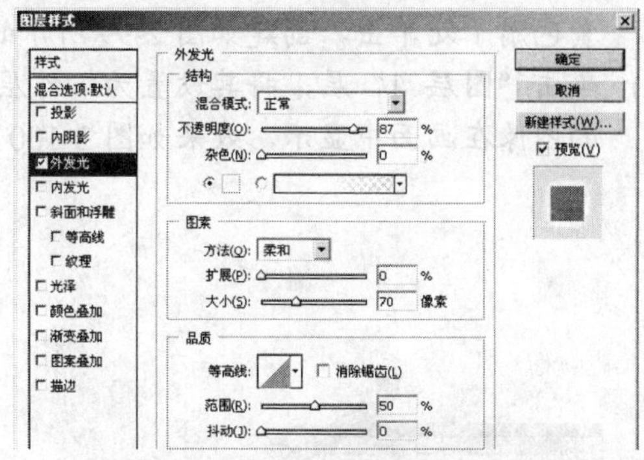

图2-93　【图层样式】对话框选项及参数设置

(10) 按 Shift+Ctrl+S 组合键，将当前文件另命名为“移动练习.psd”保存。

项目拓展一　【反向】和【羽化】命令的应用

利用【选择】菜单下的【反向】和【羽化】命令，完成如图 2-94 所示的图像合成效果。

【操作步骤】

(1) 打开素材文件中名为“扇子.jpg”和“风景.jpg”的文件，如图 2-95 所示。

图2-94　完成的图像合成效果

图2-95　打开的图片文件

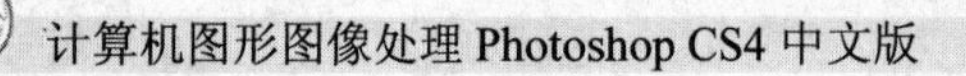

(2) 选择工具，将风景图片移动复制到“扇子.jpg”文件中，并调整至如图 2-96 所示的形状及位置，然后按 Enter 键确认。

(3) 在【图层】面板中单击如图 2-97 所示的图标，将生成的“图层 1”在画面中隐藏，效果如图 2-98 所示。

图2-96 图像调整后的形状及位置

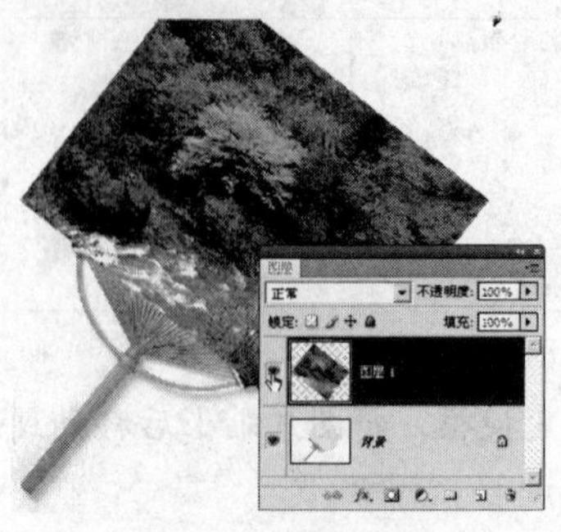

图2-97 单击的图标

图2-98 隐藏的效果

(4) 单击“背景”层将其设置为工作层，然后选取工具，并将鼠标指针移动到画面中的黄色扇子处单击，创建如图 2-99 所示的选区。

(5) 单击“图层 1”层，将其设置为工作层，然后在“图层 1”左侧的处单击，将该图层的图像在画面中显示，效果如图 2-100 所示。

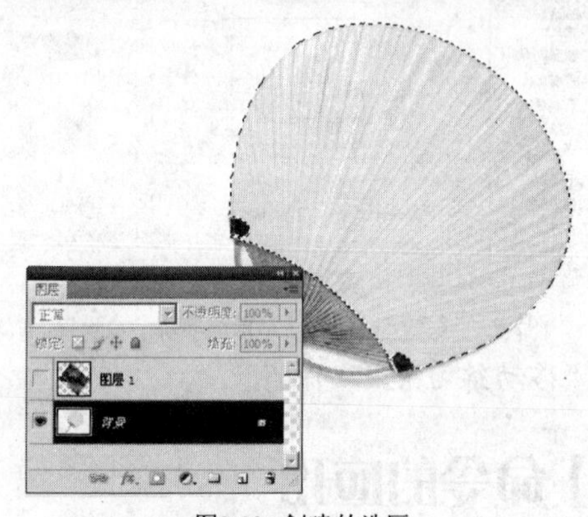

图2-99 创建的选区

图2-100 显示图像后的效果

(6) 执行【选择】/【修改】/【羽化】命令，在弹出的【羽化选区】对话框中设置羽化参数如图 2-101 所示。

(7) 单击 确定 按钮，选区羽化后的形状如图 2-102 所示。

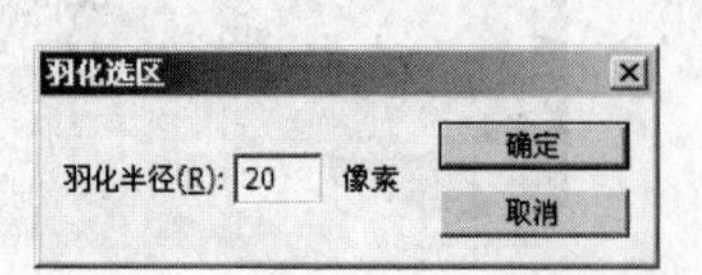

图2-101 【羽化选区】对话框参数设置

图2-102 羽化后的选区形状

(8) 执行【选择】/【反向】命令将选区反选，然后按 Delete 键删除选区内的图像，效果如图 2-103 所示。

(9) 连续按 5 次 Delete 键，重复删除选区内的图像，效果如图 2-104 所示。

图2-103　删除选区内图像形状

图2-104　删除后的效果

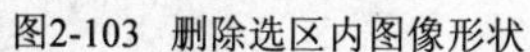

(10) 按 Ctrl+A 组合键将画面全部选择，然后执行【图像】/【裁剪】命令，将没有完全删除的图像裁剪掉，再按 Ctrl+D 组合键删除选区，即可完成图像的合成。

(11) 按 Shift+Ctrl+S 组合键，将此文件另命名为“羽化应用.psd”保存。

项目拓展二　【色彩范围】命令的应用

利用【选择】菜单下的【色彩范围】命令，选择指定的图像并为其修改颜色，调整颜色前后的图像效果对比如图 2-105 所示。

图2-105　案例原图及调整颜色后的效果

【操作步骤】

(1) 打开素材文件中名为“婚纱.jpg”的图片文件。

(2) 执行【选择】/【色彩范围】命令，弹出【色彩范围】对话框。

(3) 确认【色彩范围】对话框中的按钮和【选择范围】选项处于选中状态，将鼠标指针移动到图像中如图 2-106 所示的位置并单击，吸取色样。

(4) 在【颜色容差】右侧的文本框中输入数值（或拖动其下方的三角按钮）调整选取的色彩范围，将其参数设置为“200”，如图 2-107 所示。

(5) 单击 确定 按钮，此时图像文件中生成的选区如图 2-108 所示。

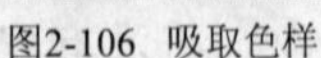

图2-106 吸取色样

图2-107 设置的参数

图2-108 生成的选区

说明

如利用【色彩范围】命令创建的选区有多余的图像，可灵活运用其他选区工具，结合属性栏中的 按钮，将其删除。

(6) 执行【视图】/【显示额外内容】命令（快捷键为 Ctrl+H 组合键），将选区在画面中隐藏，这样方便观察颜色调整时的效果（此命令非常实用，读者要灵活掌握此项操作技巧）。

(7) 执行【图像】/【调整】/【色相/饱和度】命令，在弹出的【色相/饱和度】对话框中设置参数，如图 2-109 所示。

(8) 单击 确定 按钮，然后按 Ctrl+D 组合键删除选区，调整后的衣服颜色效果如图 2-110 所示。

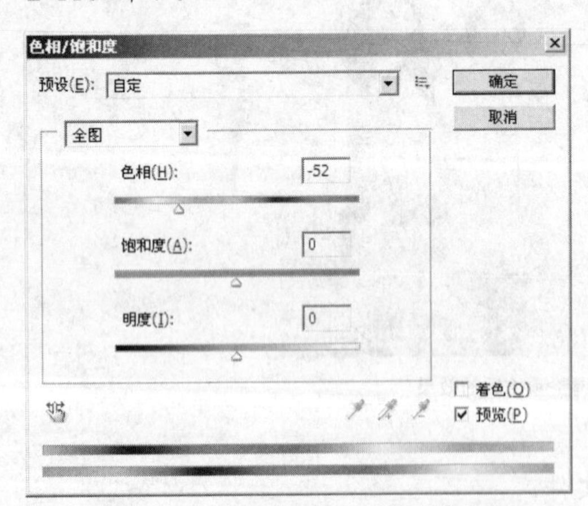

图2-109 【色相/饱和度】对话框参数设置

图2-110 调整颜色后的衣服效果

(9) 按 Shift+Ctrl+S 组合键，将此文件另命名为“色彩范围应用.jpg”保存。

习题

1. 利用选区工具绘制出如图 2-111 所示的标志图形。

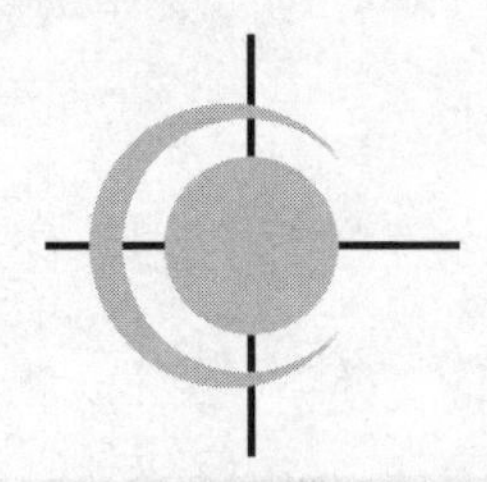

图2-111　绘制的标志图形

2．打开素材文件中名为“向日葵.jpg”和“人物.jpg”的图片文件，如图 2-112 所示。然后用本项目介绍的创建选区、羽化、移动复制及变形等操作方法，制作出如图 2-113 所示的画面合成效果。

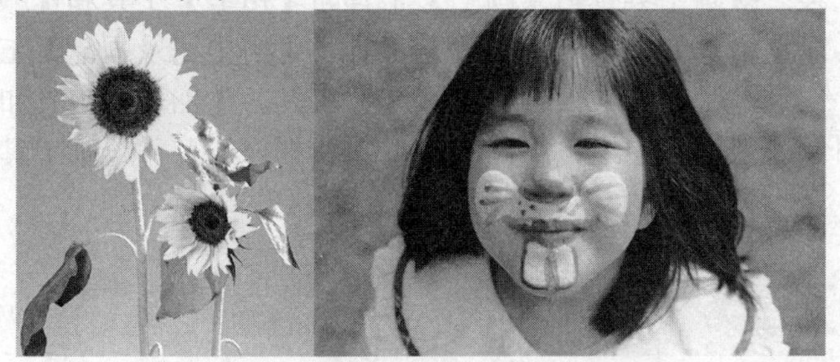

图2-112　打开的图片

图2-113　画面合成效果

3．在素材文件中打开名为“背景.jpg”和“封面.jpg”的图片文件，如图 2-114 所示。用本项目介绍的图像变形操作，制作出如图 2-115 所示的书籍装帧立体效果。

图2-114　打开的图片

图2-115　书籍装帧立体效果图

项目三

渐变、绘画和修复工具的应用

工具箱中的渐变、绘画和编辑工具是绘制图形和处理编辑图像的主要工具，其中渐变工具包括【渐变】工具和【油漆桶】工具；绘画工具包括【画笔】工具、【铅笔】工具和【颜色替换】工具；编辑工具主要包括【修复画笔】工具、【图章】工具、【历史记录画笔】工具，还包括【模糊】工具、【锐化】工具、【涂抹】工具、【减淡】工具、【加深】工具和【海绵】工具等。这些工具都是在图像处理过程中经常用到的，下面就来介绍各种绘画工具及编辑工具的功能及使用方法。

学习目标

学会【渐变】和【油漆桶】工具的应用。
学会【画笔】和【铅笔】工具的应用。
了解【模糊】、【锐化】和【涂抹】工具的应用。
了解【减淡】、【加深】和【海绵】工具的应用。
学会【修复画笔】和【修补】工具的应用。
学会【仿制图章】和【图案图章】工具的应用。
学会【历史记录画笔】和【历史记录艺术画笔】工具的应用。

任务一 渐变工具应用

【知识准备】

- 【渐变】工具：使用此工具可以在图像中创建渐变效果。根据其产生的不同效果，可以分为线性渐变、径向渐变、角度渐变、对称渐变和菱形渐变 5 种渐变方式。
- 【油漆桶】工具：使用此工具，可以在图像中填充颜色或图案，它的填充范围是与单击处像素相同或相近的像素点。

1. 【渐变】工具的属性栏

合理地设置【渐变】工具属性栏中的渐变选项，可以达到根据要求填充的渐变颜色效果，【渐变】工具的属性栏如图 3-1 所示。

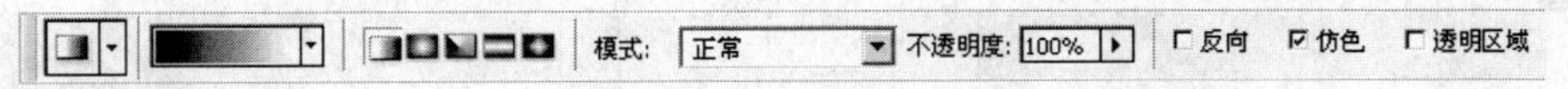

图3-1 【渐变】工具属性栏

- 【点按可编辑渐变】按钮：单击颜色条部分，将弹出【渐变编辑器】窗口，用于编辑渐变色；单击右侧的按钮，将会弹出【渐变选项】面板，用于选择已有的渐变选项。
- 【模式】选项：用来设置填充颜色与原图像所产生的混合效果。
- 【不透明度】选项：用来设置填充颜色的不透明度。
- 【反向】选项：勾选此复选框，在填充渐变色时将颠倒设置的渐变颜色排列顺序。
- 【仿色】选项：勾选此复选框，可以使渐变颜色之间的过渡更加柔和。
- 【透明区域】选项：勾选此复选框，【渐变编辑器】窗口中渐变选项的不透明度才会生效，否则，将不支持渐变选项中的透明效果。

2. 选择渐变样式

单击属性栏中右侧的按钮，弹出如图 3-2 所示的【渐变样式】面板。在该面板中显示了许多渐变样式的缩略图，在缩略图上单击即可将该渐变样式选择。

单击【渐变样式】面板右上角的按钮，弹出菜单列表。该菜单中下面的部分命令是系统预设的一些渐变样式，选择相应命令后，在弹出的询问面板中单击追加(A)按钮，即可将选择的渐变样式载入到【渐变样式】面板中，如图 3-3 所示。

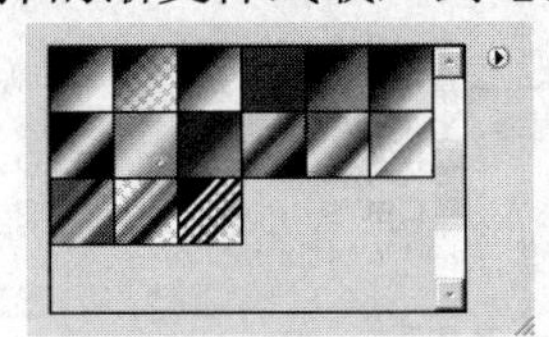

图3-2 【渐变样式】面板

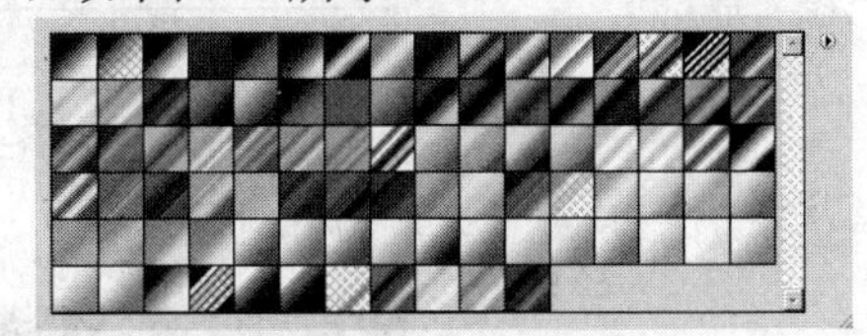

图3-3 载入的渐变样式

3. 设置渐变方式

【渐变】工具的属性栏中包括【线性渐变】、【径向渐变】、【角度渐变】、【对称渐变】和【菱形渐变】5 种渐变方式，当选择不同的渐变方式时，填充的渐变效果也各不相同。

- 【线性渐变】按钮：可以在画面中填充鼠标指针拖曳距离的起点到终点的线性渐变效果，如图 3-4 所示。
- 【径向渐变】按钮：可以在画面中填充以鼠标指针的起点为中心，鼠标指针拖曳距离为半径的环形渐变效果，如图 3-5 所示。

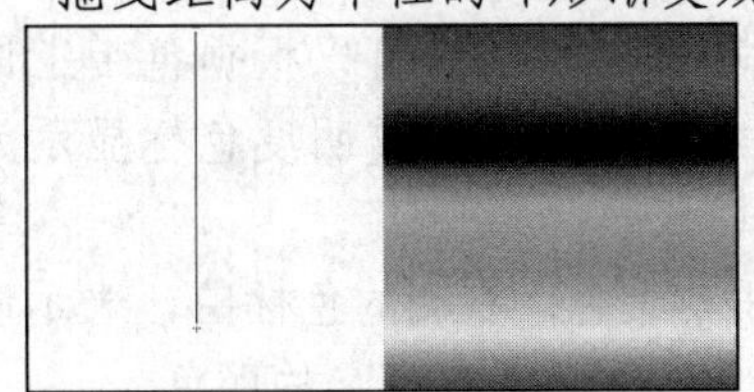

图3-4 线性渐变的效果

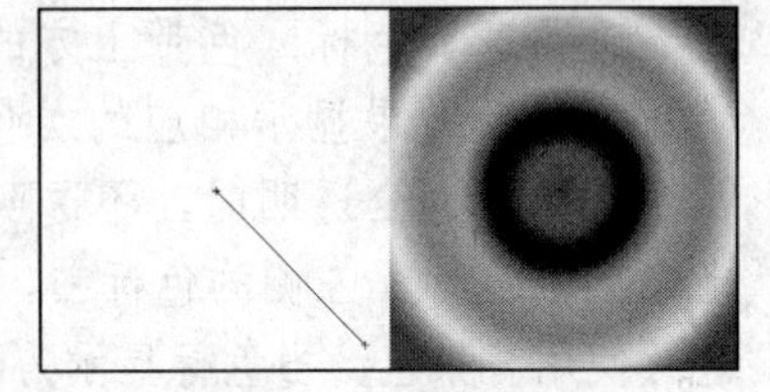

图3-5 径向渐变的效果

- 【角度渐变】按钮：可以在画面中填充以鼠标指针起点为中心，自鼠标指针拖曳方向起旋转一周的锥形渐变效果，如图 3-6 所示。
- 【对称渐变】按钮：可以产生以经过鼠标指针起点与拖曳方向垂直的直线为对称轴的轴对称直线渐变效果，如图 3-7 所示。

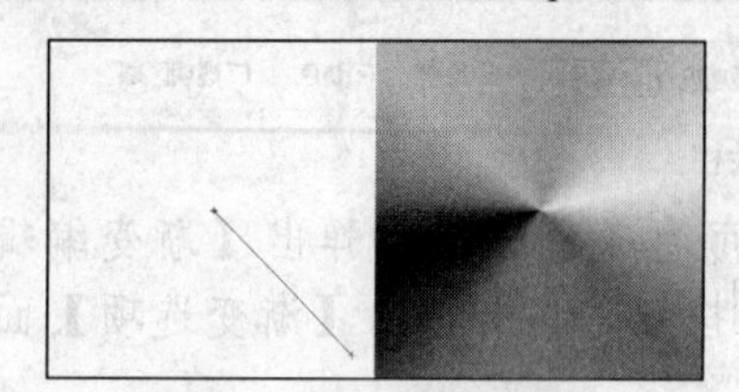
图3-6 角度渐变的效果

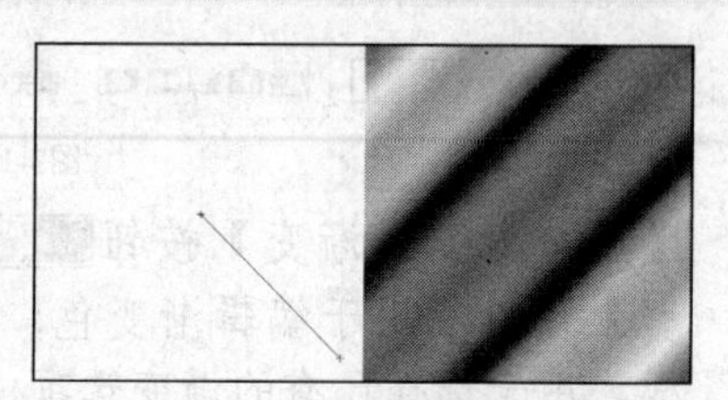
图3-7 对称渐变的效果

- 【菱形渐变】按钮：可以在画面中填充以鼠标指针的起点为中心，鼠标指针拖曳的距离为半径的菱形渐变效果，如图 3-8 所示。

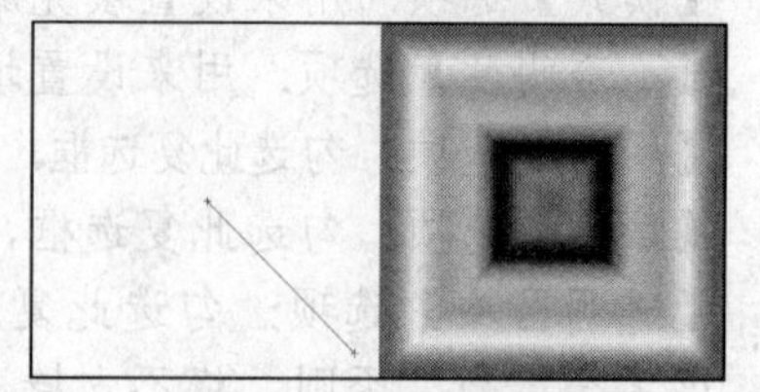
图3-8 菱形渐变的效果

4. 【渐变编辑器】窗口

在【渐变】工具属性栏中单击【点按可编辑渐变】按钮的颜色条部分，将会弹出如图 3-9 所示的【渐变编辑器】窗口。

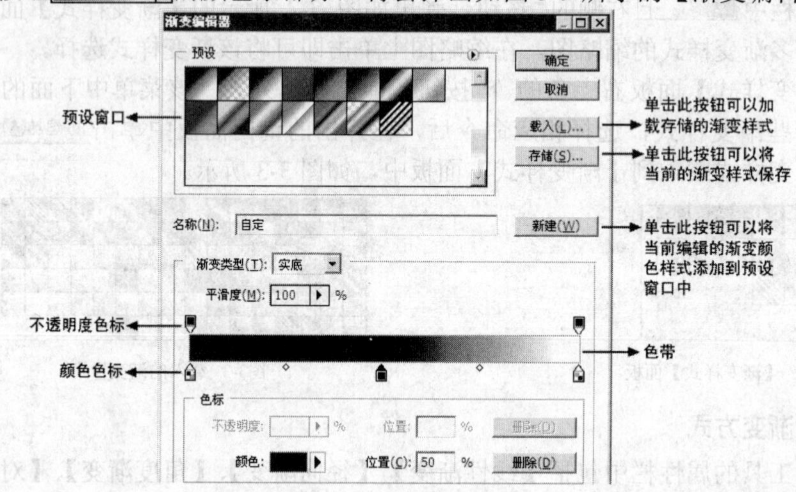

图3-9 【渐变编辑器】窗口

- 【预设窗口】：在预设窗口中提供了多种渐变样式，单击缩略图即可选择该渐变样式。
- 【渐变类型】：在此下拉列表中提供了“实底”和“杂色”两种渐变类型。
- 【平滑度】：此选项用于设置渐变颜色过渡的平滑程度。
- 【不透明度】色标：色带上方的色标称为不透明度色标，它可以根据色带上该位置的透明效果显示相应的灰色。当色带完全不透明时，不透明度色标显示为黑色；色带完全透明时，不透明度色标显示为白色。
- 【颜色】色标：左侧的色标，表示该色标使用前景色；右侧的色标，表示该色标使用背景色；当色标显示为状态时，则表示使用的是自定义的颜色。
- 【不透明度】：当选择一个不透明度色标后，下方的【不透明度】选项可以设置该色标所在位置的不透明度，【位置】用于控制该色标在整个色带上的百分比位置。
- 【颜色】：当选择一个颜色色标后，【颜色】色块显示的是当前使用的颜色，单击该颜色块或在色标上双击，可在弹出的【拾色器】对话框中设置色标的颜

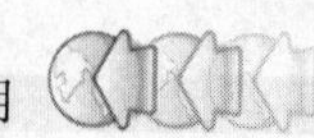

色；单击【颜色】色块右侧的▶按钮，可以在弹出的菜单中将色标设置为前景色、背景色或用户颜色。

- 【位置】：可以设置色标在整个色带上的百分比位置；单击 删除(D) 按钮，可以删除当前选择的色标。在需要删除的【颜色】色标上按下鼠标左键，然后向上或向下拖曳，可以快速地删除【颜色】色标。

5. 【油漆桶】工具

【油漆桶】工具的属性栏如图 3-10 所示。

前景　模式：正常　不透明度：100%　容差：32　☑消除锯齿　☑连续的　☐所有图层

图3-10　【油漆桶】工具的属性栏

- 【设置填充区域的源】 前景 ：用于设置向画面或选区中填充的内容，包括【前景】和【图案】两个选项。选择【前景】选项，向画面中填充的内容为工具箱中的前景色；选择【图案】选项，并在右侧的图案窗口中选择一种图案后，向画面中填充的内容为选择的图案，如图 3-11 所示。

图3-11　原图、填充前景色和填充图案效果对比

- 【容差】：控制图像中填充颜色或图案的范围，数值越大，填充的范围越大，如图 3-12 所示。

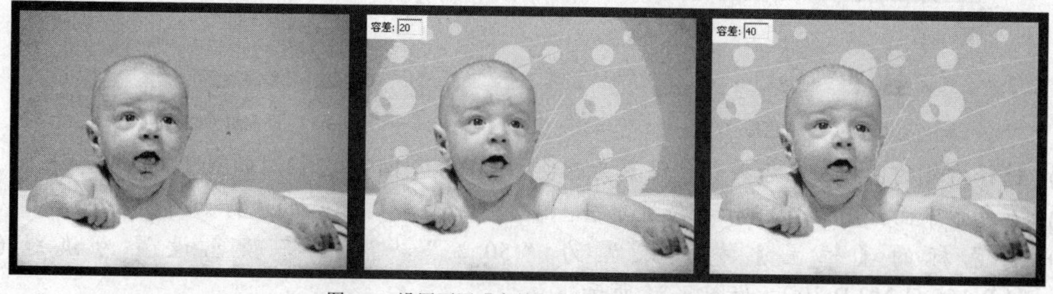

图3-12　设置不同【容差】值时的填充效果对比

- 【连续的】：勾选此复选框，利用【油漆桶】工具填充时，只能填充与单击处颜色相近且相连的区域；若不勾选此复选框，则可以填充与单击处颜色相近的所有区域，如图 3-13 所示。

图3-13　勾选【连续的】复选框前后的填充效果对比

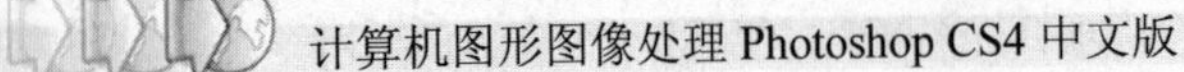

- 【所有图层】：勾选此复选框，填充的范围是图像文件中的所有图层。
- 利用【渐变】工具绘制出如图 3-14 所示的苹果。

【操作步骤】

(1) 新建一个【宽度】为“35 厘米”，【高度】为“18 厘米”，【分辨率】为“150 像素/英寸”，【颜色模式】为“RGB 颜色”，【背景内容】为“白色”的文件。

(2) 新建“图层 1”，然后选择工具，按住 Shift 键绘制圆形选区。

(3) 选择工具，再单击属性栏中按钮的颜色条部分，弹出【渐变编辑器】窗口，选择预设窗口中如图 3-15 所示的“前景到背景”渐变颜色样式。

图3-14 绘制的苹果

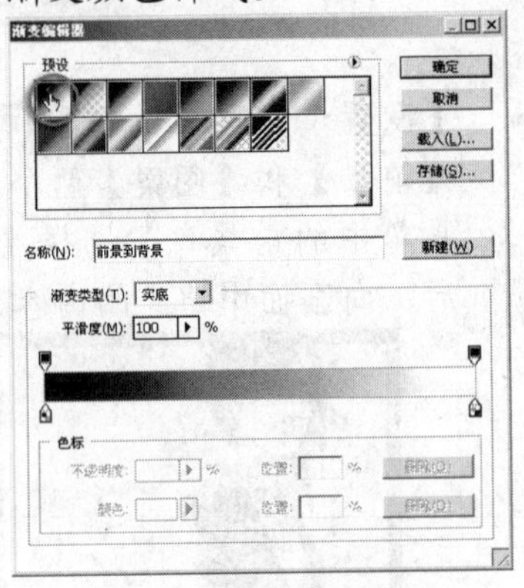

图3-15 选取的渐变颜色

(4) 选择色带下方左侧的色标，如图 3-16 所示，然后单击【颜色】右侧的，在弹出的【拾色器】对话框中将颜色设置为深绿色（R:56,G:70,B:30），如图 3-17 所示。

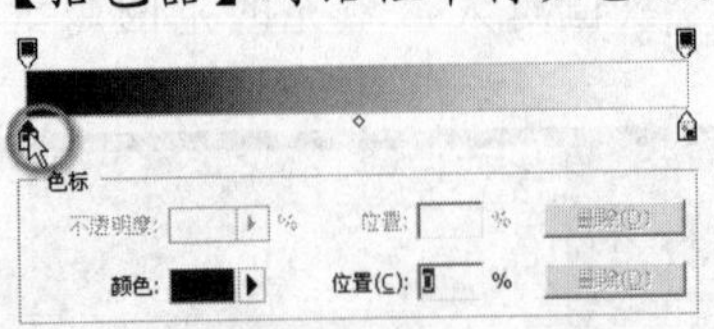

图3-16 选取色标

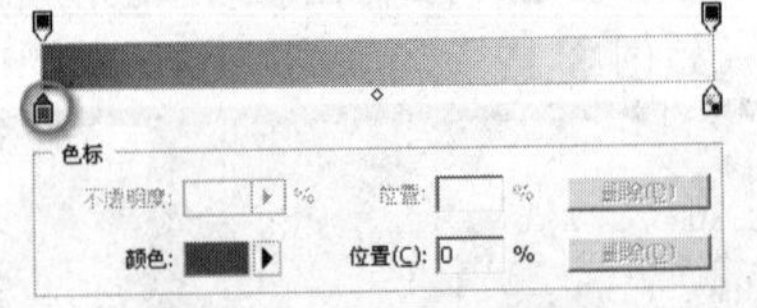

图3-17 设置的色标颜色

(5) 选择右侧的色标，然后将颜色设置为绿色（R:100,G:148,B:26），如图 3-18 所示。

(6) 在色带下面如图 3-19 所示的位置单击，添加一个色标，添加的色标如图 3-20 所示。

(7) 将色标的【位置】参数设置为“50 %”，然后将颜色设置为淡绿色（R:155,G:213,B:30），如图 3-21 所示。

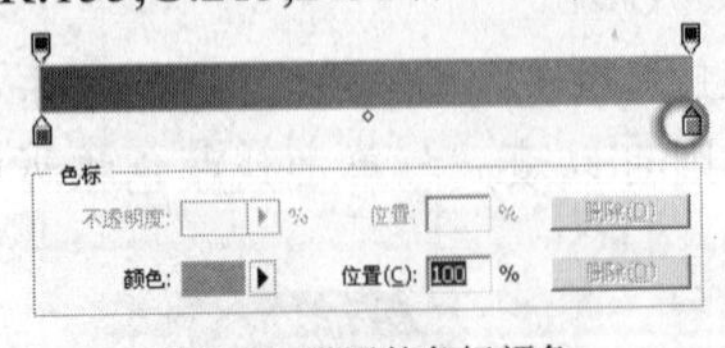

图3-18 设置的色标颜色

图3-19 单击的位置

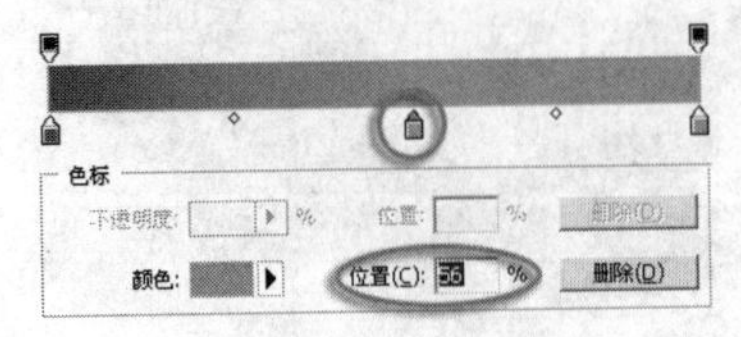

图3-20 添加的色标

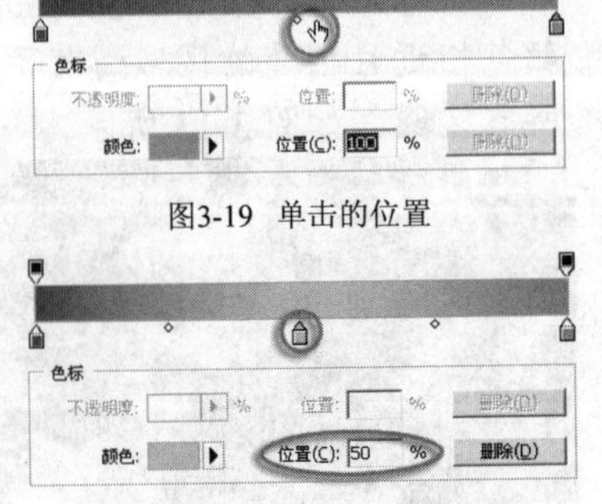

图3-21 设置的色标颜色和位置

(8) 使用相同的设置方法在色带中再添加 3 个色标，分别设置不同的【位置】和【颜色】参数，如图 3-22 所示，然后单击 确定 按钮。

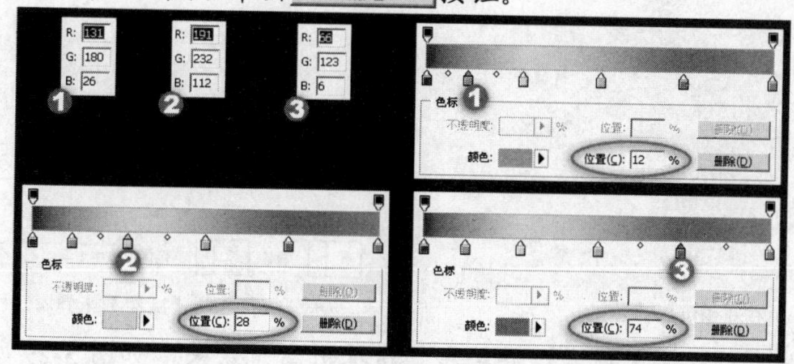

图3-22 添加的 3 个色标

(9) 激活属性栏中的按钮，在选区的右上方按下鼠标左键并向左下方拖曳填充渐变色，如图 3-23 所示。

(10) 释放鼠标，填充渐变后的效果如图 3-24 所示，然后按 Ctrl+D 组合键删除选区。

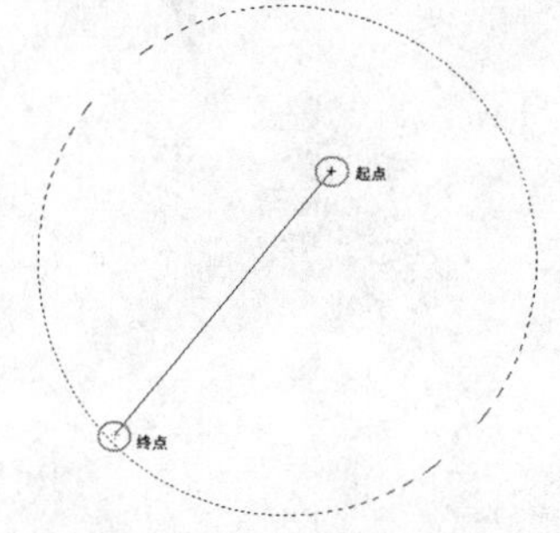

图3-23 填充渐变色时的状态

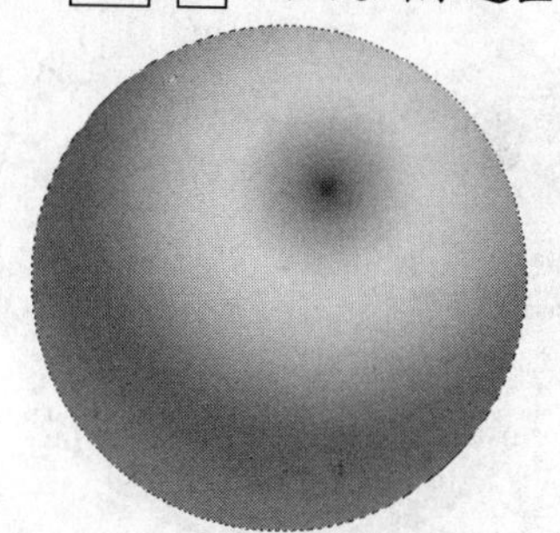

图3-24 填充渐变色后的效果

(11) 新建“图层 2”，选择工具，绘制出图 3-25 所示的“苹果柄”选区。

(12) 选择工具，设置渐变色如图 3-26 所示。

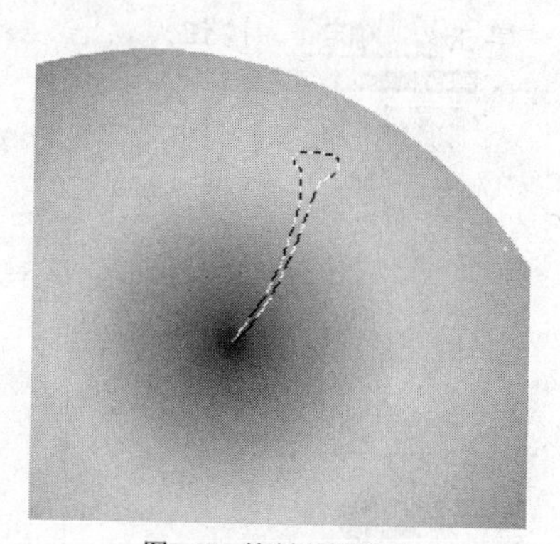

图3-25 绘制出的选区

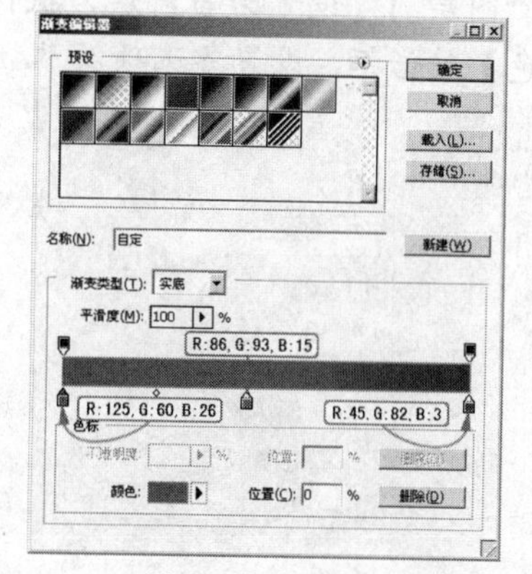

图3-26 渐变色设置

(13) 单击 确定 按钮，激活属性栏中的按钮，在选区的上方按下鼠标左键向下方拖曳填充渐变色，然后按 Ctrl+D 组合键删除选区，填充渐变色后的效果如图 3-27 所示。

(14) 将“图层 1”设置为当前层，然后选择【减淡】工具，并设置属性栏中的各选项及参数如图 3-28 所示。

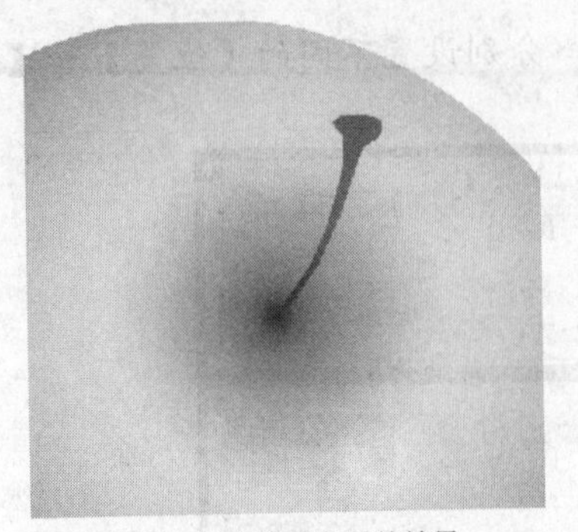
图3-27 填充渐变色后的效果

图3-28 【减淡】工具属性栏参数设置

(15) 在苹果的受光位置按住鼠标左键并拖曳，涂抹出高光效果，如图 3-29 所示。

(16) 利用【加深】工具在“苹果窝”和“苹果柄”位置涂抹，制作出阴影及立体效果。在涂抹过程中要注意虚实等微弱的变化，不要全部涂抹成黑色，效果如图 3-30 所示。

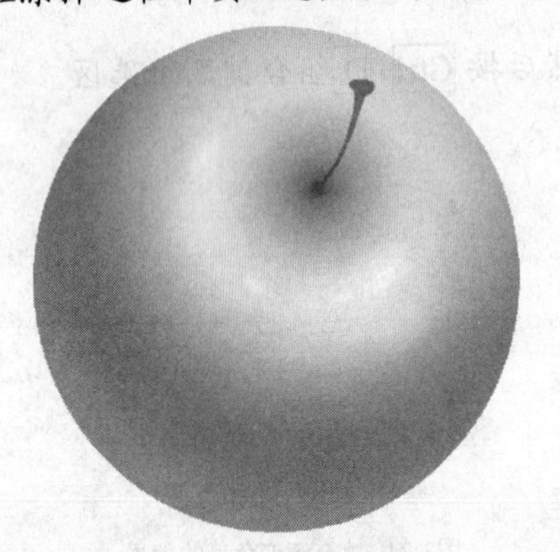
图3-29 涂抹出的高光效果

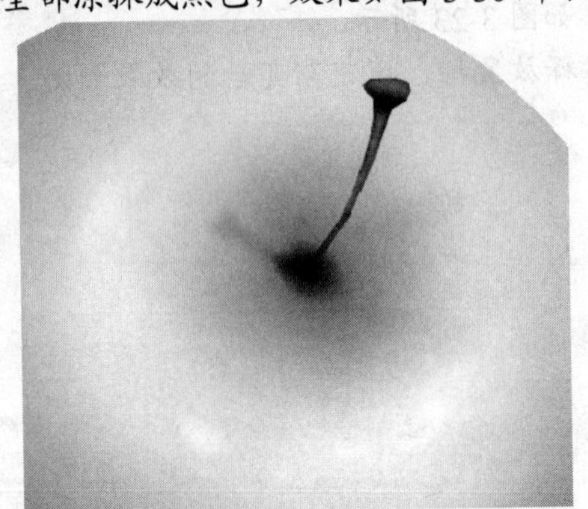
图3-30 涂抹出的阴影及立体效果

(17) 将“图层 2”设置为当前层，利用工具涂抹出“苹果柄”的高光，如图 3-31 所示。

(18) 将“图层 1”设置为当前层，执行【滤镜】/【杂色】/【添加杂色】命令，弹出【添加杂色】对话框，设置各选项及参数如图 3-32 所示，单击 确定 按钮。

图3-31 涂抹出的高光

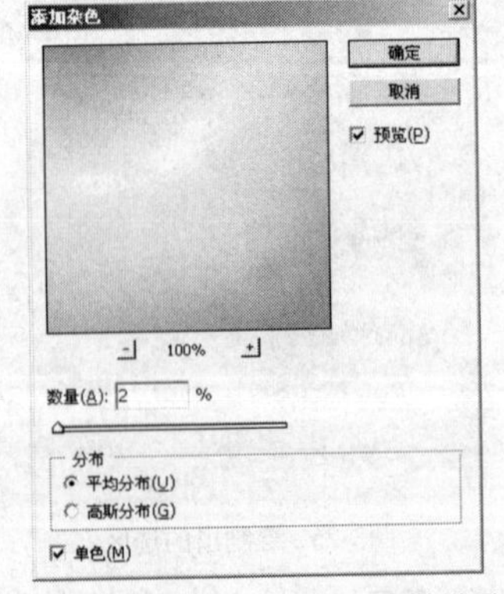

图3-32 【添加杂色】对话框参数设置

(19) 新建“图层 3”，并将其放置到“图层 1”的下方，然后按 D 键，将工具箱中的前景色和背景色设置为默认的黑色和白色。

(20) 选择工具，绘制出如图 3-33 所示的椭圆形选区。

(21) 选择工具，在【渐变编辑器】窗口中选择如图 3-34 所示的“前景到透明”渐变样

式，然后单击 确定 按钮。

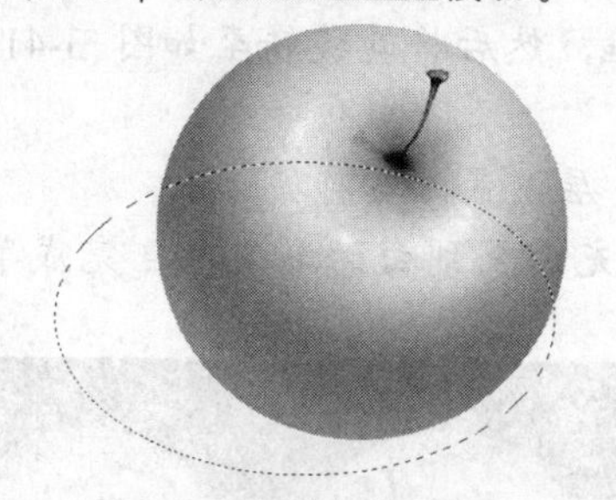
图3-33　绘制出的选区

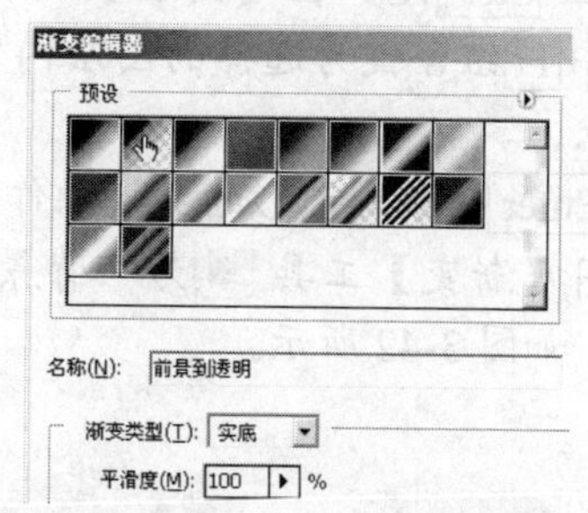

图3-34　【渐变填充】对话框选项设置

(22) 激活属性栏中的按钮，在选区的右下方按下鼠标左键向左上方拖曳填充渐变色，状态如图3-35所示，填充线性渐变后的效果如图3-36所示。按Ctrl+D组合键删除选区。

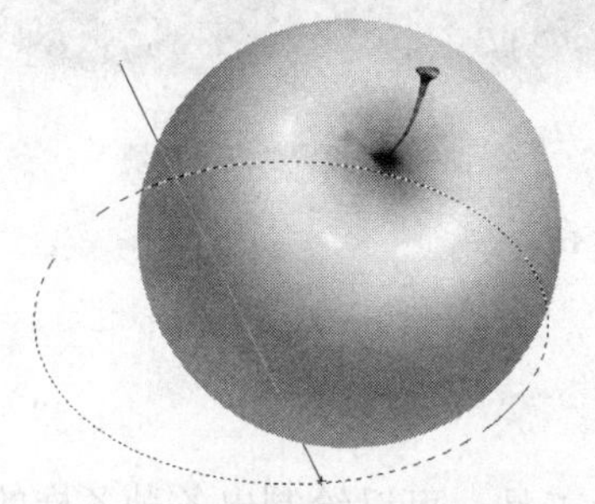
图3-35　填充渐变色时的状态

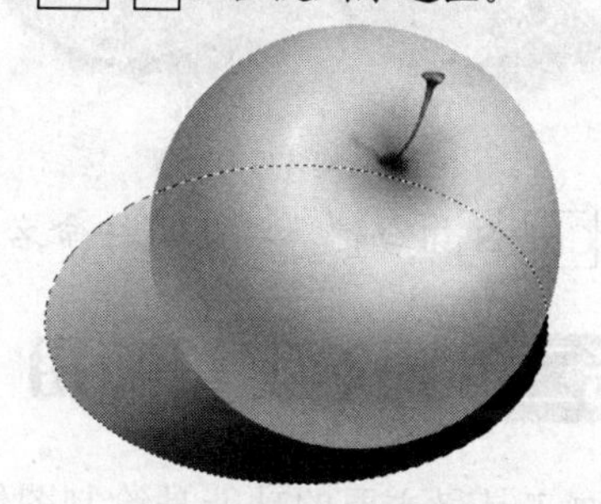
图3-36　填充渐变色后的效果

(23) 执行【滤镜】/【模糊】/【高斯模糊】命令，弹出【高斯模糊】对话框，设置各选项及参数如图3-37所示。单击 确定 按钮，模糊后的投影效果如图3-38所示。

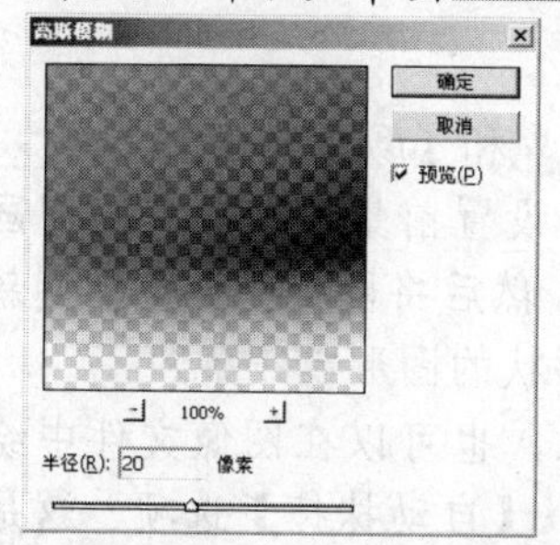

图3-37　【高斯模糊】对话框参数设置

图3-38　模糊后的投影效果

(24) 执行【选择】/【所有图层】命令，将所有图层选择，然后在选择的图层上按下鼠标左键并拖曳至面板底部的按钮上，将选择的图层复制，如图3-39所示。

(25) 选择工具，按住Shift键将复制出的苹果水平向右移动至图3-40所示的位置。

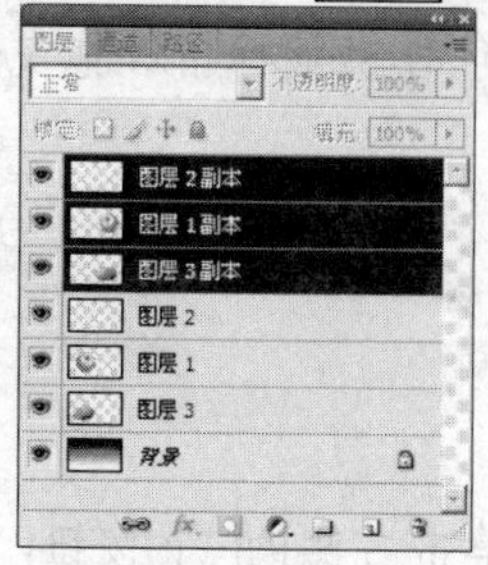

图3-39　复制出的图层

图3-40　复制出的苹果放置的位置

(26) 按住 Ctrl 键，在【图层】面板中单击“图层 3 副本”，将其图层的选择取消，按 Ctrl+T 组合键为选择的图层内容添加自由变换框，然后将其旋转至如图 3-41 所示的形状。

(27) 按 Enter 键确认图形的变换操作，然后将“背景”层设置为当前层。

(28) 利用【渐变】工具为“背景”层自上至下填充由黑到白的渐变色，完成苹果的绘制，如图 3-42 所示。

图3-41 旋转后的形状

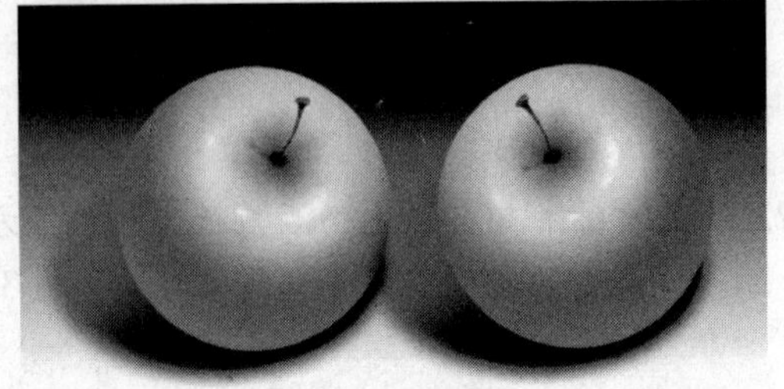

图3-42 设置的渐变背景

(29) 按 Ctrl+S 组合键，将此文件命名为“苹果.psd”保存。

任务二 画笔工具应用

绘画工具最主要的功能是绘制图像。灵活运用绘画工具，可以绘制出各种各样的图像效果，使设计者的思想最大限度地表现出来。

【知识准备】

1. 画笔工具组

画笔工具组中包括【画笔】工具、【铅笔】工具和【颜色替换】工具。

- 【画笔】工具：选择此工具，先在工具箱中设置前景色的颜色，即画笔的颜色，并在【画笔】对话框中选择合适的笔头，然后将鼠标指针移动到新建或打开的图像文件中单击并拖曳，即可绘制不同形状的图形或线条。
- 【铅笔】工具：此工具与【画笔】工具类似，也可以在图像文件中绘制不同形状的图形及线条，只是在属性栏中多了一个【自动抹掉】选项，这是【铅笔】工具所具有的特殊功能。
- 【颜色替换】工具：此工具可以对图像中的特定颜色进行替换。其使用方法是，在工具箱中选择工具，设置为图像要替换的颜色，在属性栏中设置【画笔】笔头、【模式】、【取样】、【限制】、【容差】等各选项，在图像中要替换颜色的位置按住鼠标左键并拖曳，即可用设置的前景色替换鼠标指针拖曳位置的颜色。

(1) 【画笔】工具属性栏。

选择工具，其属性栏如图 3-43 所示。

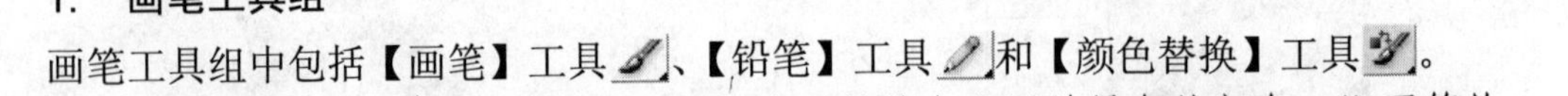

画笔: 13 模式: 正常 不透明度: 100% 流量: 100%

图3-43 【画笔】工具的属性栏

- 【画笔】选项：用来设置画笔笔头的形状及大小，单击右侧的 13 按钮，会弹

出如图 3-44 所示的【画笔】设置面板。

- 【模式】选项：可以设置绘制的图形与原图像的混合模式。
- 【不透明度】选项：用来设置画笔绘画时的不透明度，可以直接输入数值，也可以通过单击此选项右侧的按钮，再拖动弹出的滑块来调节。使用不同的数值绘制出的颜色效果如图 3-45 所示。

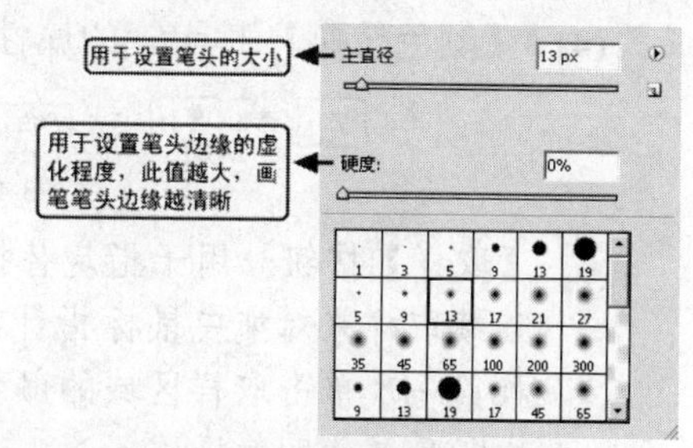

图3-44　【画笔】设置面板

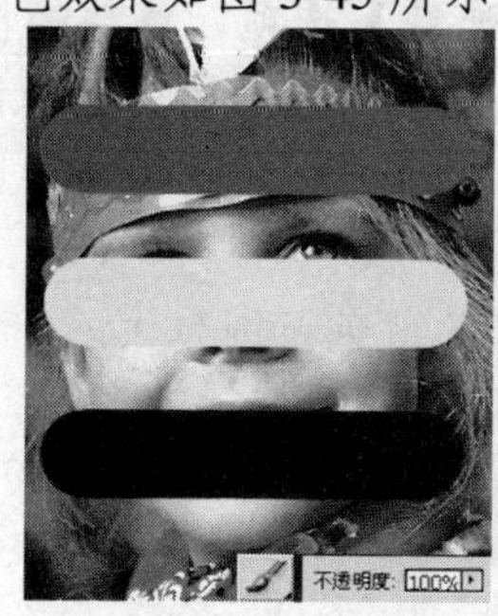

图3-45　不同的【不透明度】值绘制的颜色效果

- 【流量】选项：决定画笔在绘画时的压力大小，数值越大画出的颜色越深。
- 【喷枪】按钮：激活此按钮，使用画笔绘画时，绘制的颜色会因鼠标指针的停留而向外扩展，画笔笔头的硬度越小，效果越明显。
- 【切换画笔调板】按钮：单击此按钮，可弹出【画笔】面板。

(2)　【画笔】面板。

按 F5 键或单击属性栏中的按钮，打开如图 3-46 所示的【画笔】面板。该面板由 3 部分组成，左侧部分主要用于选择画笔的属性，右侧部分用于设置画笔的具体参数，最下面部分是画笔的预览区域。先选择不同的画笔属性，然后在其右侧的参数设置区中设置相应的参数，可以将画笔设置为不同的形状。

(3)　【铅笔】工具属性栏。

【铅笔】工具的属性栏中有一个【自动抹掉】选项，这是【铅笔】工具所具有的特殊功能。如果勾选了此选项，在图像内与工具箱中的前景色相同的颜色区域绘画时，铅笔会自动擦除此处的颜色而显示背景色；如在与前景色不同的颜色区绘画时，将以前景色的颜色显示，如图 3-47 所示。

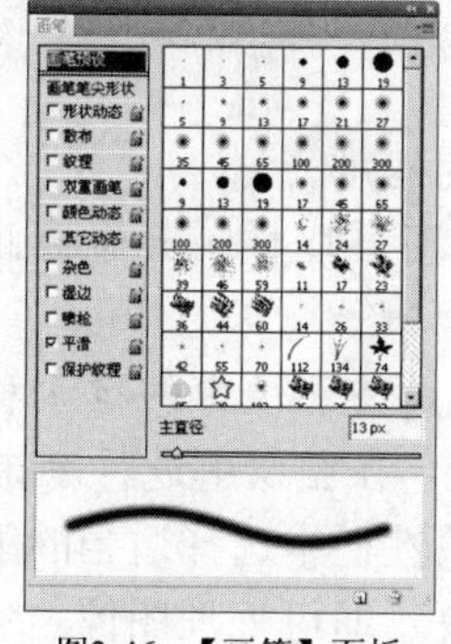

图3-46　【画笔】面板

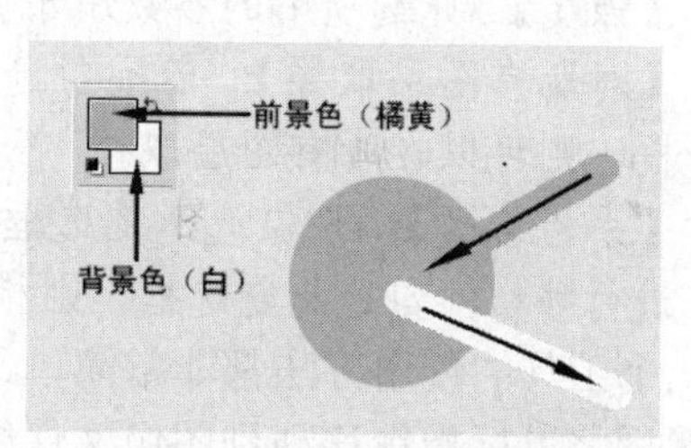

图3-47　勾选【自动抹掉】选项时用【铅笔】工具绘制的图形

(4) 【颜色替换】工具的属性栏如图 3-48 所示。

画笔: 13 模式: 颜色 限制: 连续 容差: 30% 消除锯齿

图3-48 【颜色替换】工具的属性栏

- 【取样】按钮：用于指定替换颜色取样区域的大小。激活【连续】按钮，将连续取样来对拖曳鼠标指针经过的位置替换颜色；激活【一次】按钮，只替换第一次单击取样区域的颜色；激活【背景色板】按钮，只替换画面中包含有背景色的图像区域。
- 【限制】：用于限制替换颜色的范围。选择【不连续】选项，将替换出现在鼠标指针下任何位置的颜色；选择【连续】选项，将替换与紧挨鼠标指针下的颜色邻近的颜色；选择【查找边缘】选项，将替换包含取样颜色的连接区域，同时更好地保留图像边缘的锐化程度。
- 【容差】：指定替换颜色的精确度，此值越大替换的颜色范围越大。
- 【消除锯齿】：可以为替换颜色的区域指定平滑的边缘。

2. 其他编辑工具

(1) 【模糊】、【锐化】和【涂抹】工具。

利用【模糊】工具可以降低图像色彩反差来对图像进行模糊处理，从而使图像边缘变得模糊；【锐化】工具恰好相反，它是通过增大图像色彩反差来锐化图像，从而使图像色彩对比更强烈；【涂抹】工具主要用于涂抹图像，使图像产生类似于在未干的画面上用手指涂抹的效果。原图像和经过模糊、锐化、涂抹后的效果，如图 3-49 所示。

图3-49 原图像和经过模糊、锐化、涂抹后的效果

这 3 个工具的属性栏基本相同，只是【涂抹】工具的属性栏中多了一个【手指绘画】选项，如图 3-50 所示。

画笔: 13 模式: 正常 强度: 50% 对所有图层取样 手指绘画

图3-50 【涂抹】工具的属性栏

- 【模式】：用于设置色彩的混合方式。
- 【强度】：此选项中的参数用于调节对图像进行涂抹的程度。
- 【对所有图层取样】：若不勾选此复选框，只在当前图层取样；若勾选此复选框，则可以在所有图层取样。
- 【手指绘画】：不勾选此复选框，对图像进行涂抹只是使图像中的像素和色彩进行移动；勾选此复选框，则相当于用手指蘸着前景色在图像中进行涂抹。

这几个工具的使用方法都非常简单，选择相应工具，在属性栏中选择适当的笔头大小及形状，然后将鼠标指针移动到图像文件中按下鼠标左键并拖曳，即可处理图像。

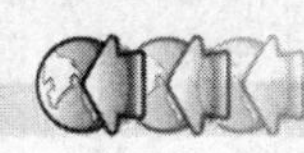

(2)　【减淡】和【加深】工具。

利用【减淡】工具可以对图像的阴影、中间色和高光部分进行提亮和加光处理，从而使图像变亮；【加深】工具则可以对图像的阴影、中间色和高光部分进行遮光变暗处理。

这两个工具的属性栏完全相同，如图 3-51 所示。

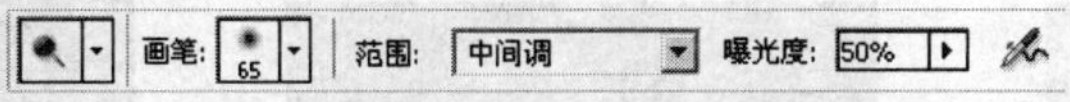
画笔:
65
范围:
中间调
曝光度:
50%

图3-51　【减淡】和【加深】工具的属性栏

- 【范围】：包括【阴影】、【中间调】和【高光】3 个选项。选择【阴影】选项时，主要对图像暗部区域减淡或加深；选择【高光】选项，主要对图像亮部区域减淡或加深；选择【中间调】选项，主要对图像中间的灰色调区域减淡或加深。
- 【曝光度】：设置对图像减淡或加深处理时的曝光强度，数值越大，减淡或加深效果越明显。

(3)　【海绵】工具。

【海绵】工具可以对图像进行变灰或提纯处理，从而改变图像的饱和度，该工具的属性栏如图 3-52 所示。

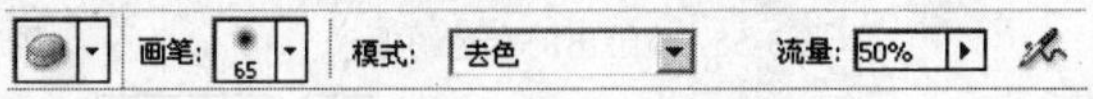
画笔:
65
模式:
去色
流量:
50%

图3-52　【海绵】工具的属性栏

- 【模式】：主要用于控制【海绵】工具的作用模式，包括【去色】和【加色】两个选项。选择【去色】选项，【海绵】工具将对图像进行变灰处理以降低图像的饱和度；选择【加色】选项，【海绵】工具将对图像进行加色以增加图像的饱和度。
- 【流量】：控制去色或加色处理时的强度，数值越大，效果越明显。

图像减淡、加深、去色和加色处理后的效果如图 3-53 所示。

原图
减淡效果
加深效果
去色效果
加色效果

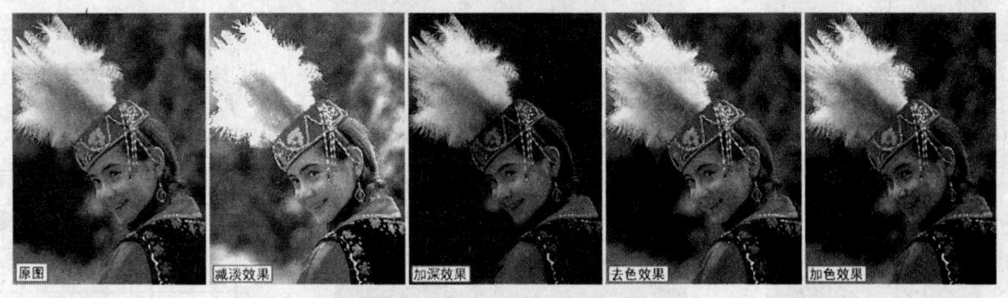

图3-53　原图像和减淡、加深、去色、加色后的效果

利用【画笔】和【钢笔】工具，配合【橡皮擦】工具和【涂抹】工具，绘制出如图 3-54 所示的圣诞树。

【操作步骤】

(1)　执行【文件】/【新建】命令，新建一个【宽度】为“15 厘米”，【高度】为“20 厘米”，【分辨率】为“150 像素/英寸”，【颜色模式】为“RGB 颜色”，【背景颜色】为“黑色”的文件。

(2)　新建“图层 1”，设置前景色为红色（R:230,G:0,B:18）。

(3)　选择工具，将属性栏中的【画笔大小】设为“156 px”，【不透明度】设置为

"10%"，【流量】为"100%"。

(4) 移动鼠标指针到画面的上方位置，按下鼠标左键并自行拖曳，喷绘出如图 3-55 所示的红色效果。

(5) 选择 工具，将属性栏中【羽化】的参数设置为"20 px"。

(6) 新建"图层 2"，将鼠标指针放置在红色画面内，按住鼠标左键拖动鼠标指针，绘制出如图 3-56 所示的选区。

图3-54 绘制的圣诞树

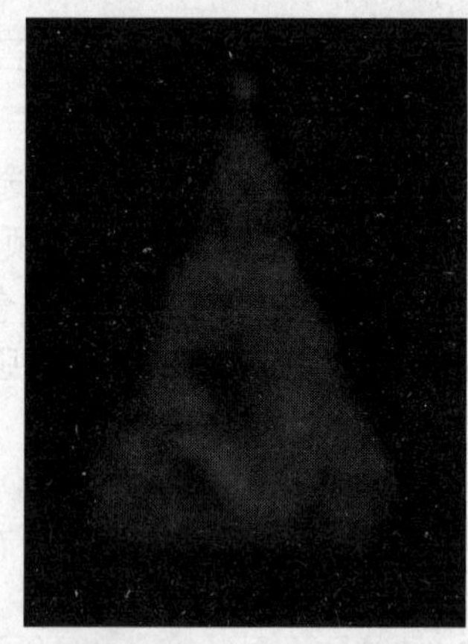

图3-55 喷绘出的红色图像

图3-56 画出不规则选区

(7) 将【前景色】设置为橙色（R:255,G:89,B:39），按 Alt+Delete 组合键将前景色填充至选区中，效果如图 3-57 所示，然后按 Ctrl+D 组合键删除选区。

(8) 用与步骤 5～7 相同的方法绘制出如图 3-58 所示的画面效果。

(9) 新建"图层 3"，将前景色设置为红色（R:255,G:43,B:0），选择 工具，并设置属性栏中【画笔】设置面板的参数如图 3-59 所示。

图3-57 填充选区

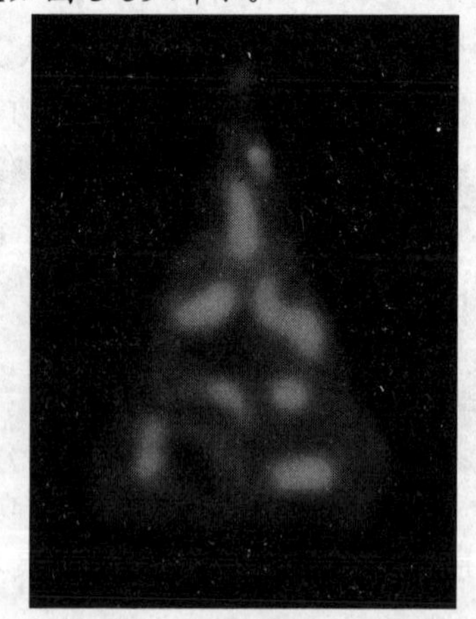

图3-58 绘制出大体明暗关系

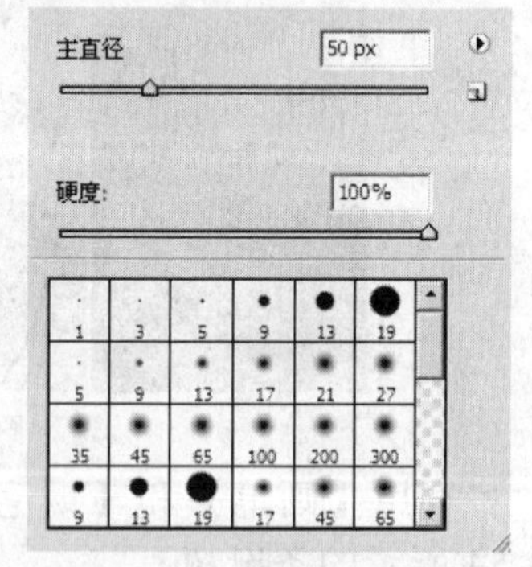

图3-59 设置的画笔参数

(10) 将鼠标指针移动到画面中依次单击喷绘圆圈图形，如图 3-60 所示。

(11) 设置不同的画笔大小，然后依次喷绘出如图 3-61 所示的圆圈图形。

> **说明** 当使用【画笔】工具绘画时，按键盘中的[键，可以将笔头尺寸减小；按键盘中的]键，可以将笔头尺寸增大；按 Shift+[或 Shift+]组合键，可以减小或增大画笔笔头的硬度。

(12) 将前景色设置为橙红色（R:255,G:89,B:38），设置合适的笔头大小后，在画面中喷绘出

如图 3-62 所示的图形。

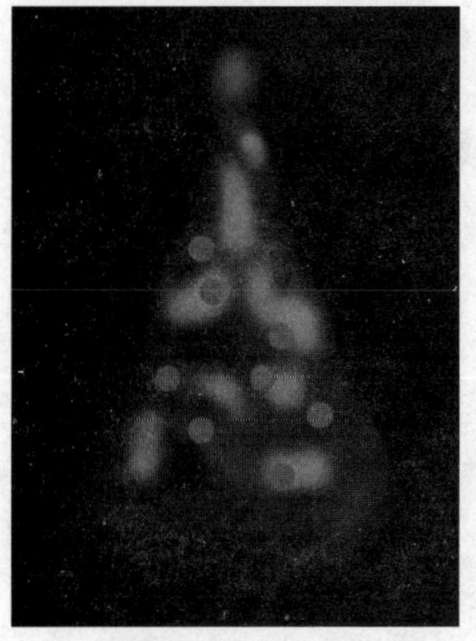

图3-60　喷绘的圆圈

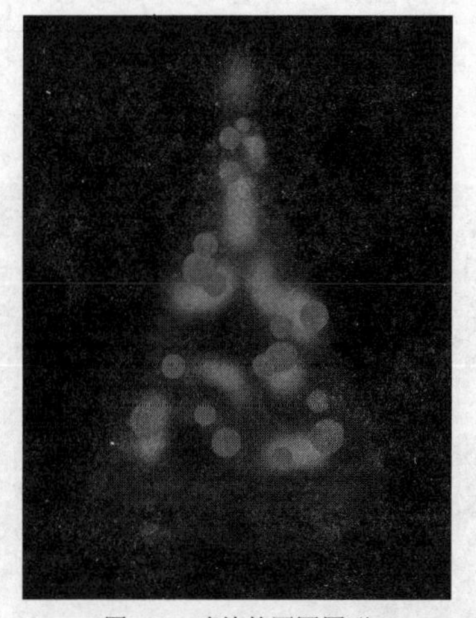

图3-61　喷绘的圆圈图形

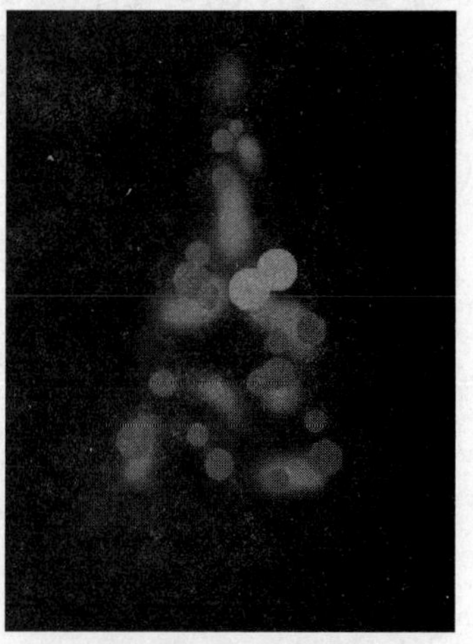

图3-62　喷绘的图形

(13) 在【图层】面板中，将“图层 3”的图层混合模式设置为“颜色减淡”，【不透明度】设置为“30%”，效果如图 3-63 所示。

图3-63　调整混合模式和不透明度后的效果

(14) 新建“图层 4”，将前景色分别设置为黄色（R:255,G:138,B:0）和浅黄色（R:255,G:174,B:81），然后灵活调节【画笔直径】滑块，在画面中连续单击，为画面添加黄色圆圈，如图 3-64 所示。

(15) 新建“图层 5”，将前景色设置为米黄色（R:253,G:255,B:102），然后灵活调节画笔大小，为画面添加如图 3-65 所示的圆圈。

(16) 将前景色分别设置为白色和绿色（R:181,G:255,B:4），然后设置一个虚化的画笔笔头，并绘制出如图 3-66 所示的虚化效果。

图3-64　绘制出大小不等的圆圈

图3-65　添加不同颜色的光斑效果

图3-66　绘制出绿色朦胧光斑

(17) 选择【橡皮擦】工具，在属性栏中设置参数如图 3-67 所示。

画笔: 90 模式: 画笔 不透明度: 30% 流量: 100%

图3-67 【橡皮擦】属性栏参数设置

(18) 按住鼠标左键涂抹，在画面中擦出如图 3-68 所示的渐隐效果。

图3-68 用【橡皮擦】工具处理后的画面效果

(19) 新建“图层 6”，选择工具，按住 Shift 键，按住鼠标左键并自由拖曳，绘制一个圆形选区。

(20) 选择工具，调节属性栏参数如图 3-69 所示。

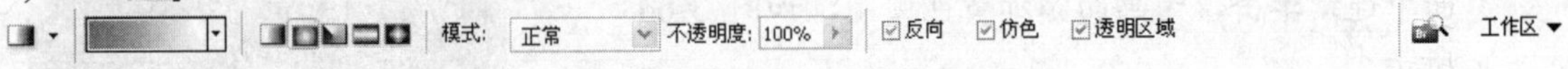

模式: 正常 不透明度: 100% 反向 仿色 透明区域 工作区

图3-69 【渐变】工具属性栏参数设置

(21) 将鼠标指针放置在圆形选区中央，按住鼠标左键拖曳，为选区填充径向渐变色，删除选区后的效果如图 3-70 所示。

(22) 用与步骤 19～21 相同的方法依次绘制出如图 3-71 所示的图形。

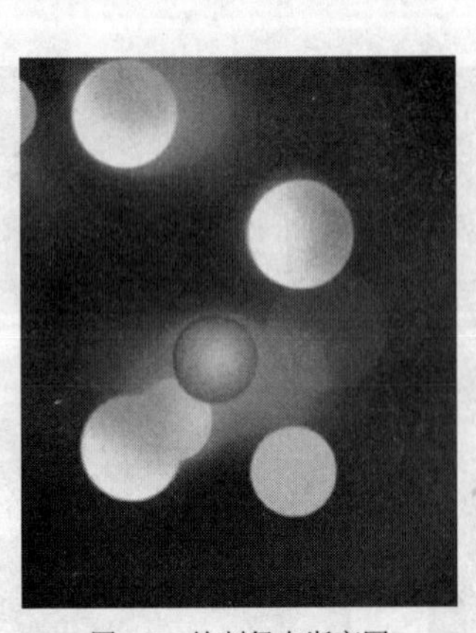

图3-70 绘制径向渐变圆

图3-71 绘制径向渐变圆的效果

(23) 新建“图层 7”，选择【钢笔】工具，绘制出如图 3-72 所示的钢笔路径。

(24) 在【路径】面板中单击按钮，将刚才绘制的路径转换成选区，如图 3-73 所示。

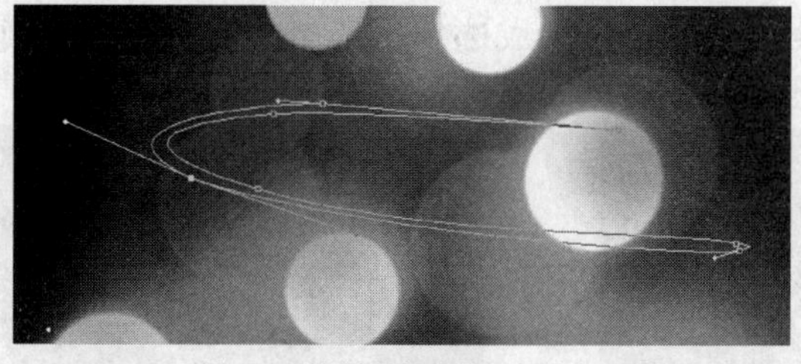

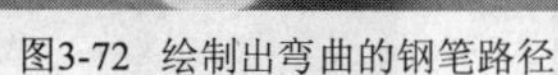
图3-72　绘制出弯曲的钢笔路径

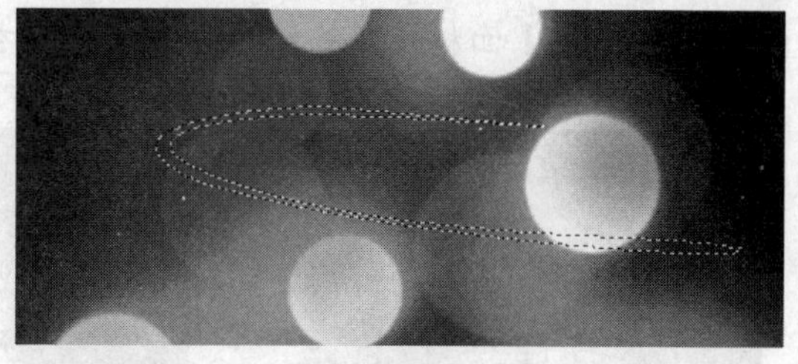
图3-73　将路径转换为选区

(25) 选择【渐变】工具，然后单击属性栏中的颜色条部分，打开【渐变编辑器】窗口，选择预设窗口中的“前景到背景”渐变颜色样式。

(26) 选择色带下方左侧的色标，然后单击【颜色】右侧的色块，在弹出的【拾色器】对话框中将颜色设置为绿色（R:88,G:219,B:128）。

(27) 选择色带下方右侧的色标，将颜色设置为（R:130,G:242,B:108）。

(28) 在色带下方的中间位置单击添加一个色块，然后将色标的【位置】参数设置为“50%”，再将颜色设置为蓝色（R:0,G:216,B:255），效果如图 3-74 所示。

(29) 单击 确定 按钮，然后激活属性栏中的按钮，并将鼠标指针放置在选区的左侧，按住鼠标左键自左向右拖曳填充渐变色，删除选区后的效果如图 3-75 所示。

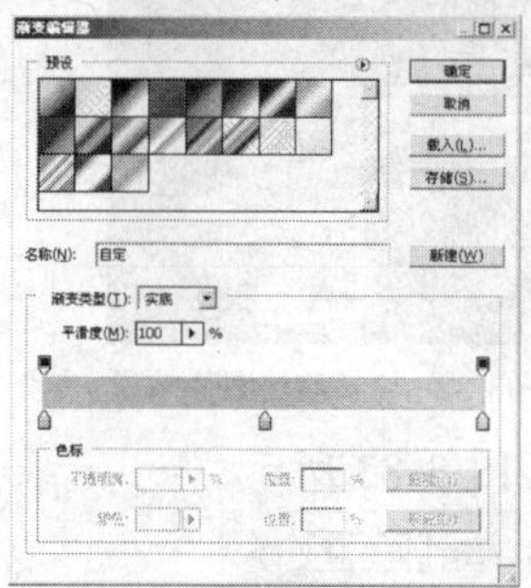

图3-74　渐变编辑器

图3-75　为选区填充渐变色

(30) 复制“图层 7”得到“图层 7 副本”层，执行【编辑】/【变换】/【水平翻转】命令，将复制出的渐变线条水平翻转。

(31) 选择工具，将复制得到的图像向右下方拖曳，调整至如图 3-76 所示的位置。

(32) 将“图层 7”设置为工作层，利用工具擦除线条的右下角，调整后的形状如图 3-77 所示。

图3-76　调整后的位置

图3-77　擦除后的效果

(33) 依次向上和向下复制线条，并灵活运用【自由变换】命令及工具进行调整，最终效果如图 3-78 所示。

(34) 新建“图层 8”，选择工具，绘制出如图 3-79 所示的盘旋钢笔路径。

(35) 在【路径】面板中单击 按钮，将刚才绘制的路径转换成选区，然后为其自上向下填充如图 3-80 所示的线性渐变色，再按 Ctrl+D 组合键删除选区。

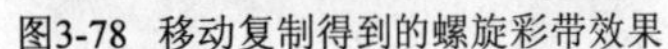
图3-78 移动复制得到的螺旋彩带效果

图3-79 绘制的路径

图3-80 填充线性渐变色后的效果

(36) 选择【涂抹】工具，调整属性栏参数如图 3-81 所示。

(37) 按住鼠标左键涂抹刚才得到的蓝色图像，得到如图 3-82 所示的效果。

画笔: 20 模式: 正常 强度: 30%

图3-81 【涂抹】工具属性栏参数设置

图3-82 涂抹后的图像效果

(38) 新建“图层 9”，选取工具，在其属性栏中调节参数如图 3-83 所示。

图3-83 【画笔】工具属性栏参数设置

(39) 按住鼠标左键在蓝色螺旋线上勾画出高光效果，如图 3-84 所示。

(40) 新建“图层 10”，将前景色设置为淡黄色（R:253,G:253,B:236），然后选择工具，设置合适的笔头大小后在“圣诞树”顶端单击，喷绘出如图 3-85 所示的光晕效果。

(41) 新建图层，利用【钢笔】工具绘制并填充得到圣诞树的下部的螺旋曲线，即可完成圣诞树的绘制，最终效果如图 3-86 所示。

图3-84 勾画出的高光效果

图3-85 喷绘出顶部的光晕

图3-86 最终效果图

(42) 按 Ctrl+S 组合键，将此文件命名为“圣诞树.psd”保存。

任务三　修复工具应用

修复工具主要包括【污点修复画笔】工具、【修复画笔】工具、【修补】工具和【红眼】工具。

【知识准备】

- 【污点修复画笔】工具：可以快速删除照片中的污点，尤其是对人物面部的疤痕、雀斑等小面积内的缺陷修复最为有效，其修复原理是在所修饰图像位置的周围自动取样，然后将其与所修复位置的图像融合，得到理想的颜色匹配效果。其使用方法非常简单，选择工具，在属性栏中设置合适的画笔大小和选项后，在图像的污点位置单击即可删除污点。
- 【修复画笔】工具：【修复画笔】工具与【污点修复画笔】工具的修复原理基本相似，都是将没有缺陷的图像部分与被修复位置有缺陷的图像进行融合后得到理想的匹配效果。但使用【修复画笔】工具时需要先设置取样点，即按住 Alt 键在取样点位置单击（单击的位置为复制图像的取样点），松开 Alt 键，然后在需要修复的图像位置按住鼠标左键拖曳，即可对图像中的缺陷进行修复，并使修复后的图像与取样点位置图像的纹理、光照、阴影和透明度相匹配，从而使修复后的图像不留痕迹地融入图像中。
- 【修补】工具：利用【修补】工具可以用图像中相似的区域或图案来修复有缺陷的部位或制作合成效果。与【修复画笔】工具一样，【修补】工具会将设定的样本纹理、光照和阴影与被修复图像区域进行混合以得到理想的效果。
- 【红眼】工具：在夜晚或光线较暗的房间里拍摄人物照片时，由于视网膜的反光作用，往往会出现红眼效果。利用【红眼】工具可以迅速地修复这种红眼效果。其使用方法非常简单，选择工具，在属性栏中设置合适的【瞳孔大小】和【变暗量】参数后，在人物的红眼位置单击即可校正红眼。

(1)　【污点修复画笔】工具的属性栏如图 3-87 所示。

画笔: 19　模式: 正常　类型: 近似匹配　创建纹理　对所有图层取样

图3-87　【污点修复画笔】工具的属性栏

- 【类型】：点选【近似匹配】单选项，将自动选择相匹配的颜色来修复图像的缺陷；点选【创建纹理】单选项，在修复图像缺陷后会自动生成一层纹理。
- 【对所有图层取样】：勾选此复选框，可以在所有可见图层中取样；不勾选此项，则只能在当前图层中取样。

(2)　【修复画笔】工具的属性栏如图 3-88 所示。

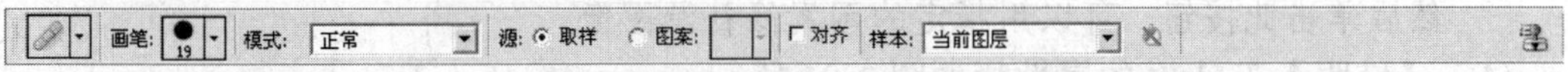

画笔: 19　模式: 正常　源: 取样　图案:　对齐　样本: 当前图层

图3-88　【修复画笔】工具的属性栏

- 【源】：点选【取样】单选项，然后按住 Alt 键在适当的位置单击，可以将该位置的图像定义为取样点，以便用定义的样本来修复图像；点选【图案】单选项，可以单击其右侧的图案按钮，然后在打开的图案列表中选择一种图案来与图像混合，得到图案混合的修复效果。

- 【对齐】：勾选此复选框，将进行规则图像的复制，即多次单击或拖曳鼠标指针，最终将复制出一个完整的图像，若想再复制一个相同的图像，必须重新取样；若不勾选此项，则进行不规则复制，即多次单击或拖曳鼠标指针，每次都会在相应位置复制一个新图像。
- 【样本】：设置从指定的图层中取样。选择【当前图层】选项时，是在当前图层中取样；选择【当前和下方图层】选项时，是从当前图层及其下方图层中的所有可见图层中取样；选择【所有图层】选项时，是从所有可见图层中取样；如激活右侧的【忽略调整图层】按钮，将从调整图层以外的可见图层中取样。选择【当前图层】选项时此按钮不可用。
- 【切换仿制源面板】按钮：单击此按钮，将弹出如图 3-89 所示的【仿制源】面板，在此面板中可以存储 5 个不同的仿制源样本，这样就省去了仿制图像时重复复制样本的操作，且利用此面板还可以显示样本源的叠加，以帮助用户在特定位置仿制源。也可以缩放或旋转样本源以便按照特定的大小、位置和方向来复制图像，这样可以避免在复制图像前先查看文件大小的麻烦。

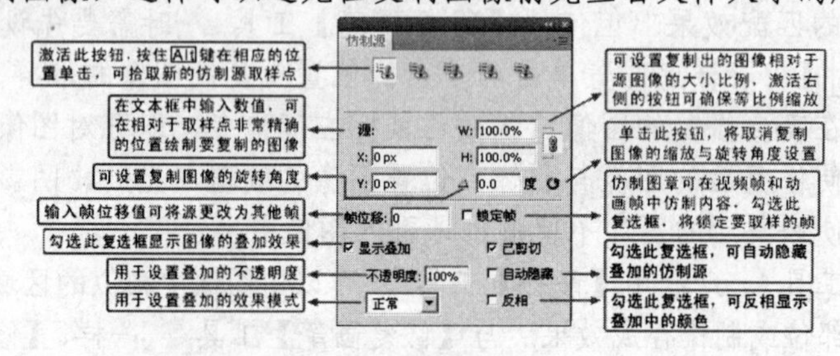

图3-89 【仿制源】面板

(3) 【修补】工具的属性栏如图 3-90 所示。

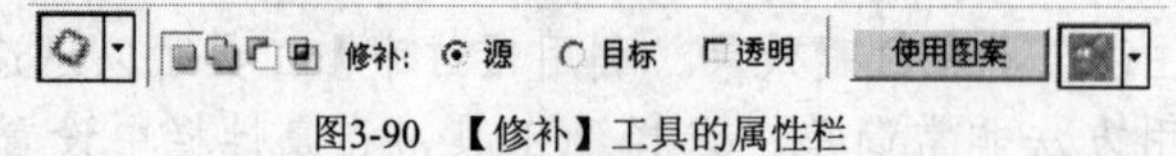

图3-90 【修补】工具的属性栏

- 【修补】：点选【源】单选项，将用图像中指定位置的图像来修复选区内的图像，即将鼠标指针放置在选区内，将其拖曳到用来修复图像的指定区域，释放鼠标左键后会自动用指定区域的图像来修复选区内的图像；点选【目标】单选项，将用选区内的图像修复图像中的其他区域，即将鼠标指针放置在选区内，将其拖曳到需要修补的位置，释放鼠标左键后会自动用选区内的图像来修复鼠标释放处的图像。
- 【透明】：勾选此复选框，在复制图像时，复制的图像将产生透明效果；不勾选此项，复制的图像将覆盖原来的图像。
- 使用图案 按钮：创建选区后，在右侧的图案列表中选择一种图案类型，然后单击此按钮，可以用指定的图案修补源图像。

(4) 【红眼】工具的属性栏如图 3-91 所示。

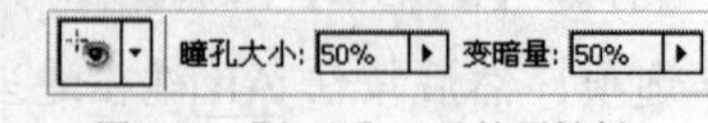

图3-91 【红眼】工具的属性栏

- 【瞳孔大小】：用于设置增大或减小受红眼工具影响的区域。
- 【变暗量】：用于设置校正的暗度。

利用【修补】工具和【修复画笔】工具来删除照片中的路灯和多余的人物，原照片与删除后的效果对比如图 3-92 所示。

图3-92　原照片与去掉灯杆和多余人物后的效果

【操作步骤】

(1) 打开素材文件中名为“母子.jpg”的图片文件，如图 3-93 所示。

(2) 选择【修补】工具，点选属性栏中的 源 单选项，然后在照片背景中的路灯上方位置拖曳鼠标绘制选区，如图 3-94 所示。

图3-93　打开的图片

图3-94　绘制的选区

(3) 在选区内按住鼠标左键向左侧位置拖曳，状态如图 3-95 所示，释放鼠标左键，即可利用选区移动到位置的背景图像覆盖路灯杆位置。删除选区后的效果如图 3-96 所示。

图3-95　修复图像时的状态

图3-96　修复后的图像效果

(4) 用相同的方法将下方的路灯杆选择，然后用其左侧的背景图像覆盖，效果如图 3-97 所示。

(5) 选择【缩放】工具，将多余人物的区域放大显示，然后选择【多边形套索】工具，并根据多余人物的轮廓绘制出如图 3-98 所示的选区，注意与另一人物相交处的选区绘制。

图3-97 删除路灯杆后的效果

图3-98 绘制的选区

(6) 选择【修补】工具，将鼠标指针放置到选区中按下鼠标左键并向右移动，状态如图3-99 所示，释放鼠标左键后，选区的图像即被替换，效果如图 3-100 所示。

图3-99 移动选区状态

图3-100 替换图像后的效果

由于利用【修补】工具得到的修复图像是利用目标图像来覆盖被修复的图像，且经过颜色重新匹配混合后得到的混合效果，因此有时会出现不能一次覆盖得到理想的效果的情况，这时可重复修复几次或利用其他工具进行弥补。如图 3-100 所示，在人物衣服处，经过混合相邻的像素，出现了发白的效果，下面利用【修复画笔】工具来进行处理。

(7) 选择【修复画笔】工具，设置合适的笔头大小后，按住 Alt 键将鼠标指针移动到如图 3-101 所示的位置并单击，拾取此处的像素。

(8) 将鼠标指针移动到选区内发白的位置拖曳，状态如图 3-102 所示，释放鼠标左键，即可修复。

图3-101 吸取像素的位置

图3-102 修复图像状态

(9) 用与步骤 7～8 相同的方法对膝盖边缘处的像素进行修复，删除选区后的最终效果如图 3-92 右图所示。

(10) 按 Shift+Ctrl+S 组合键，将此文件另命名为“修复图像.jpg”保存。

任务四 图章工具应用

图章工具包括【仿制图章】工具和【图案图章】工具。

【知识准备】

- 【仿制图章】工具：此工具的功能是复制和修复图像，它通过在图像中按照设定的取样点来覆盖原图像或应用到其他图像中来完成图像的复制操作。【仿制图章】工具的使用方法为，选择工具后，先按住 Alt 键在图像中的取样点位置单击（单击的位置为复制图像的取样点），然后松开 Alt 键，将鼠标指针移动到需要修复的图像位置拖曳，即可对图像进行修复。如要在两个文件之间复制图像，两个图像文件的颜色模式必须相同，否则将不能执行复制操作。
- 【图案图章】工具：此工具的功能是快速地复制图案，使用的图案素材可以从属性栏中的【图案】选项面板中选择，用户也可以将自己喜欢的图像定义为图案后再使用。【图案图章】工具的使用方法为，选择工具后，根据用户需要在属性栏中设置【画笔】、【模式】、【不透明度】、【流量】、【图案】、【对齐】和【印象派效果】等选项和参数，然后在图像中拖曳鼠标指针即可。

(1) 【仿制图章】工具的属性栏如图 3-103 所示。

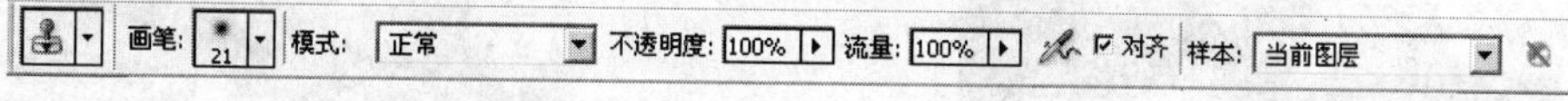

图3-103 【仿制图章】工具的属性栏

该工具的属性栏与【修复画笔】工具的属性栏相同，在此不再赘述。

(2) 【图案图章】工具的属性栏如图 3-104 所示。

图3-104 【图案图章】工具的属性栏

- 【图案】图标：单击此图标，弹出【图案】选项面板，在此面板中可选择用于复制的图案。
- 【印象派效果】：勾选此复选框，可以绘制随机产生的印象色块效果。

(3) 定义图案。

定义图案的具体操作为：在图像上使用【矩形选框】工具选择要作为图案的区域，执行【编辑】/【定义图案】命令，在弹出的【图案名称】对话框中输入图案的名称，单击 确定 按钮，即可将选区内的图像定义为图案。此时，在【图案】面板中即可显示定义的新图案。

> 说明：在定义图案之前，也可以不绘制矩形选区直接将图像定义为图案，这样定义的图案是包含图像中所有图层内容的图案。另外，在利用【矩形选框】工具选择图像时，必须将属性栏中的【羽化】值设置为“0 px”，如果具有羽化值，则【定义图案】命令不可用。

1. 【仿制图章】工具应用

利用【仿制图章】工具来制作如图 3-105 所示的图像合成效果。

【操作步骤】

(1) 打开素材文件中名为“女生.jpg”的图片文件。

(2) 选择【仿制图章】工具，按住 Alt 键，将鼠标指针移动到如图 3-106 所示的人物身上单击设置取样点，然后设置属性栏中的各选项及参数如图 3-107 所示。

图3-105 图像合成后的效果

图3-106 设置取样点的位置

画笔: 40 模式: 正常 不透明度: 100% 流量: 100% ☑对齐 样本: 当前图层

图3-107 【仿制图章】工具属性栏选项及参数设置

(3) 新建“图层 1”，将鼠标指针水平向右移动到大约和取样点相同高度的位置，按下鼠标左键并拖曳，此时将按照设定的取样点来复制人物图像，状态如图 3-108 所示。

(4) 继续拖曳鼠标复制出人物的全部图像，效果如图 3-109 所示。

图3-108 复制图像时的状态

图3-109 复制出的全部图像

(5) 由于近大远小的透视关系，需要把复制出的人物调整得大一点。按 Ctrl+T 组合键，为复制出的图像添加变换框，并将图片调整到等比例放大，然后按 Enter 键确认图片大小调整，放大后的人物效果如图 3-110 所示。

(6) 选择工具，将复制出的人物周围多余的背景擦除掉，使复制出的人物很自然地与背景衔接在一起，效果如图 3-111 所示。

图3-110 放大后的人物效果

图3-111 擦除后的效果

(7) 按 Shift+Ctrl+S 组合键，将此文件另命名为“双胞胎效果.psd”保存。

2. 【图案图章】工具应用

利用【图案图章】工具来制作如图 3-112 所示的图案效果。

【操作步骤】

(1) 打开素材文件中名为“花纹.psd”的花卉图片，如图 3-113 所示。

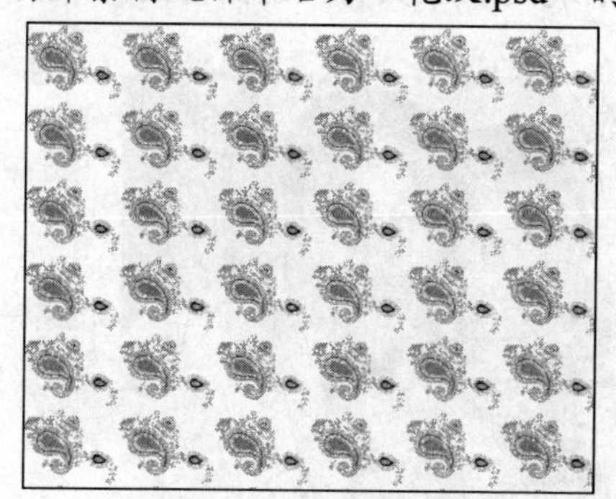

图3-112　复制出的图案效果

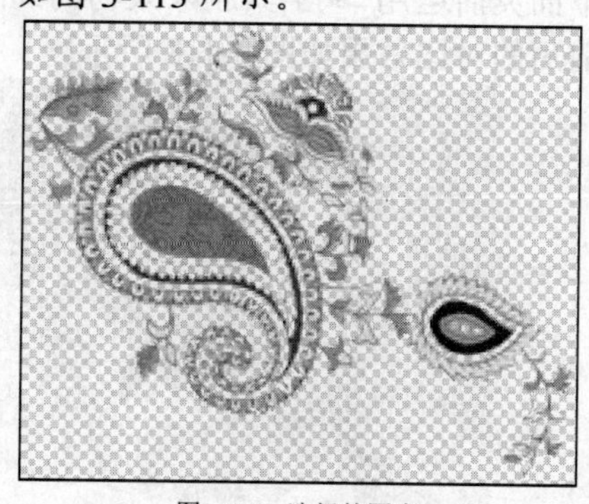

图3-113　选择的图案

(2) 执行【编辑】/【定义图案】命令，在弹出的如图 3-114 所示的【图案名称】对话框中单击 确定 按钮，将该图片定义为图案。

(3) 选择【图案图章】工具，单击属性栏中的按钮，在弹出的【图案选项】面板中选择如图 3-115 所示的图案，然后勾选属性栏中的☑对齐复选框。

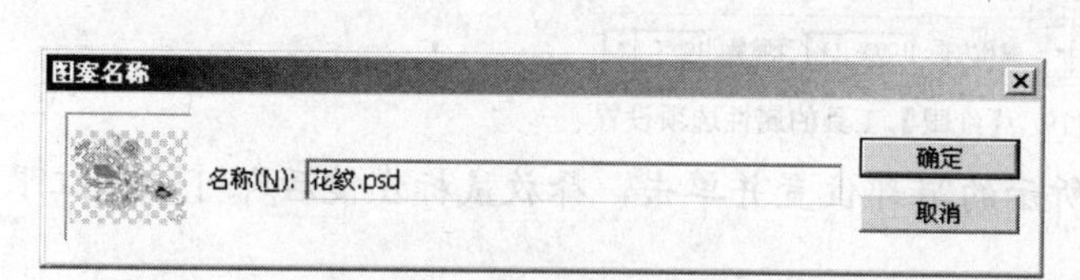

图3-114　【图案名称】对话框

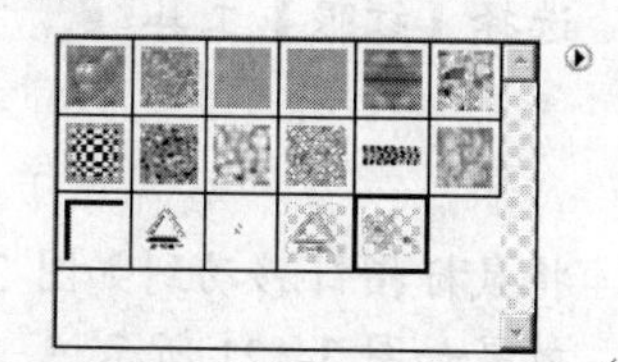

图3-115　选择的图案

(4) 新建一个【宽度】为“25 厘米”，【高度】为“20 厘米”，【分辨率】为“120 像素/英寸”，【颜色模式】为“RGB 颜色”，【背景内容】为“白色”的文件。

(5) 新建“图层 1”，在【图案图章】工具属性栏中设置好合适的画笔直径后在画面中按下鼠标左键并拖曳鼠标指针复制图案，复制出的图案如图 3-116 所示。

(6) 将“背景”层设置为当前层，并为其填充上淡黄色（R:255,G:238,B:212），效果如图 3-117 所示。

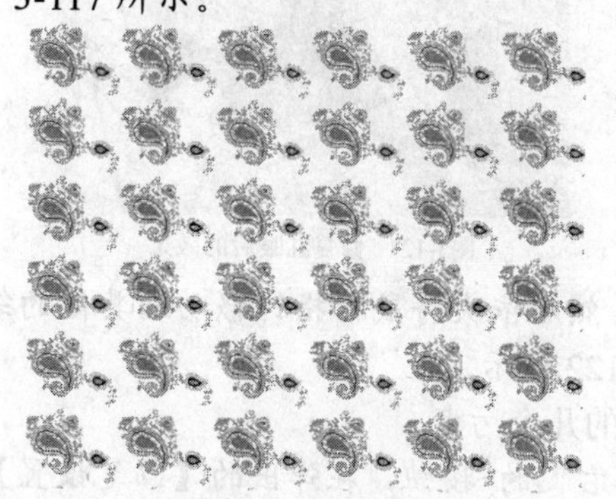

图3-116　复制出的图案

图3-117　填充颜色后的效果

(7) 按 Ctrl+S 组合键，将此文件命名为“复制图案.jpg”保存。

项目实训 修复图像

下面灵活运用工具删除人物的红眼效果，然后利用工具将人物面部的污点删除，修复前后的对比效果如图 3-118 所示。

图3-118 图像修复前后的对比效果

【操作步骤】

(1) 打开素材文件中名为“婚纱照.jpg”的图片文件，然后利用工具将人物的红眼区域放大显示。

(2) 选择【红眼】工具，并设置属性栏中的选项及参数如图 3-119 所示。

瞳孔大小: 100% 变暗量: 100%

图3-119 【红眼】工具的属性选项设置

(3) 将鼠标指针移动到如图 3-120 所示的眼部位置并单击，释放鼠标左键后即可修复红眼，效果如图 3-121 所示。

图3-120 鼠标指针放置的位置

图3-121 修复红眼后的效果

(4) 将属性栏中瞳孔大小: 50%的参数设置为“50%”，然后依次将鼠标指针移动到其他的红眼位置单击，对红眼进行修复，最终效果如图 3-122 所示。

红眼修复后，下面利用工具删除男人物脸部的几个污点。

(5) 选择工具，然后单击属性栏中【画笔】选项右侧的按钮，在弹出的【画笔设置】面板中设置各参数如图 3-123 所示。

图3-122　修复红眼后的效果

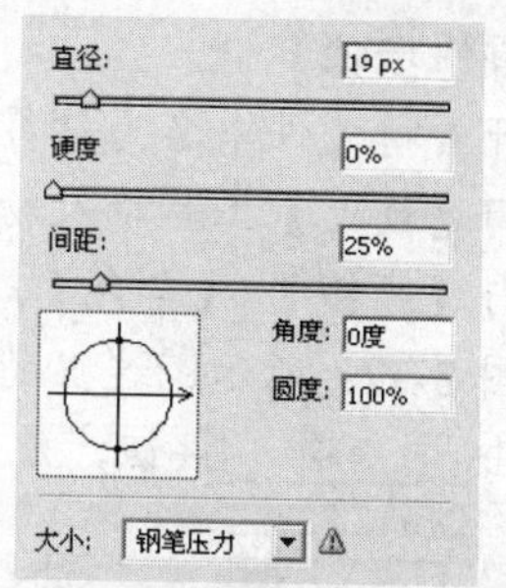

图3-123　【画笔设置】面板参数设置

(6) 将鼠标指针移动到如图 3-124 所示的污点位置并单击，释放鼠标左键即可将此处的污点删除，效果如图 3-125 所示。

图3-124　单击的位置

图3-125　删除污点后的效果

(7) 用与步骤 6 相同的方法依次移动鼠标指针到人物面部其他的污点位置并单击，删除污点，最终效果如图 3-118 右图所示。

(8) 按 Shift+Ctrl+S 组合键，将此文件命名为“删除红眼及污点效果.jpg”另存。

项目拓展　【历史记录画笔】工具的应用

对于做画册或数码设计工作的人员，修复人物皮肤是经常要做的工作，如果用【图章】或【修复画笔】工具一点点修，不仅会花很多时间，而且最后出来的效果还不一定好，如果工具使用不灵活，还会导致脸上出现大块色斑。那么有没有办法一次就能把雀斑全部清除掉并仍然完整保持脸部皮肤上光滑细腻的感觉呢？当然有，利用【历史记录画笔】工具和【历史记录】面板相结合，就能一次全部清除人物脸上的痘痘或者雀斑。

利用【历史记录画笔】工具来给人物美容，效果如图 3-126 所示。

图3-126　范例原图及修复后的效果

【操作步骤】

(1) 打开素材文件中名为“男生.jpg”的人物图片文件。

(2) 利用【放大】工具将人物的面部放大，仔细观察会发现脸上有一些小痘痘。

(3) 执行【滤镜】/【杂色】/【蒙尘与划痕】命令，弹出【蒙尘与划痕】对话框，参数设置如图 3-127 所示。这里的半径不能设置得太大，过大了会导致脸部的细节被完全损失。单击 确定 按钮，效果如图 3-128 所示。

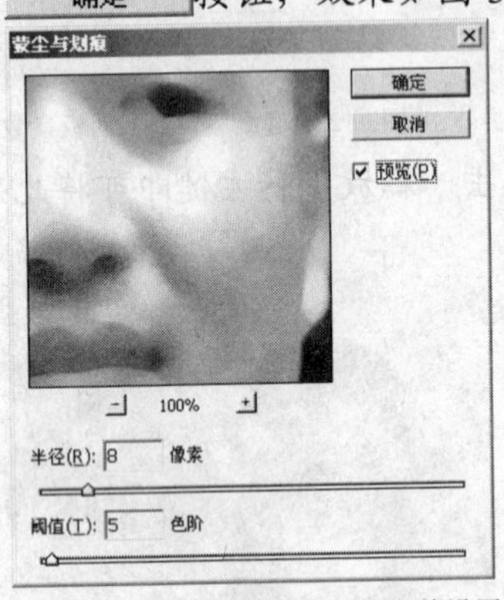

图3-127 【蒙尘与划痕】对话框参数设置

图3-128 执行【蒙尘与划痕】命令后的效果

(4) 执行【滤镜】/【模糊】/【高斯模糊】命令，弹出【高斯模糊】对话框，参数设置如图 3-129 所示（参数同样不能设置得太大），单击 确定 按钮，效果如图 3-130 所示。

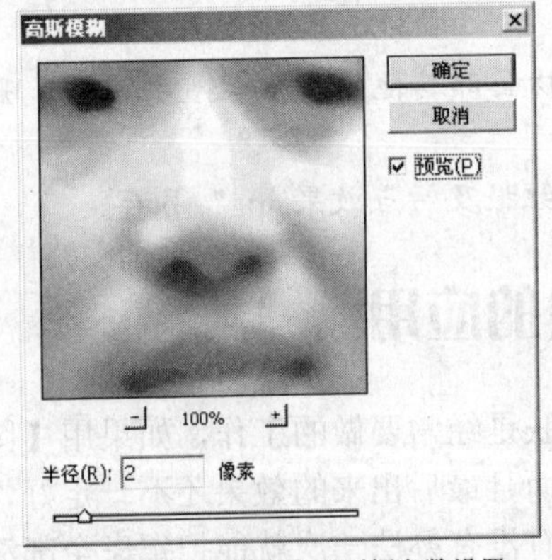

图3-129 【高斯模糊】对话框参数设置

图3-130 执行【高斯模糊】命令后的效果

此时，整个画面都变得非常模糊了，而嘴唇、眼睛、眉毛、鼻孔、脸部轮廓及额头上的头发是不需要模糊的，下面就需要利用【历史记录画笔】工具 将这些部位还原出来。

(5) 选择 工具，将画笔设置为小笔头的软画笔，此处用的是【主直径】大小为“40 px”，【不透明度】为“50%”的画笔，仔细地将嘴唇、眼睛、眉毛、鼻孔、脸部轮廓线及额头上的头发还原。在修复的时候要特别仔细，包括眉毛边缘部分的细节及鼻子、嘴唇等细节地方，图 3-131 所示为还原后的面部效果。

(6) 按 Ctrl+O 组合键将画面全部显示，选择较大的软画笔，【不透明度】参数设为“100%”，将除脸部以外的部分全部修复还原（要修复的只是脸上的痘痘，脸部以外的部分是不需要模糊的），还原后的效果如图 3-132 所示。

图3-131　还原后的面部效果

图3-132　还原后的效果

此时人物脸上的痘痘已经被修复了，但是整个画面感觉有点灰，需要调整一下亮度使人物看上去更漂亮。

(7) 按 Ctrl+J 组合键将“背景”层复制为“图层 1”，设置图层混合模式为“滤色”，【不透明度】为“40%”，此时的画面效果如图 3-133 所示。

图3-133　调整后的画面效果

(8) 按 Shift+Ctrl+S 组合键，将此文件另命名为“修复皮肤.psd”保存。

习题

1. 用本项目学习的【渐变】工具绘制盘子，然后将本项目任务一中绘制的苹果合并到绘制的盘子中，如图 3-134 所示。

图3-134　合并后的效果

2. 用本项目介绍的修复工具修复有污点的老照片，原图与修复后的效果如图 3-135 所示。图片素材为本书素材文件“图库\项目三”目录下名为“老照片.jpg”的文件。

图3-135 图片素材与删除污点后的效果

3. 用本项目介绍的【仿制图章】工具合成如图 3-136 所示的 T 恤效果。图片素材为本书素材文件“图库\项目三”目录下名为“图案.jpg”和“T 恤.jpg”的图像文件。

图3-136 图片素材与合成后的效果

项目四

路径和矢量图形工具的应用

由于使用路径和矢量图形工具可以绘制较为精确的图形，且易于操作，因此在实际工作过程中它们被广泛应用。它们在绘制图像和图形处理过程中的功能非常强大，特别是在特殊图像的选择与图案的绘制方面，路径工具具有较强的灵活性。本项目将介绍有关路径和矢量图形的工具。

学习目标

掌握路径的构成。
掌握【钢笔】工具的应用。
掌握【自由钢笔】工具的应用。
掌握【添加锚点】工具和【删除锚点】工具的应用。
掌握【转换点】工具的应用。
掌握【路径选择】工具的应用。
掌握【直接选择】工具的应用。
掌握【路径】面板的使用。
掌握各种矢量图形工具的应用。

任务一 绘制标志图形

路径工具是一种矢量绘图工具，主要包括【钢笔】、【自由钢笔】、【添加锚点】、【删除锚点】、【转换点】、【路径选择】和【直接选择】工具，利用这些工具可以精确地绘制直线或光滑的曲线路径，并可以对它们进行精确的调整。

【知识准备】

路径是由一条或多条线段、曲线组成的，每一段都有锚点标记，通过编辑路径的锚点，可以很方便地改变路径的形状。路径的构成说明图如图 4-1 所示。其中角点和平滑点都属于路径的锚点，选中的锚点显示为实心方形，而未选中的锚点显示为空心方形。

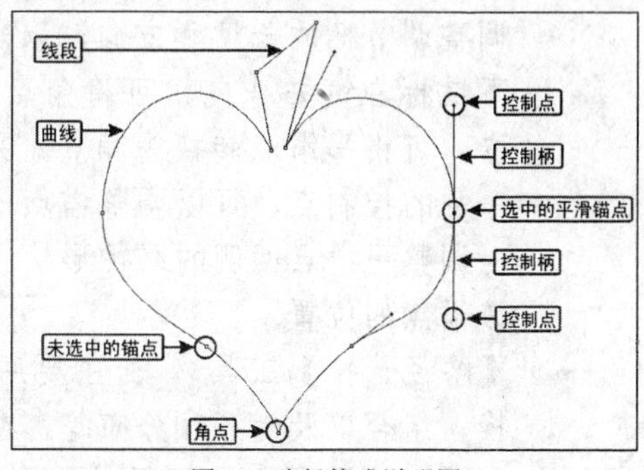

图4-1 路径构成说明图

在曲线路径上，每个选中的锚点将显示一条或两条调节柄，调节柄以控制点结束。调节柄和控制点的位置决定曲线的大小和形状，移动这些元素将改变路径中曲线的形状。

说明：路径不是图像中的真实像素，而只是一种矢量绘图工具绘制的线形或图形，对图像进行放大或缩小调整时，路径不会产生影响。

1. 命令简介

- 【钢笔】工具：利用此工具在图像文件中依次单击，可以创建直线路径；拖曳鼠标指针可以创建平滑流畅的曲线路径；将鼠标指针移动到第一个锚点上，当笔尖旁出现小圆圈时单击可创建闭合路径；在未闭合路径之前按住 Ctrl 键在路径外单击，可完成开放路径的绘制。在绘制直线路径时，按住 Shift 键，可以限制在 45° 角的倍数方向绘制路径；在绘制曲线路径时，确定锚点后，按住 Alt 键拖曳鼠标指针可以调整控制点。释放 Alt 键和鼠标左键，重新移动鼠标指针至合适的位置拖曳，可创建锐角的曲线路径。
- 【自由钢笔】工具：选择此工具后，在图像文件中按下鼠标左键并拖曳，沿着鼠标指针的移动轨迹将自动添加锚点生成路径。当鼠标指针回到起始位置时，右下角会出现一个小圆圈，此时释放鼠标左键即可创建闭合钢笔路径。鼠标指针回到起始位置之前，在任意位置释放鼠标左键可以绘制一条开放路径；按住 Ctrl 键释放鼠标左键，可以在当前位置和起点之间生成一条线段，从而闭合路径。另外，在绘制路径的过程中，按住 Alt 键单击，可以绘制直线路径；拖曳鼠标指针可以绘制自由路径。
- 【添加锚点】工具：选择此工具后，将鼠标指针移动到要添加锚点的路径上，当鼠标指针显示为添加锚点符号时单击，即可在路径的单击处添加锚点，此时不会更改路径的形状。如在单击的同时拖曳鼠标指针，可在路径的单击处添加锚点，并可以更改路径的形状。
- 【删除锚点】工具：选择此工具后，将鼠标指针移动到要删除的锚点上，当鼠标指针显示为删除锚点符号时单击，即可将路径上单击的锚点删除，此时路径的形状将重新调整以适合其余的锚点。在路径的锚点上单击后并拖曳鼠标指针，可重新调整路径的形状。
- 【转换点】工具：利用此工具可以使锚点在角点和平滑点之间切换，并可以调整调节柄的长度和方向，以确定路径的形状。将鼠标指针放置到角点位置按下鼠标左键并拖曳，可将角点转换为平滑点；将鼠标指针放置到平滑点上单击，可将平滑点转换为角点。另外，利用【转换点】工具调整带调节柄平滑点一侧的控制点，可以调整锚点一侧的曲线路径形状；按住 Ctrl 键调整，可以同时调整平滑点两侧的路径形状；按住 Ctrl 键在锚点上拖曳鼠标指针，可以移动该锚点的位置。
- 【路径选择】工具：主要用于编辑整个路径，包括选择、移动、复制、变换、组合以及对齐和分布等。在使用其他路径工具时，按住 Ctrl 键并将鼠标指针移动到路径上，可暂时切换为【直接选择】工具。利用工具单击路径，路径上的锚点将显示为黑色，表示该路径被选择；若要选择多个路径，可以按

住 Shift 键依次单击路径，即可将多个路径同时选择。另外，按住鼠标左键拖曳鼠标指针，可以将选择框接触到的路径全部选择。在选择的路径上按下鼠标左键并拖曳，路径将随鼠标指针而移动，释放鼠标左键后即可将其移动到一个新位置；移动路径时，如按住 Alt 键，鼠标指针右下角会出现一个“+”符号，此时拖曳鼠标指针，即可复制路径。利用【路径选择】工具将路径拖曳到另一幅图像文件中，待鼠标指针显示为形状时释放鼠标左键，即可将该路径复制到其他文件中。

- 【直接选择】工具：主要用于编辑路径中的锚点和线段。利用工具在路径中的锚点上单击，即可将其选择，锚点被选择后将显示为黑色；按住 Shift 键依次单击其他锚点，可以同时选择多个锚点。按住 Alt 键在路径上单击，可以选择整条路径。另外，在要选择的锚点周围拖曳鼠标指针，可以将选择框包含的锚点选择；利用【直接选择】工具选择锚点，然后按住鼠标左键并拖曳，即可将锚点移动到新的位置。利用工具拖曳两个锚点之间的路径，可改变路径的形状。

2. 使用路径工具

使用路径工具，可以轻松绘制出各种形式的矢量图形和路径，具体绘制图形还是路径，取决于属性栏中左侧的选项。

- 【形状图层】按钮：激活此按钮，可以创建用前景色填充的图形，同时在【图层】面板中自动生成包括图层缩览图和矢量蒙版缩览图的形状层，并在【路径】面板中生成矢量蒙版，如图 4-2 所示。双击图层缩览图可以修改形状的填充颜色。当路径的形状调整后，填充的颜色及添加的效果会跟随一起发生变化。

图4-2　绘制的形状图形

- 【路径】按钮：激活此按钮，可以创建普通的工作路径，此时【图层】面板中不会生成新图层，仅在【路径】面板中生成工作路径，如图 4-3 所示。

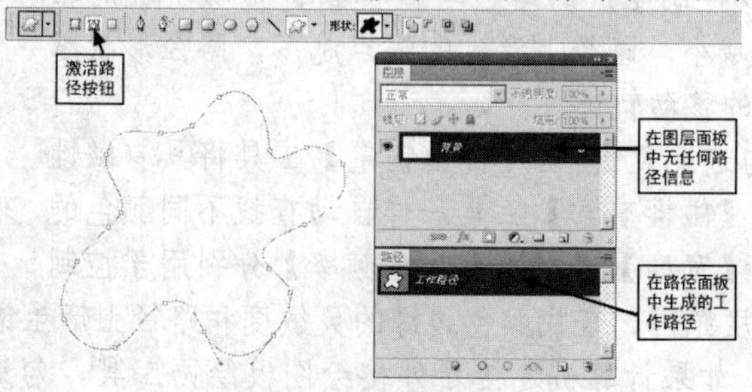

图4-3　绘制的路径

- 【填充像素】按钮：使用【钢笔】工具时此按钮不可用，只有使用【矢量形状】工具时才可用。激活此按钮，可以绘制用前景色填充的图形，但不在【图层】面板中生成新图层，也不在【路径】面板中生成工作路径，如图 4-4 所示。

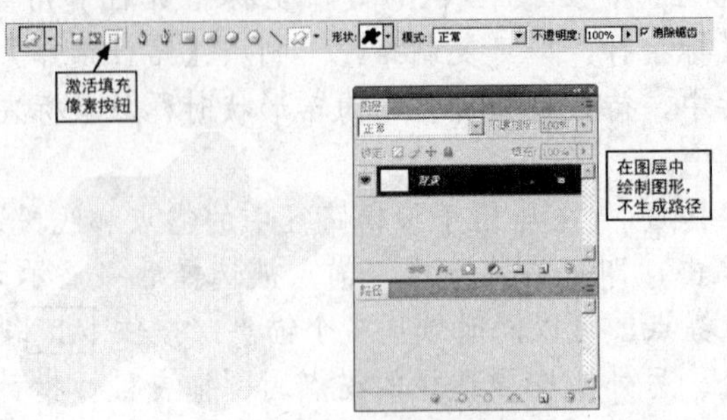

图4-4　绘制的填充像素图形

3.　属性栏

(1)　【钢笔】工具的属性栏。

在属性栏中选择不同的绘制类型时，其属性栏也各不相同。当激活按钮时，其属性栏如图 4-5 所示。

图4-5　【钢笔】工具的属性栏

- 是路径工具和矢量图形工具的集合。单击相应的按钮，即可方便快捷地完成各工具之间的相互转换，不必再到工具箱中去选择。单击右侧的按钮，会弹出相应工具的选项面板，激活不同的路径工具按钮，弹出的面板也各不相同。
- 【自动添加/删除】选项：在使用【钢笔】工具绘制图形或路径时，勾选此复选框，【钢笔】工具将具有【添加锚点】工具和【删除锚点】工具的功能。
- 运算方式：属性栏中的按钮、按钮、按钮、按钮和按钮，主要用于对路径进行相加、相减、相交或反交运算，具体操作方法和选区运算的相同。

(2)　【自由钢笔】工具属性栏。

选择【自由钢笔】工具，并单击属性栏中的按钮，弹出【自由钢笔选项】面板，如图 4-6 所示。在该面板中可以定义路径对齐图像边缘的范围和灵敏度以及所绘路径的复杂程度。

图4-6　【自由钢笔选项】面板

- 【曲线拟合】：控制生成的路径与鼠标指针移动轨迹的相似程度。数值越小，路径上产生的锚点越多，路径形状越接近鼠标指针的移动轨迹。
- 【磁性的】：勾选此复选框，【自由钢笔】工具将具有磁性功能，可以像【磁性套索】工具一样自动查找不同颜色的边缘。其下的【宽度】、【对比】和【频率】分别用于控制产生磁性的宽度范围、查找颜色边缘的灵敏度和路径上产生锚点的密度。
- 【钢笔压力】：如果计算机连接了外接绘图板绘画工具，勾选此复选框，将应用绘图板的压力更改钢笔的宽度，从而决定自由钢笔绘制路径的精确程度。

(3)　【路径选择】工具属性栏。

【路径选择】工具的属性栏如图 4-7 所示。

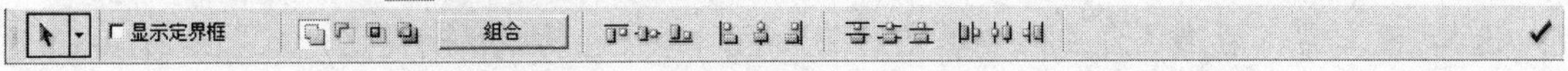

图4-7　【路径选择】工具的属性栏

- 变换路径：勾选【显示定界框】复选框，在选择的路径周围将显示定界框，利用定界框可以对路径进行缩放、旋转、斜切和扭曲等变换操作。
- 组合路径：属性栏中的按钮、按钮、按钮和按钮用于对选择的多个路径进行相加、相减、相交或反交运算。选择要组合的路径，激活相应的组合按钮，然后单击 组合 按钮即可。
- 对齐路径：当选择两条或两条以上的工作路径时，利用对齐工具可以设置选择的路径在水平方向上顶对齐、垂直居中对齐、底对齐，或在垂直方向上左对齐、水平居中对齐和右对齐。
- 分布路径：当选择 3 条或 3 条以上的工作路径时，利用分布工具可以将选择的路径在垂直方向上进行按顶分布、居中分布、按底分布，或在水平方向上按左分布、居中分布和按右分布。

利用路径工具绘制出如图 4-8 所示的标志图形。

【操作步骤】

(1) 新建一个【宽度】为“20 厘米”，【高度】为“10 厘米”，【分辨率】为“150 像素/英寸”，【颜色模式】为“RGB 颜色”，【背景内容】为“白色”的文件。

(2) 新建“图层 1”，选择工具，激活属性栏中的按钮，在画面中绘制出如图 4-9 所示的标志的大体路径形状。

图4-8　绘制的标志图形

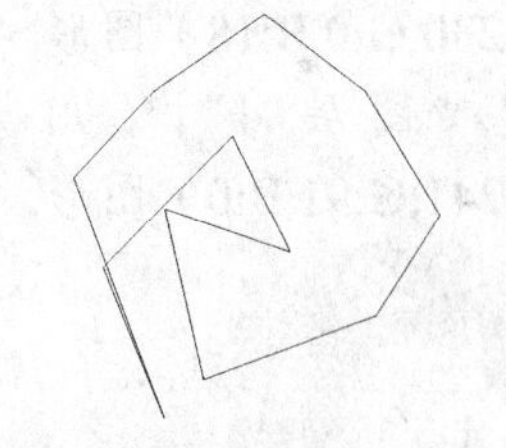

图4-9　绘制的大体路径形状

(3) 选择工具，将鼠标指针放置在路径的控制点上拖曳鼠标指针，此时出现两条控制柄，如图 4-10 所示。

(4) 拖曳鼠标指针调整控制柄，将路径调整平滑后释放鼠标左键，然后用相同的方法对路径上的其他控制点进行调整，如图 4-11 所示。

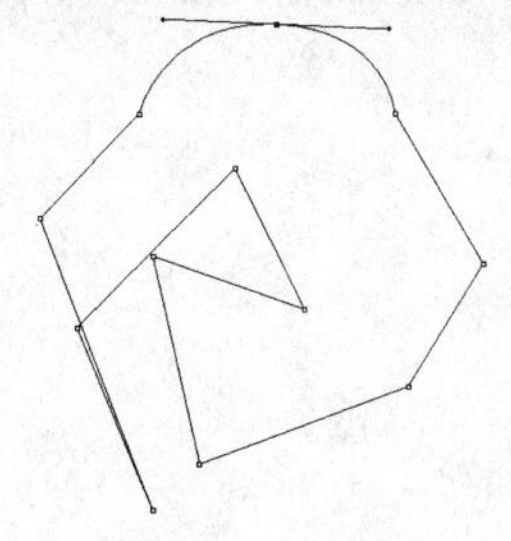

图4-10　出现的控制柄

图4-11　依次调整出理想的形状

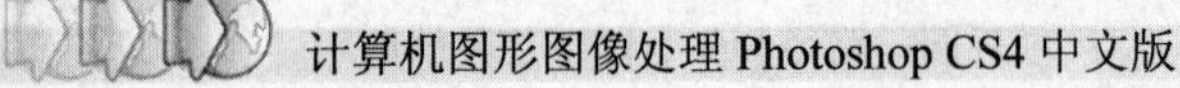

(5) 执行【窗口】/【路径】命令，弹出【路径】面板，单击【路径】面板底部的 按钮，将钢笔路径转换成选区，如图 4-12 所示。

(6) 将前景色设置为红色（R:201,G:0,B:0），背景色设置为黄色（R:255,G:231,B:30）。

(7) 选择 工具，为选区自左向右填充由前景色到背景色的线性渐变色，效果如图 4-13 所示，然后按 Ctrl+D 组合键删除选区。

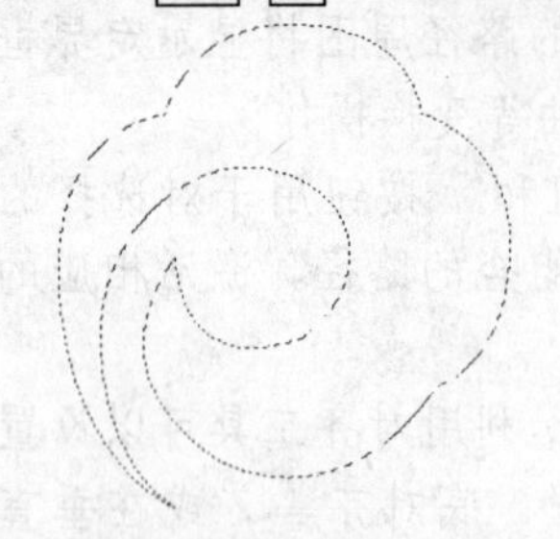
图4-12 将路径转化为选区

图4-13 为选区填充渐变色

(8) 新建“图层 2”，利用 和 工具调整出如图 4-14 所示的“波浪”路径。

(9) 按 Ctrl+Enter 组合键将路径转换为选区，然后为其填充深红色（R:206,G:22,B:30），删除选区后的效果如图 4-15 所示。

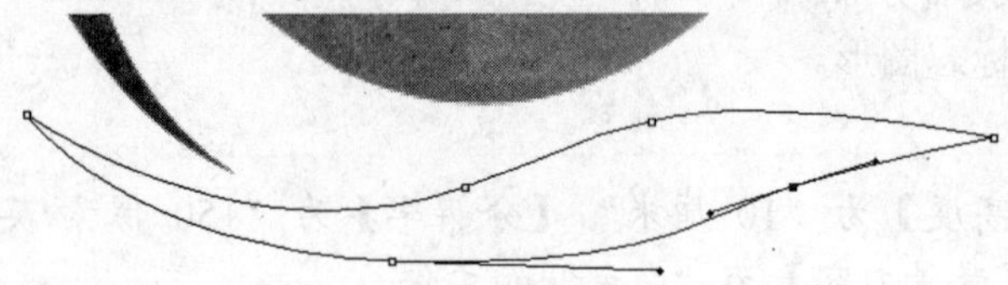
图4-14 绘制波浪路径

图4-15 填充前景色后的图形效果

(10) 新建“图层 3”，用与步骤 8～9 相同的方法绘制出如图 4-16 所示的红色（R:230,G:0,B:18）图形。

(11) 新建“图层 4”，用与步骤 8～9 相同的方法绘制出如图 4-17 所示的橙色（R:241,G:91,B:0）图形。

图4-16 绘制出第 2 条“波浪”图形

图4-17 绘制出第 3 条“波浪”图形

(12) 将前景色设置为黑色，然后选择【文字】工具 ，并在画面右侧输入如图 4-18 所示的文字效果。

景山花园

JINGSHANHUAYUAN

图4-18 为画面添加文字效果

(13) 新建“图层 5”，选择工具，然后激活属性栏中的按钮，再激活按钮，并将【粗细】选项的参数设置为“2 px”。

(14) 确认前景色为黑色，按住 Shift 键在画面中绘制出如图 4-19 所示的黑色横条。

(15) 利用工具框选字母区域，并按 Delete 键删除选区内的黑色横条，如图 4-20 所示。

图4-19　绘制出黑色横条

图4-20　删除选区内的黑色横条

(16) 按 Ctrl+D 组合键删除选区，即可完成标志的设计。

(17) 按 Ctrl+S 组合键，将文件命名为“景山标志.psd”保存。

任务二　锯齿效果制作

【路径】面板主要用于显示绘图过程中存储的路径、工作路径和当前矢量蒙版的名称及缩略图，并可以快速地在路径和选区之间进行转换、用设置的颜色为路径描边或在路径中填充前景色等。【路径】面板如图 4-21 所示。

图4-21　【路径】面板

【知识准备】

下面介绍【路径】面板中各按钮的功能。

- 【填充】按钮：单击此按钮，将以前景色填充创建的路径。
- 【描边】按钮：单击此按钮，将以前景色为创建的路径进行描边，其描边宽度为一个像素。
- 【转换为选区】按钮：单击此按钮，可以将创建的路径转换为选区。
- 【转换为路径】按钮：确认图形文件中有选区，单击此按钮，可以将选区转换为路径。
- 【新建】按钮：单击此按钮，可在【路径】面板中新建一个路径。若【路径】面板中已经有路径存在，将鼠标指针放置到创建的路径名称处，按下鼠标左键向下拖曳至此按钮处释放鼠标，可以完成路径的复制。
- 【删除】按钮：单击此按钮，可以删除当前选择的路径。

1.　存储工作路径

默认情况下，利用【钢笔】工具或矢量形状工具绘制的路径是以“工作路径”形式存在的。工作路径是临时路径，如果取消其选择状态，当再次绘制路径时，新路径将自动取代原来的工作路径。如果工作路径在后面的绘图过程中还要使用，应该保存路径以免丢失。存储工作路径有以下两种方法。

在【路径】面板中，将鼠标指针放置到“工作路径”上按下鼠标左键并向下拖曳，至按钮释放鼠标左键，即可将其以“路径 1”名称为其命名，且保存路径。

选择要存储的工作路径，然后单击【路径】面板右上角的按钮，在弹出的菜单中选

择【存储路径】命令，弹出【存储路径】对话框，将工作路径按指定的名称存储。

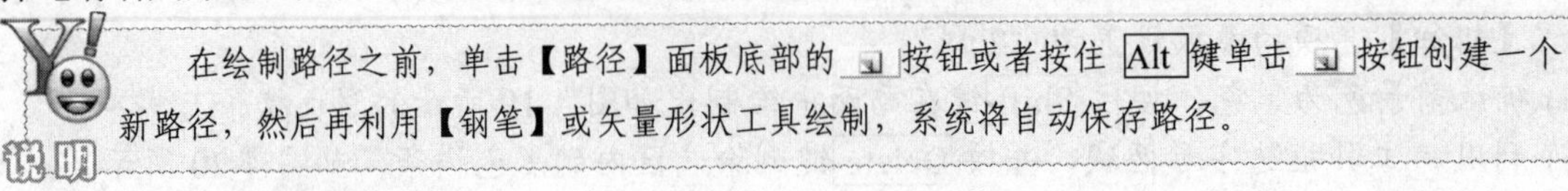
说明

在绘制路径之前，单击【路径】面板底部的按钮或者按住 Alt 键单击按钮创建一个新路径，然后再利用【钢笔】或矢量形状工具绘制，系统将自动保存路径。

2. 路径的显示和隐藏

在【路径】面板中单击相应的路径名称，可将该路径显示。单击【路径】面板中的灰色区域或在路径没有被选择的情况下按 Esc 键，可将路径隐藏。

利用【画笔】工具结合【路径】面板中的描绘路径功能，绘制出如图 4-22 所示的邮票锯齿效果。

【操作步骤】

(1) 打开素材文件中名为“名山.jpg”的背景图片，如图 4-23 所示。

图4-22 制作的锯齿效果

图4-23 打开的文件

(2) 单击【图层】面板下边的按钮，在弹出的下拉菜单中选择【黑白】命令，在弹出的【黑白】菜单中调整参数如图 4-24 所示，调整后的画面效果如图 4-25 所示。

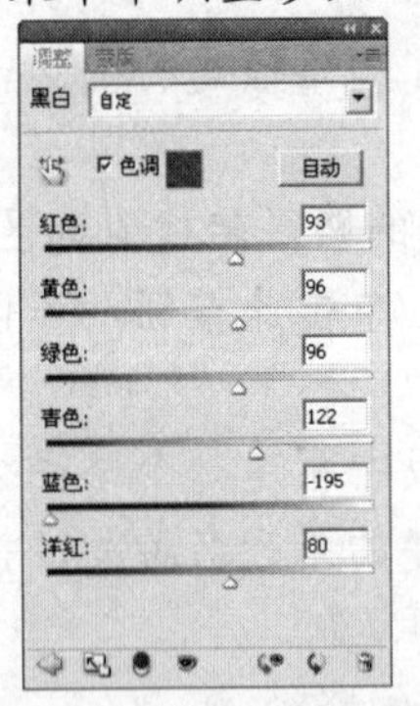

图4-24 【黑白】对话框参数设置

图4-25 调整后的图片效果

(3) 执行【图层】/【拼合图像】命令，将新生成的图层合并到背景图层中。

(4) 新建一个【宽度】为“25 厘米”，【高度】为“17 厘米”，【分辨率】为“120 像素/英寸”，【颜色模式】为“RGB 颜色”，【背景颜色】为“白色”的文件。

(5) 将前景色设置为灰色（R:113,G:113,B:113），然后按 Alt+Delete 组合键将前景色填充至背景图层中。

(6) 新建“图层 1”，选择工具，在画面左上角按住鼠标左键向右下方拖曳，绘制如图 4-26 所示的矩形选区。

(7) 设置前景色为白色，按 Alt+Delete 组合键将白色填充至选区，如图 4-27 所示。

图4-26　画出矩形选区

图4-27　在选区内填充白色

(8) 单击【路径】面板中的 按钮，将选区转换为路径。

(9) 选择 工具，并单击属性栏中的 按钮，在弹出的【画笔】面板中设置选项及参数如图 4-28 所示。

(10) 单击 按钮，用设置的画笔笔尖对图像进行擦除，制作出如图 4-29 所示的邮票锯齿效果。

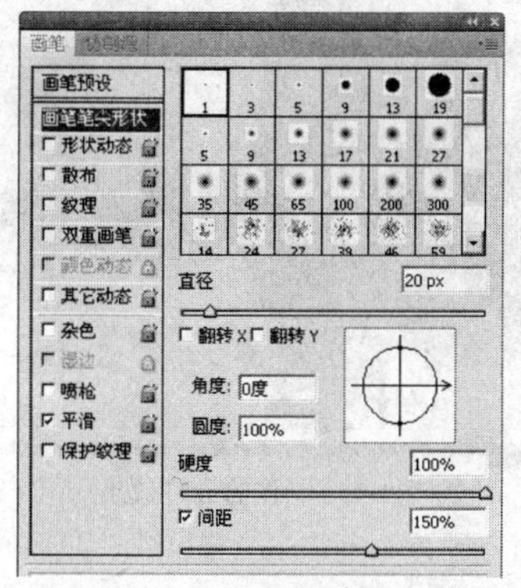

图4-28　【画笔】面板参数设置

图4-29　绘制出锯齿状的白色画面

(11) 将“名山.jpg”文件设置为工作状态，然后将名山图片移动复制到新建的文件，并利用【自由变换】命令将其调整至如图 4-30 所示的大小及位置。

(12) 按 Enter 键确认图片的调整，然后单击【图层】面板下方的 按钮，在弹出的列表中选择【描边】命令，打开【图层样式】对话框，设置参数如图 4-31 所示。

图4-30　调整图片大小和位置

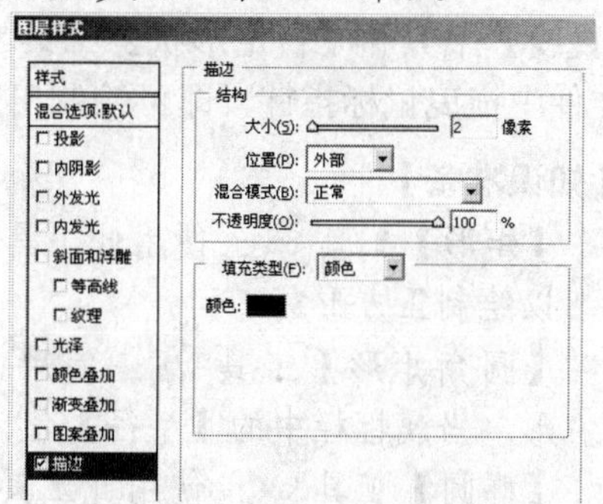

图4-31　【图层样式】对话框参数设置

(13) 单击 确定 按钮，图片描边后的效果如图 4-32 所示。

(14) 选择【文字】工具 T，在画面的右下角输入如图 4-33 所示的文字。

图4-32 描边后的图片效果

图4-33 添加的文字

(15) 将“图层 1”设置为工作层，然后单击【图层】下方的【添加图层样式】按钮，在弹出的列表中选择【投影】命令，打开【图层样式】对话框，设置参数如图 4-34 所示。

(16) 单击 确定 按钮，得到最终效果如图 4-35 所示。

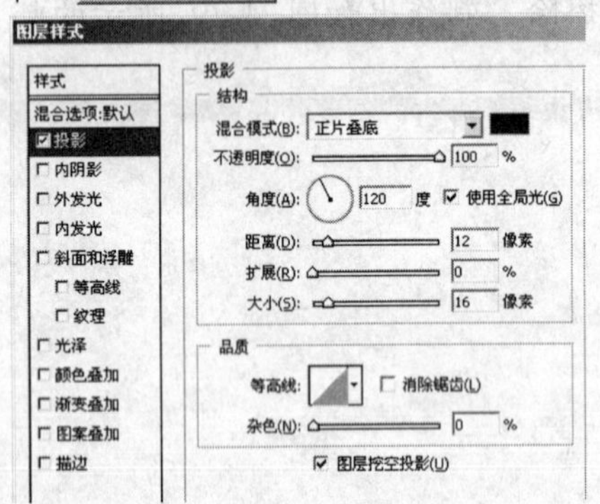

图4-34 【图层样式】对话框参数设置

图4-35 制作的最终效果

(17) 按 Ctrl+S 组合键，将此文件命名为“锯齿效果.psd”保存。

任务三 矢量图形工具应用

矢量图形工具主要包括【矩形】工具、【圆角矩形】工具、【椭圆】工具、【多边形】工具、【直线】工具和【自定形状】工具。它们的使用方法非常简单，选择相应的工具后，在图像文件中拖曳鼠标指针，即可绘制出需要的矢量图形。

【知识准备】

- 【矩形】工具：使用此工具，可以在图像文件中绘制矩形。按住 Shift 键可以绘制正方形。
- 【圆角矩形】工具：使用此工具，可以在图像文件中绘制具有圆角的矩形。当属性栏中的【半径】值为“0”时，绘制出的图形为矩形。
- 【椭圆】工具：使用此工具，可以在图像文件中绘制椭圆图形。按住 Shift 键，可以绘制圆形。
- 【多边形】工具：使用此工具，可以在图像文件中绘制正多边形或星形。在其属性栏中可以设置多边形或星形的边数。

- 【直线】工具 ：使用此工具，可以绘制直线或带有箭头的线段。在其属性栏中可以设置直线或箭头的粗细及样式。按住 Shift 键，可以绘制方向为 45° 倍数的直线或箭头。
- 【自定形状】工具 ：使用此工具，可以在图像文件中绘制出各类不规则的图形和自定义图案。

1. **【矩形】工具**

当 工具处于激活状态时，单击属性栏中的 按钮，系统弹出如图 4-36 所示的【矩形选项】面板。

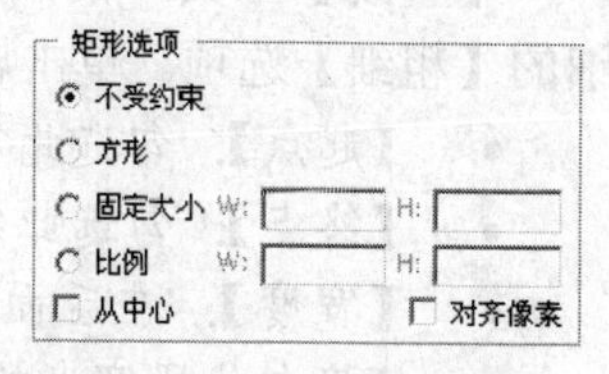

图4-36　【矩形选项】面板

- 【不受约束】：点选此单选项后，在图像文件中拖曳鼠标可以绘制任意大小和任意长宽比例的矩形。
- 【方形】：点选此单选项后，在图像文件中拖曳鼠标可以绘制正方形。
- 【固定大小】：点选此单选项后，在后面的文本框中设置固定的长宽值，再在图像文件中拖曳鼠标，只能绘制固定大小的矩形。
- 【比例】：选择此选项后，在后面的文本框中设置矩形的长宽比例，再在图像文件中拖曳鼠标，只能绘制设置的长宽比例的矩形。
- 【从中心】：勾选此复选框后，在图像文件中以任何方式创建矩形时，鼠标指针的起点都为矩形的中心。
- 【对齐像素】：勾选此复选框后，矩形的边缘同像素的边缘对齐，使图形边缘不会出现锯齿效果。

2. **【圆角矩形】工具**

【圆角矩形】工具 的用法和属性栏都同【矩形】工具相似，只是属性栏中多了一个【半径】选项，此选项主要用于设置圆角矩形的平滑度，数值越大，边角越平滑。

3. **【椭圆】工具**

【椭圆】工具 的用法及属性栏与【矩形】工具的相同，在此不再赘述。

4. **【多边形】工具**

【多边形】工具 是绘制正多边形或星形的工具。在默认情况下，激活此按钮后，在图像文件中拖曳鼠标指针可绘制正多边形。当在属性栏的【多边形选项】面板中勾选【星形】复选框后，再在图像文件中拖曳鼠标指针可绘制星形。

【多边形】工具的属性栏也与【矩形】工具的相似，只是多了一个设置多边形或星形边数的【边】选项。单击属性栏中的 按钮，系统将弹出如图 4-37 所示的【多边形选项】面板。

图4-37　【多边形选项】面板

- 【半径】：用于设置多边形或星形的半径长度。设置相应的参数后，只能绘制固定大小的正多边形或星形。
- 【平滑拐角】：勾选此复选框后，在图像文件中拖曳鼠标指针，可以绘制圆角效果的正多边形或星形。
- 【星形】：勾选此复选框后，在图像文件中拖曳鼠标指针，可以绘制边向中心位置缩进的星形图形。

- 【缩进边依据】：在右边的文本框中设置相应的参数，可以限定边缩进的程度，取值范围为 1%～99%，数值越大，缩进量越大。只有勾选了【星形】复选框后，此选项才可以设置。
- 【平滑缩进】：此选项可以使多边形的边平滑地向中心缩进。

5. 【直线】工具

【直线】工具的属性栏也与【矩形】工具的相似，只是多了一个设置线段或箭头粗细的【粗细】选项。单击属性栏中的按钮，系统将弹出如图 4-38 所示的【箭头】面板。

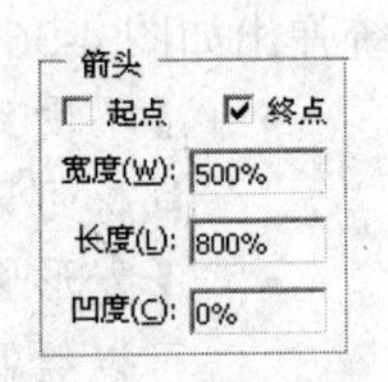

图4-38 【箭头】面板

- 【起点】：勾选此复选框后，在绘制线段时起点处带有箭头。
- 【终点】：勾选此复选框后，在绘制线段时终点处带有箭头。
- 【宽度】：在后面的文本框中设置相应的参数，可以确定箭头宽度与线段宽度的百分比。
- 【长度】：在后面的文本框中设置相应的参数，可以确定箭头长度与线段长度的百分比。
- 【凹度】：在后面的文本框中设置相应的参数，可以确定箭头中央凹陷的程度。其值为正值时，箭头尾部向内凹陷；为负值时，箭头尾部向外凸出；为"0"时，箭头尾部平齐，如图 4-39 所示。

 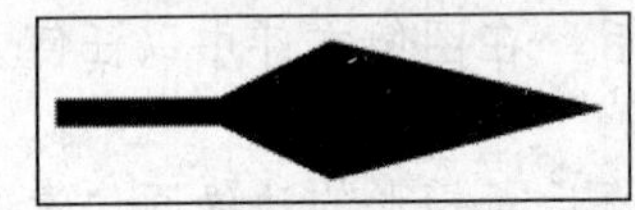 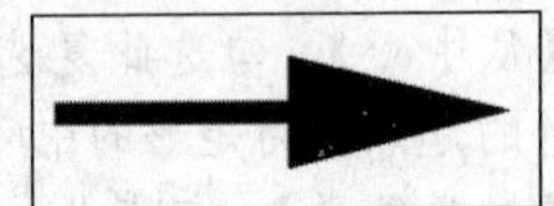

图4-39 当【凹度】数值设置为"50"、"-50"和"0"时绘制的箭头图形

6. 【自定形状】工具

【自定形状】工具的属性栏也与【矩形】工具的相似，只是多了一个【形状】选项，单击此选项后面的按钮，系统会弹出如图 4-40 所示的【自定形状选项】面板。

在面板中选择所需要的图形，然后在图像文件中拖曳鼠标，即可绘制相应的图形。

单击其右上角的按钮，在弹出的下拉菜单中选择【全部】命令，即可将全部的图形显示，如图 4-41 所示。

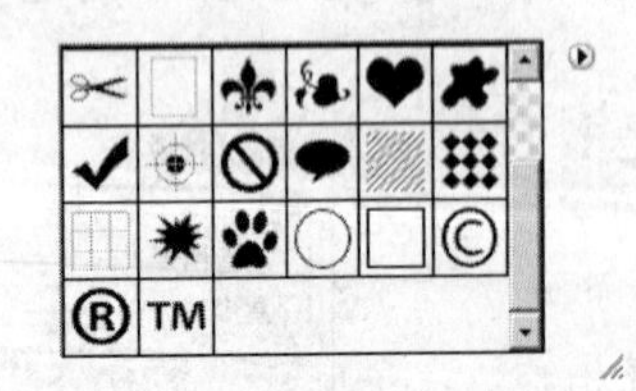

图4-40 【自定形状选项】面板

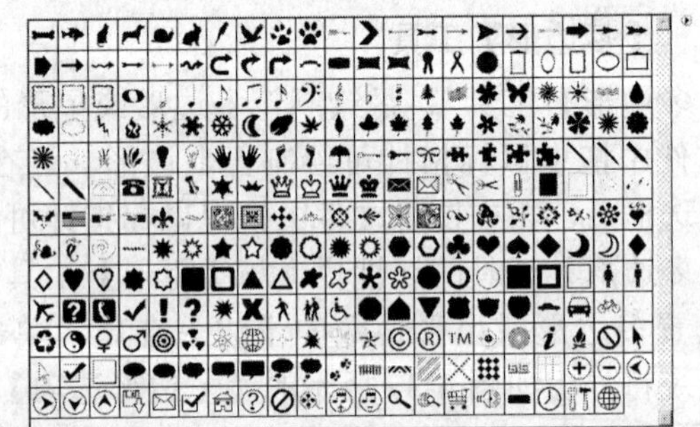

图4-41 全部显示的图形

利用矢量图形工具绘制出如图 4-42 所示的壁纸效果。

【操作步骤】

(1) 新建一个【宽度】为"27 厘米"，【高度】为"20 厘米"，【分辨率】为"120 像素/英寸"，【颜色模式】为"RGB 颜色"，【背景内容】为"白色"的文件。

(2) 选择▢工具，并在【渐变编辑器】窗口中设置渐变颜色如图 4-43 所示。

图4-42　绘制的壁纸效果

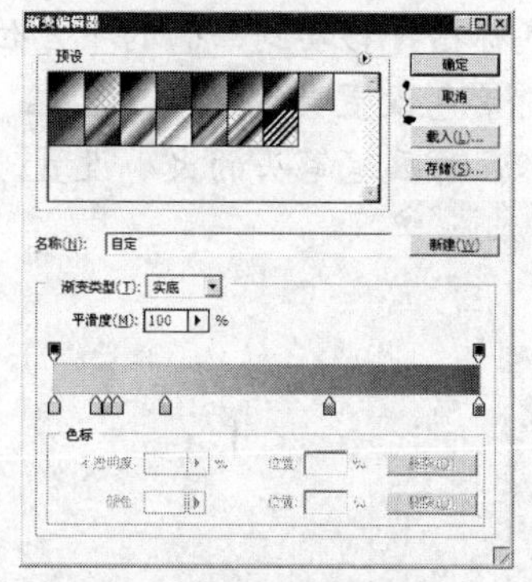

图4-43　设置的渐变颜色

(3) 单击 确定 按钮，然后激活属性栏中的▢按钮。

(4) 将鼠标指针移动到画面的右上角位置按下鼠标左键并向左下方拖曳，为画面添加如图 4-44 所示的渐变背景。

图4-44　填充的渐变色

(5) 打开素材文件中名为“鲜花.psd”的文件，如图 4-45 所示。

(6) 执行【编辑】/【定义画笔预设】命令，弹出如图 4-46 所示的【画笔名称】对话框，单击 确定 按钮，将图像定义为画笔笔头。

图4-45　打开的图片

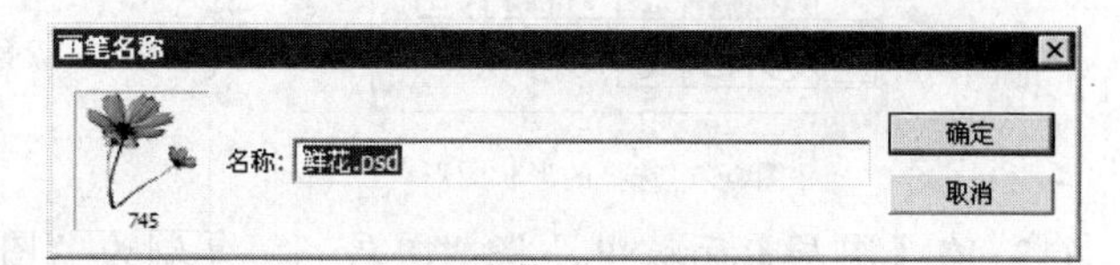

图4-46　【画笔名称】对话框

(7) 选择▢工具，再单击属性栏中的▢按钮，在弹出的【画笔】面板中分别设置各选项及参数如图 4-47 所示。

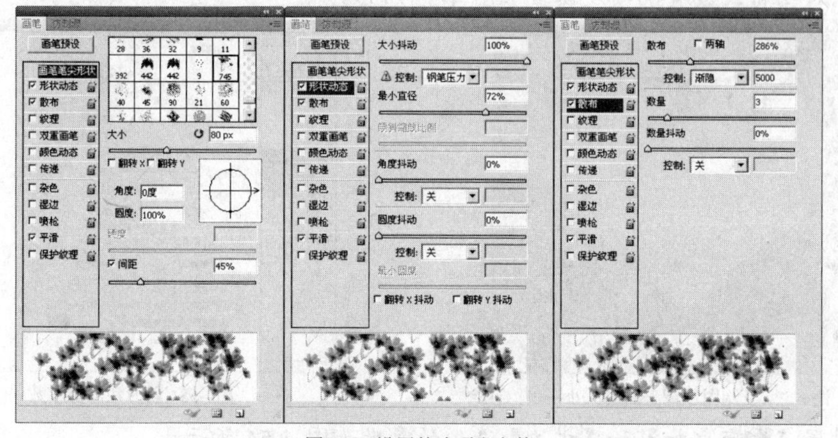

图4-47　设置的选项及参数

(8) 新建“图层 1”，然后将前景色设置为蓝紫色（R:190,G:190,B:255）。

(9) 将鼠标指针移动到画面的下方位置拖曳，喷绘出如图 4-48 所示的图形。

(10) 将前景色设置为白色，然后在新建的“图层 2”中再喷绘出如图 4-49 所示的白色图形，注意画笔笔头的大小设置。

图4-48 喷绘出的图形

图4-49 喷绘出的图形

(11) 新建“图层 3”，选择工具，并单击属性栏中【形状】选项右侧的按钮，在弹出的【自定形状选项】面板中选择如图 4-50 所示的形状图形。

(12) 激活属性栏中的按钮，然后在画面的中心位置绘制出如图 4-51 所示的心形图形。

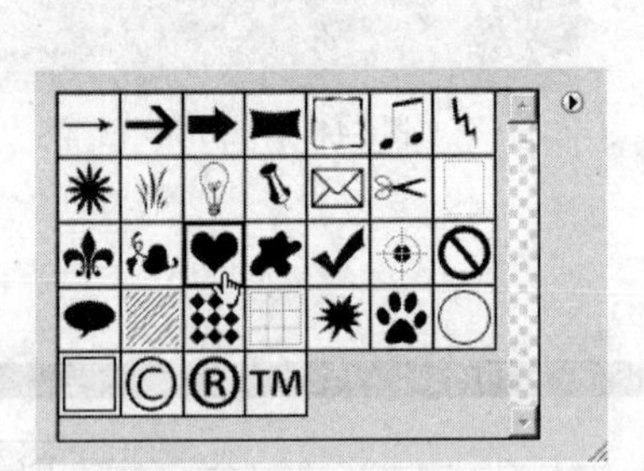

图4-50 选择的形状图形

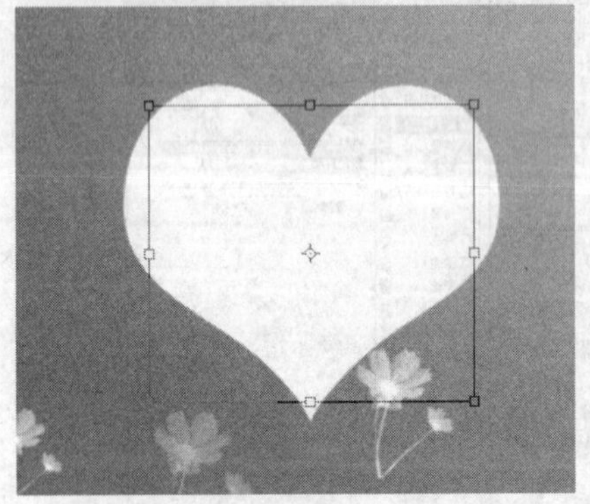

图4-51 绘制出的心形图形

(13) 在【图层】面板中，将“图层 3”复制为“图层 3 副本”层，然后利用【自由变换】命令将复制出的心形图形以中心等比例缩小至如图 4-52 所示的形状。

(14) 按 Enter 键确认，然后执行【图层】/【图层样式】/【斜面和浮雕】命令，弹出【图层样式】对话框，设置选项及参数如图 4-53 所示。

图4-52 复制图形调整后的大小

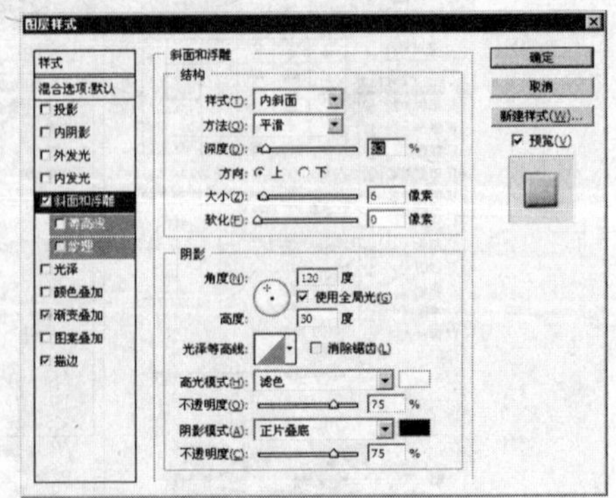

图4-53 斜面和浮雕参数

(15) 依次设置【渐变叠加】和【描边】选项的参数如图 4-54 所示。

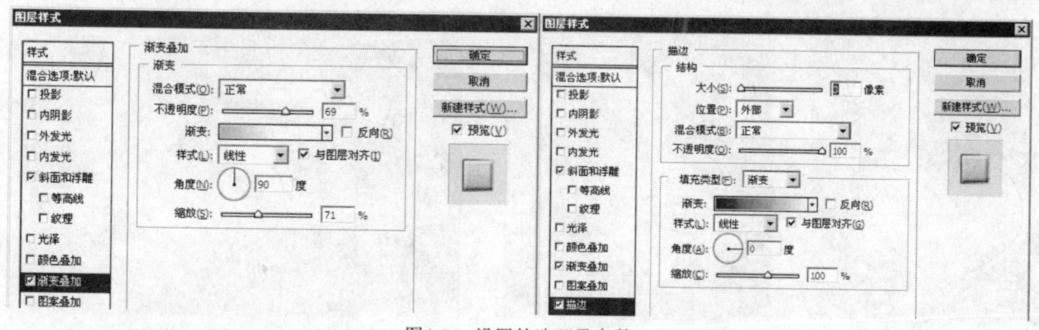

图4-54　设置的选项及参数

(16) 单击 确定 按钮，心形图形添加图层样式后的效果如图 4-55 所示。

(17) 将“图层 3”设置为工作层，然后执行【图层】/【图层样式】/【投影】命令，在弹出的【图层样式】对话框中将混合模式选项右侧的颜色设置为深绿色（R:10,G:82），再设置其他选项及参数如图 4-56 所示。

图4-55　添加图层样式后的效果

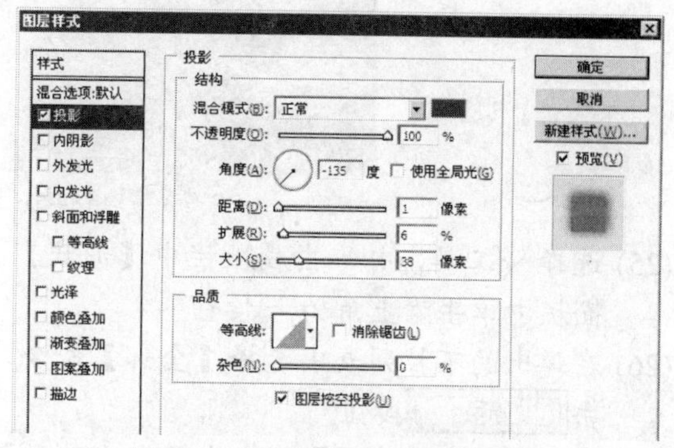

图4-56　【图层样式】对话框参数设置

(18) 单击 确定 按钮，下方心形图形添加投影后的效果如图 4-57 所示。

(19) 新建“图层 4”，利用 和 工具绘制出如图 4-58 所示的图形。

(20) 按 Ctrl+Enter 组合键将路径转换为选区，然后为其填充白色，如图 4-59 所示。

图4-57　添加投影后的效果

图4-58　绘制出的路径

图4-59　绘制的图形

(21) 按 Ctrl+D 组合键删除选区，然后继续利用 和 工具绘制路径，转换为选区后为其填充白色，效果如图 4-60 所示。

(22) 将“图层 4”复制为“图层 4 副本”层，然后利用【自由变换】命令将复制出的图形旋转并调整至如图 4-61 所示的位置。

(23) 新建“图层 5”，灵活运用 和 工具及复制、【垂直翻转】和【水平翻转】命令绘制出如图 4-62 所示的图形。

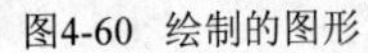
图4-60 绘制的图形

图4-61 调整后的图形形状

图4-62 绘制出的图形

(24) 新建“图层 6”，利用和工具及复制、【水平翻转】命令，绘制出如图 4-63 所示的图形。

图4-63 绘制的图形

(25) 选择工具，并单击属性栏中【形状】选项右侧的按钮，在弹出的【自定形状选项】面板中单击右上角的按钮。

(26) 在弹出的下拉列表中选择【全部】命令，然后在弹出的如图 4-64 所示的询问面板中单击 确定 按钮。

(27) 在【自定形状选项】面板中拖曳右侧的滑块，然后选择如图 4-65 所示的形状图形。

图4-64 询问面板

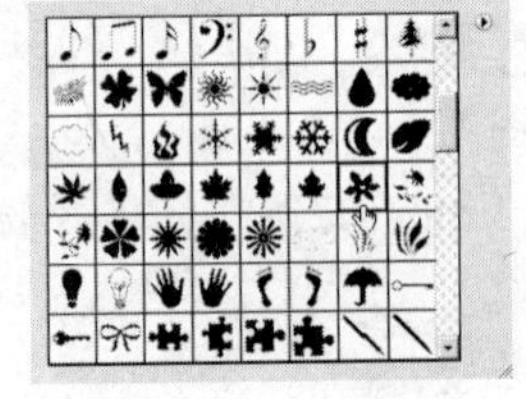
图4-65 选择的形状图形

(28) 激活属性栏中的按钮，然后按住 Shift 键绘制出如图 4-66 所示图形。

(29) 继续按住 Shift 键并依次拖曳鼠标指针，绘制出如图 4-67 所示的花形图形。

图4-66 绘制的花形

图4-67 依次绘制出的花形

说明

在绘制图形时，按住Shift键拖曳，可确保拖曳出的图形在同一形状层中。

(30) 释放Shift键后，再按住Shift键依次绘制出如图 4-68 所示的大花形图形。

(31) 在【图层】面板中，将生成“形状 2”层的【填充】参数设置为“30”，将“形状 2”层调整至“图层 3”层下方后的效果如图 4-69 所示。

图4-68　绘制的大花形图形

图4-69　调整不透明度及堆叠顺序后的效果

(32) 将“形状 1”层设置为工作层，然后在【自定形状】选项面板中选择如图 4-70 所示的形状图形。

(33) 按住Shift键依次在画面中拖曳，绘制出如图 4-71 所示的星形图形。

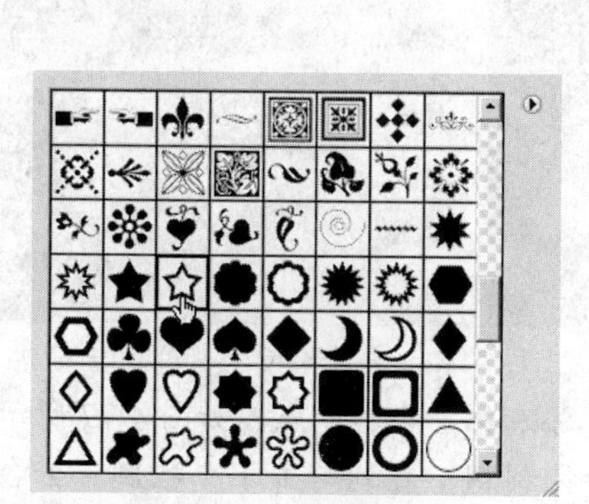

图4-70　选择的形状图形

图4-71　绘制的星形图形

(34) 至此，壁纸效果制作完成，按Ctrl+S组合键，将此文件命名为“壁纸效果.psd”保存。

项目实训　选择背景中的人物

利用【钢笔】工具选择背景中的人物图像，然后将其移动到另一个场景中，合成如图 4-72 所示的效果。

【操作步骤】

(1) 打开素材文件中名为“相册.psd”和“小孩.jpg”的图片文件。

(2) 将“小孩.jpg”文件设置为工作状态，按F键将当前模式窗口切换成全屏模式显示，如图 4-73 所示。

图4-72 合成的图像效果

图4-73 将图片全屏模式显示

(3) 选择【缩放】工具，在小孩帽子的左上角位置按下鼠标左键向右下角拖曳出一个虚线框，如图 4-74 所示。
(4) 释放鼠标左键后，画面被放大显示，此时按住空格键，可以在窗口中平移画面。我们将画面平移至如图 4-75 所示的位置，然后释放空格键。
(5) 选择工具，激活属性栏中的按钮，将鼠标指针放置在帽子上边的边缘处单击，添加第 1 个控制点，如图 4-76 所示。

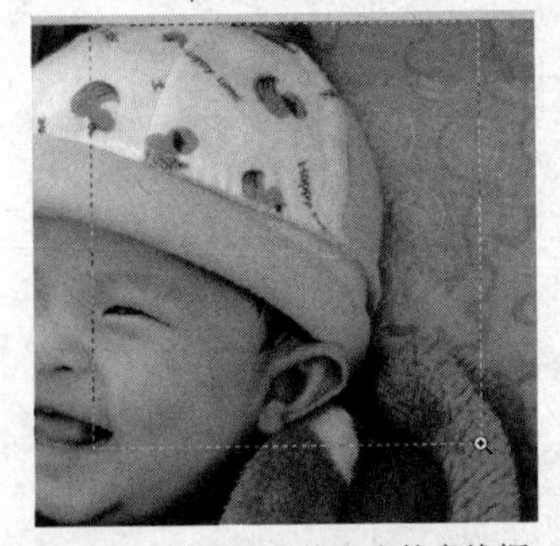
图4-74 缩放工具拖曳出的虚线框

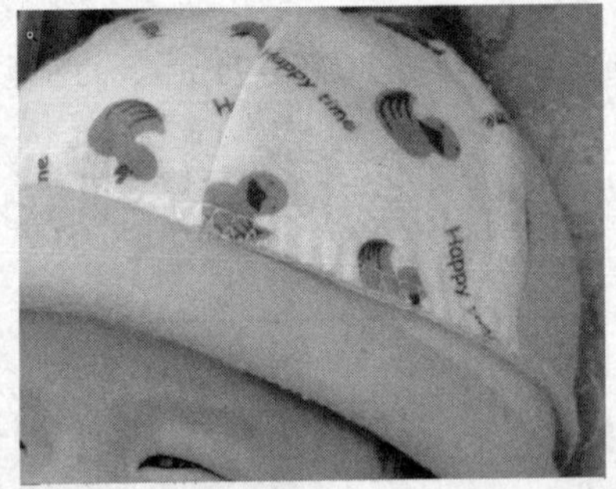
图4-75 放大后的图像

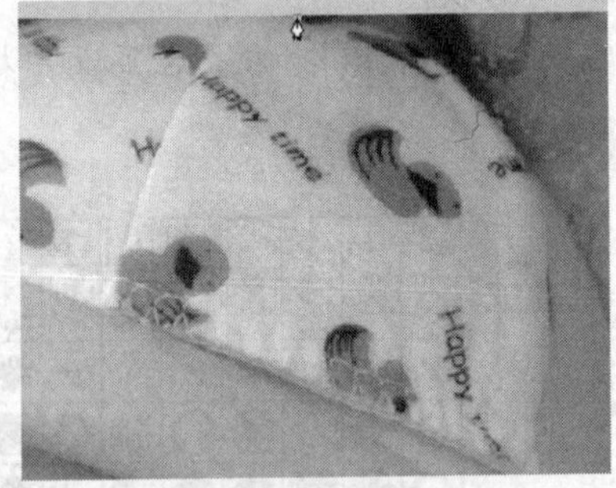
图4-76 添加第 1 个控制点

(6) 将鼠标指针移动到帽子边缘结构转折的位置单击，添加第 2 个控制点，如图 4-77 所示。
(7) 依次沿着帽子及衣服褶皱的结构转折的位置添加控制点，直到与第 1 个控制点会合。
(8) 当绘制的路径终点和起始点重合时，在鼠标指针的右下角会出现一个圆形标志，此时单击即可创建闭合的路径，如图 4-78 所示。

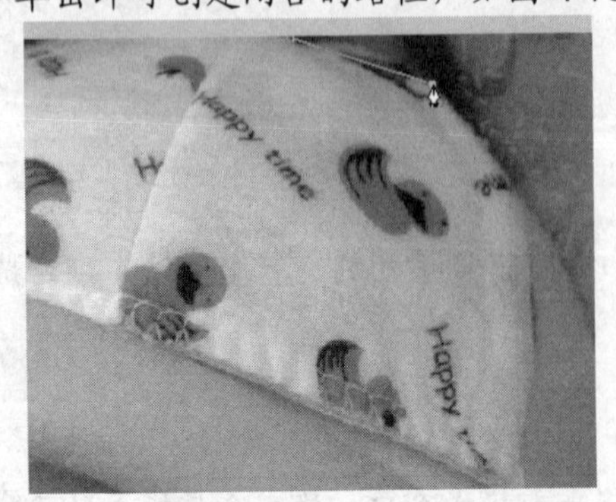
图4-77 添加第 2 个控制点

图4-78 创建闭合路径

(9) 选择工具，将鼠标指针放置在路径的控制点上，按住鼠标左键拖曳鼠标指针，此时出现两条控制手柄，如图 4-79 所示。

(10) 拖曳鼠标调整控制手柄，将路径调整平滑后释放鼠标左键，如果路径控制点添加的位置没有紧贴在图像轮廓上，可以按住Ctrl键来移动控制点的位置。

> 说明：由于画面放大显示，因此只能看到画面中的部分图像，在添加控制点时，当绘制到窗口边缘位置后就无法再继续添加了。此时可以按住空格键，切换成【抓手】工具后平移图像，然后再绘制路径。

(11) 利用工具对路径上的其他控制点进行调整，如图 4-80 所示。

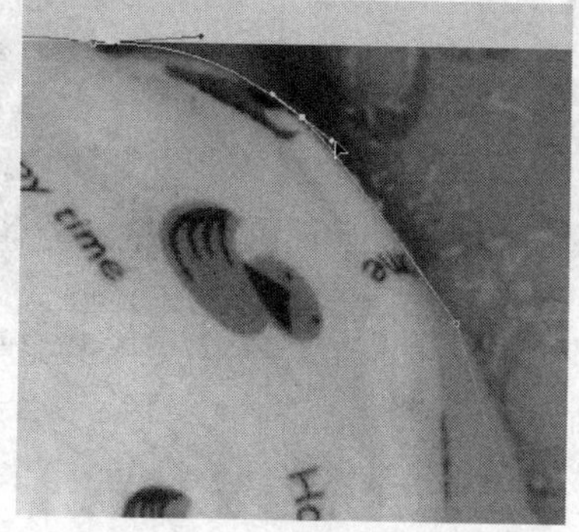

图4-79　调整控制柄

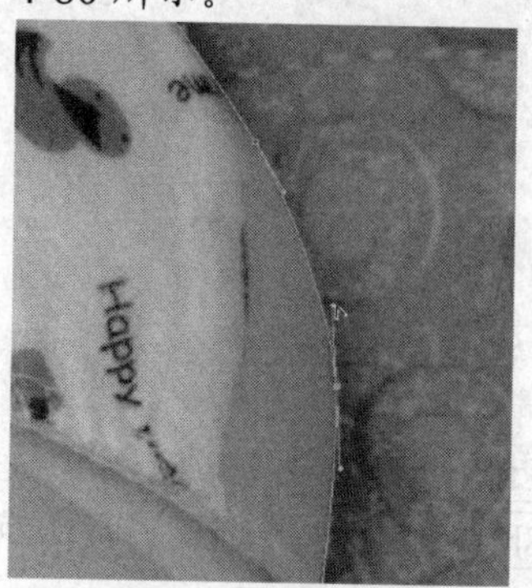

图4-80　依次调整控制柄

(12) 释放鼠标左键后，接着再调整其中的一个控制柄，此时另外的一个控制柄就会被锁定，这样可以非常精确地将路径贴齐图像的轮廓边缘。

(13) 利用工具对控制点依次进行调整，使路径紧贴在人物的轮廓边缘，如图 4-81 所示。

(14) 按住Ctrl+Enter组合键将路径转换成选区，如图 4-82 所示。

图4-81　使控制点紧贴人物边缘

图4-82　将路径转换成选区

(15) 连续两次按F键，将窗口切换到标准屏幕模式显示。

> 说明：按Tab键，可以将工具箱、控制面板和属性栏显示或隐藏；按Shift+Tab组合键，可以将控制面板显示或隐藏；连续按F键，窗口可以在标准模式、带菜单栏的全屏模式和全屏模式 3 种显示模式之间切换。

(16) 利用工具将选取的人物移动到“相册.psd”文件中，同时生成“图层 1”。

(17) 将“图层 1”放置在相册层的下面，然后利用【自由变换】命令调整一下人物图片的大小和位置，如图 4-83 所示。

(18) 按 Enter 键确认图片的调整，然后选择 ⬚ 工具，根据相册窗口绘制出如图 4-84 所示的矩形选区。

(19) 新建“图层 2”，将前景色设置为白色，然后按 Alt+Delete 组合键将前景色填充至选区内。

(20) 将“图层 2”放置到【图层】面板的最底层，生成的效果如图 4-85 所示。

图4-83 调整人物图片的大小和位置

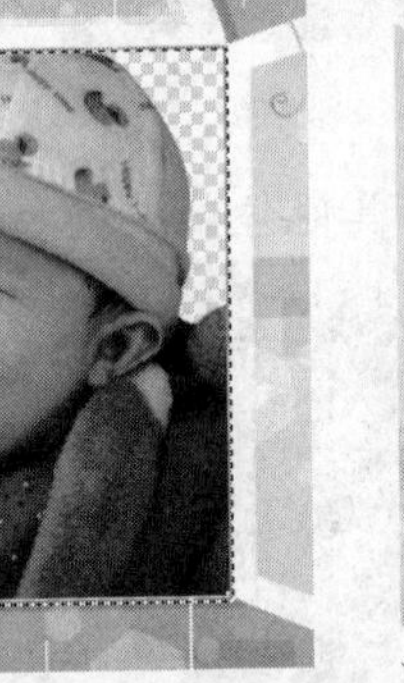

图4-84 画出合适的矩形选区

图4-85 为选区填充白色

(21) 按 Ctrl+D 组合键删除选区，最终效果如图 4-72 所示。

(22) 按 Shift+Ctrl+S 组合键，将此文件另命名为“合成相册.psd”保存。

项目拓展 霓虹灯效果制作

利用【钢笔】路径工具、【画笔】工具和【路径】面板绘制霓虹灯效果，在绘制的初始阶段，要注意调节画笔笔尖大小和灵活设置前景色。制作完成的霓虹灯效果如图 4-86 所示。

【操作步骤】

(1) 新建一个【宽度】为“18 厘米”，【高度】为“20 厘米”，【分辨率】为“150 像素/英寸”，【颜色模式】为“RGB 颜色”，【背景内容】为“黑色”的文件。

(2) 新建“图层 1”，利用 工具和 工具绘制并调整出如图 4-87 所示的“第一只耳朵”路径。

图4-86 制作的霓虹灯效果

图4-87 第一只耳朵路径

(3) 选择 工具，设置【主直径】为“4 像素”，【硬度】为“0%”，【模式】为“正常”，【不透明度】和【流量】分别为“100%”。

(4) 将前景色设置为白色，然后打开【路径】面板，单击面板底部的 按钮描绘路径，效果如图 4-88 所示。

(5) 执行【模糊】/【高斯模糊】命令，在弹出的【高斯模糊】对话框中设置【半径】的参数为“2”，单击 确定 按钮，模糊后的效果如图 4-89 所示。

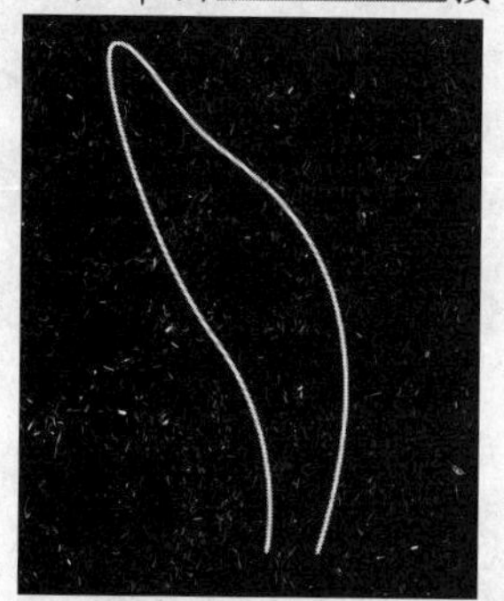

图4-88　描绘路径后的第一只耳朵图形

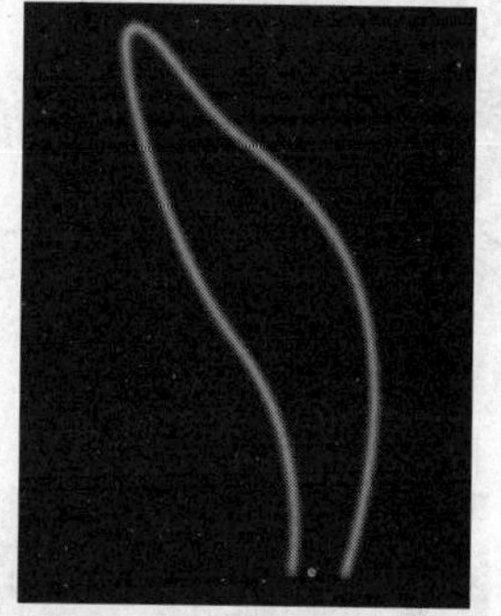

图4-89　模糊处理后的画面效果

(6) 执行【图层】/【图层样式】/【外发光】命令，在弹出的【图层样式】对话框中分别设置【外发光】和【投影】选项的参数如图 4-90 所示。

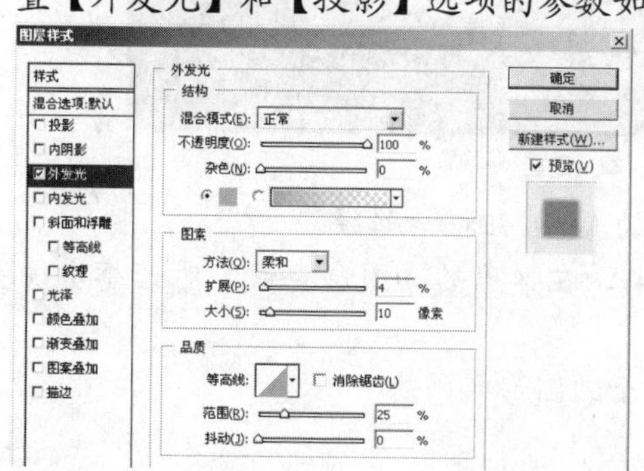

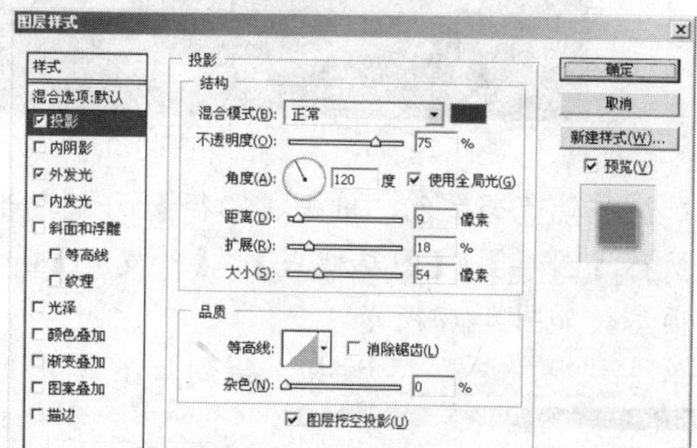

图4-90　【外发光】和【投影】选项参数设置

(7) 单击 确定 按钮，图形添加图层样式后的效果如图 4-91 所示。

(8) 新建“图层 2”，再次利用 和 工具绘制并调整得到兔子的“第二只耳朵”路径，如图 4-92 所示。

(9) 利用与绘制“第一只耳朵”相同的步骤和参数设置，得到如图 4-93 所示的画面效果。

图4-91　第一只耳朵的发光效果

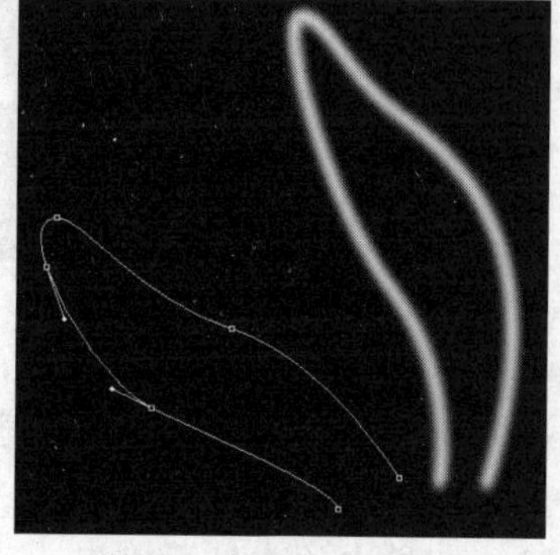

图4-92　第二只兔耳朵路径

图4-93　第二只耳朵的发光效果

(10) 新建“图层3”，利用相同的步骤和参数设置绘制出兔子的头部轮廓，效果如图 4-94 所示。

(11) 新建“图层 4”， 利用相同的步骤和参数设置绘制出兔子的手臂轮廓，效果如图 4-95 所示。

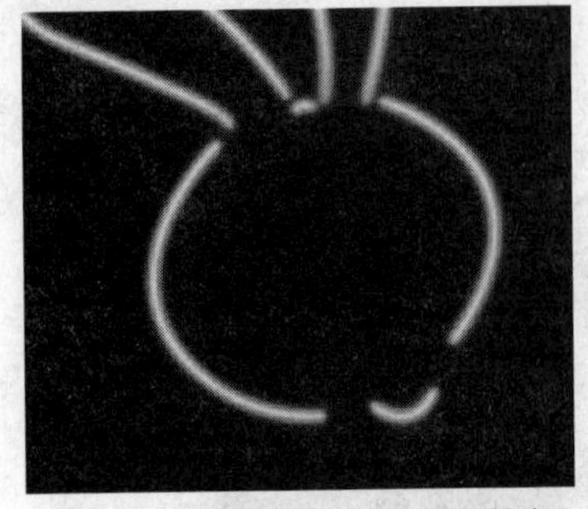

图4-94 绘制出兔子的头部发光轮廓

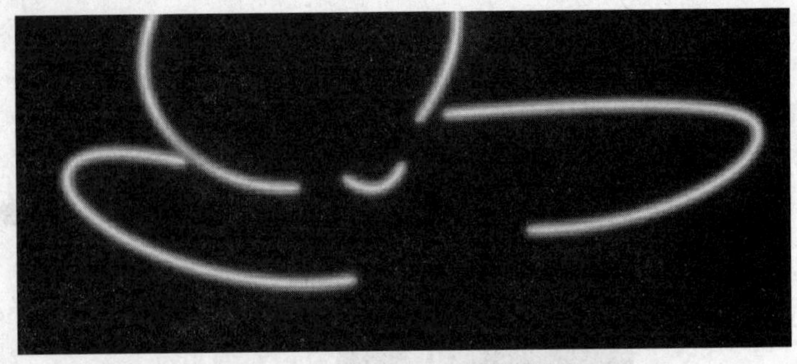

图4-95 绘制出兔子的手臂发光轮廓

(12) 新建“图层 5”， 利用和工具绘制出如图 4-96 所示的兔子脚爪路径。

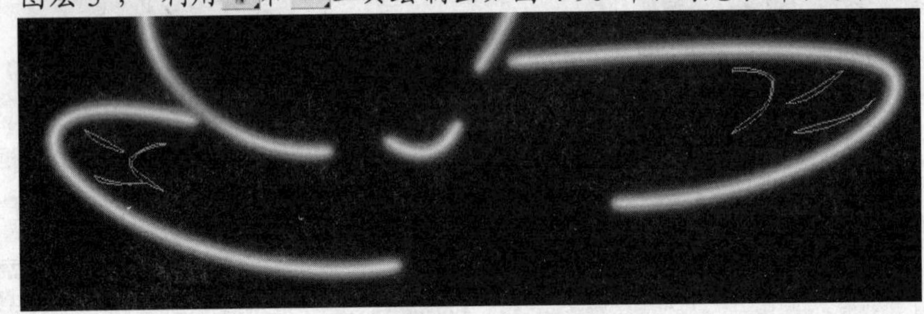

图4-96 绘制兔子的脚爪路径

(13) 确认前景色为白色，单击【路径】面板底部的按钮描绘路径。

(14) 执行【图层】/【图层样式】/【外发光】命令，在弹出的【图层样式】对话框中设置选项参数如图 4-97 所示。

(15) 单击 确定 按钮，得到如图 4-98 所示的图形效果。

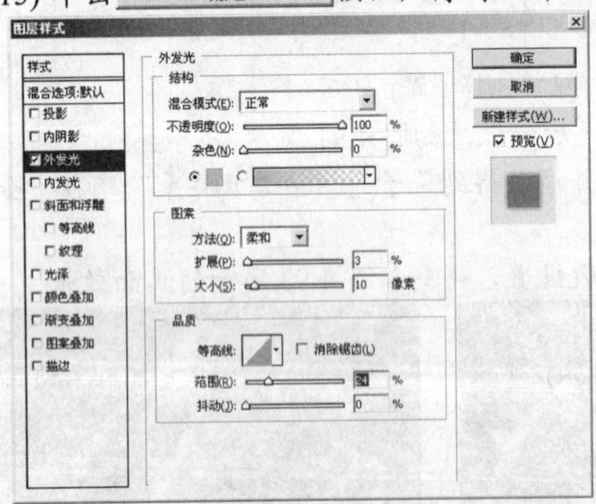

图4-97 【图层样式】对话框参数设置

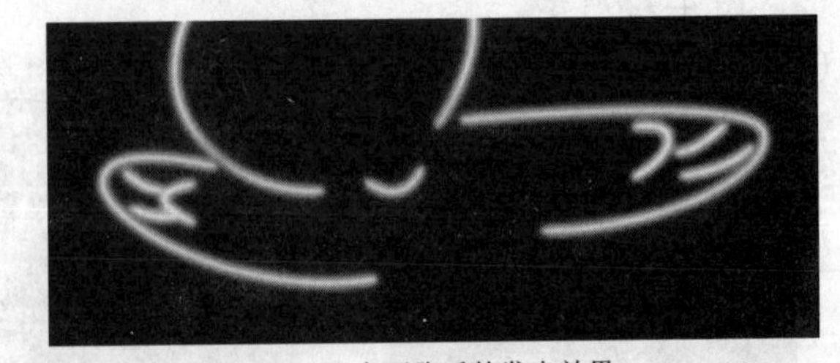

图4-98 兔子脚爪的发光效果

(16) 新建“图层 6”，利用和工具绘制出如图 4-99 所示的路径。

(17) 确认前景色为白色，单击【路径】面板下方的按钮进行描绘路径。然后执行【模糊】/【高斯模糊】命令，将【半径】设置为“2”，单击 确定 按钮。

(18) 在“图层 1”上单击鼠标右键，在弹出的右键菜单中选择【拷贝图层样式】命令，然

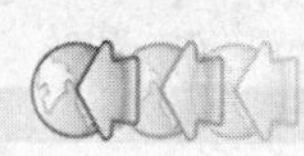

后在“图层 6”上单击鼠标右键，在弹出的右键菜单中选择【粘贴图层样式】命令，复制后的效果如图 4-100 所示。

图4-99　兔子下半身的路径绘制

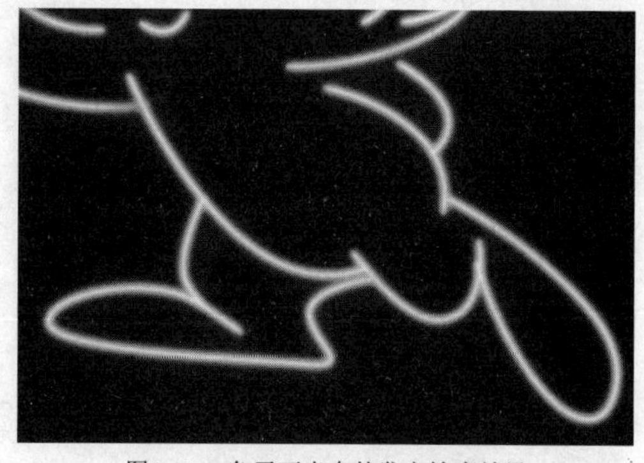
图4-100　兔子下半身的发光轮廓效果

(19) 新建“图层 7”，利用和画“脚爪”一样的步骤绘制出下部的粉红色线条。效果如图 4-101 所示。

(20) 新建“图层 8”，选取【椭圆形】工具，绘制并调整得到如图 4-102 所示的“眼睛”路径。

图4-101　粉红色发光线段

图4-102　眼睛路径

(21) 重复绘制耳朵的步骤和参数设置，得到如图 4-103 所示的眼睛发光轮廓。

(22) 新建“图层 9”，将前景色设置为红色（R:255,G:0,B:0）。

(23) 选择【椭圆形】工具，激活属性栏中的按钮，绘制出如图 4-104 所示的红色眼珠形状。

图4-103　眼睛发光轮廓

图4-104　绘制红色眼珠形状

(24) 执行【图层】/【图层样式】/【外发光】命令，在弹出的【图层样式】对话框中分别设置各选项和参数如图 4-105 所示。

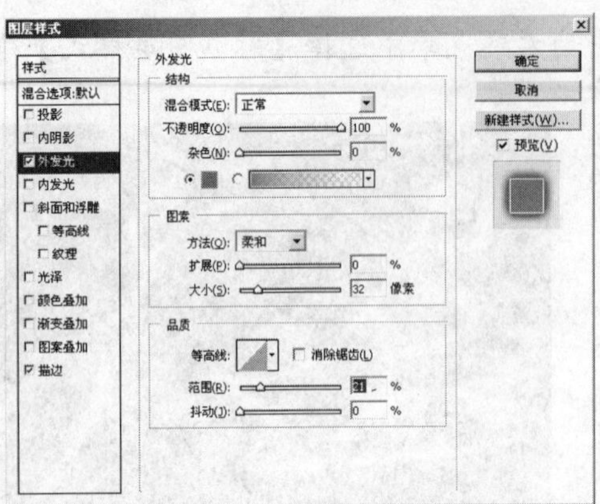

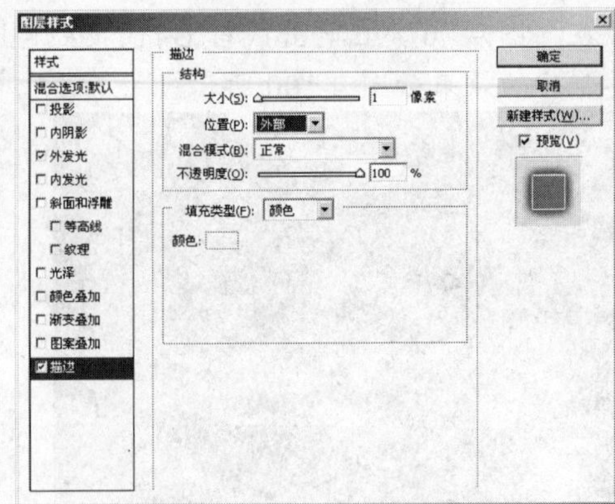

图4-105 【外发光】和【描边】参数设置

(25) 单击 确定 按钮，得到如图 4-106 所示的眼珠发光图像。

(26) 确定前景色为红色，利用工具绘制出如图 4-107 所示的线形作为鼻子。

图4-106 眼珠发光效果

图4-107 绘制鼻子轮廓

(27) 打开【图形样式】对话框，设置【外发光】和【描边】参数如图 4-108 所示。

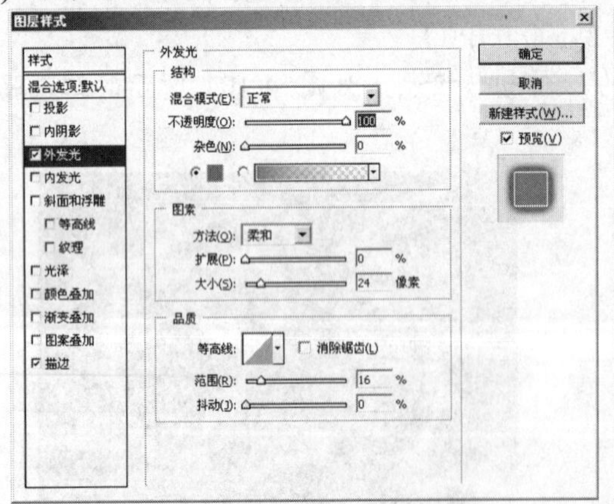

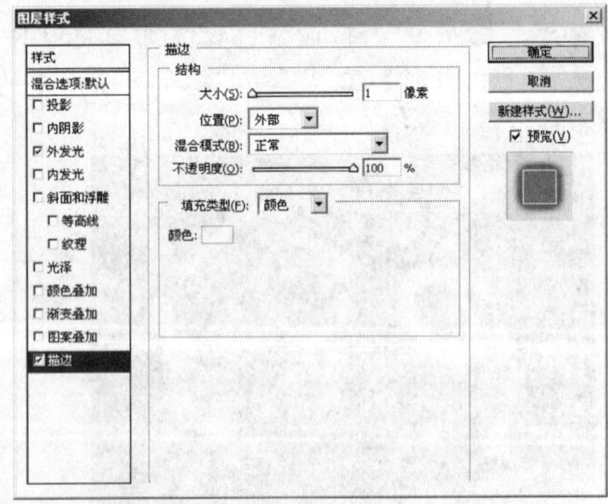

图4-108 【外发光】和【描边】参数设置

(28) 单击 确定 按钮，得到如图 4-109 所示的发光效果。

(29) 利用相同的方法绘制出如图 4-110 所示的嘴效果。

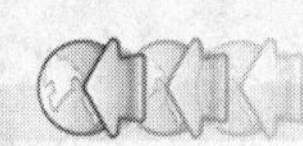

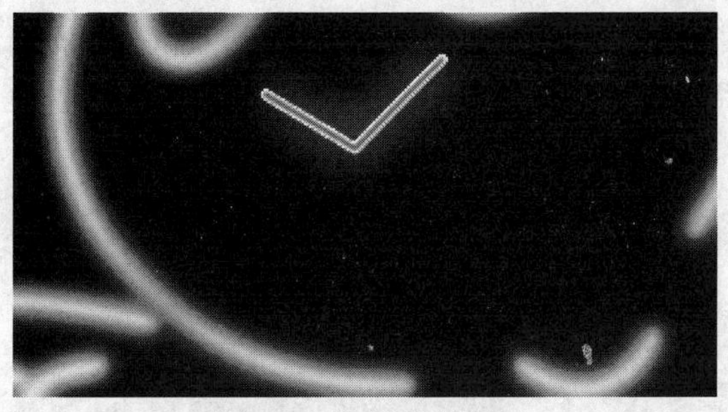

图4-109　鼻子的发光效果

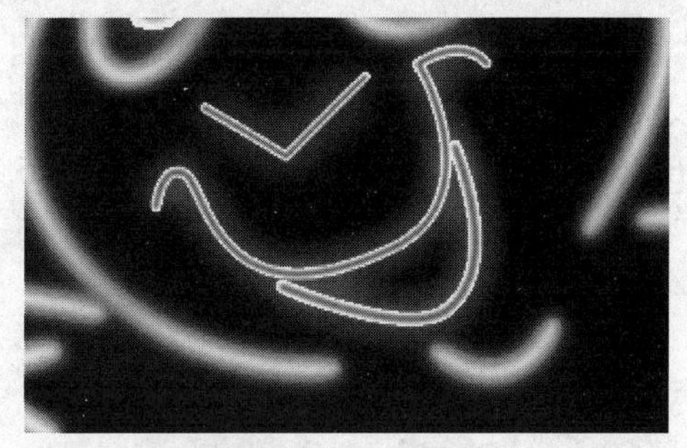

图4-110　绘制的嘴效果

(30) 至此，兔子的发光效果就绘制完毕了，整体效果如图 4-111 所示。

此时，可以看出整幅画面的右上角比较空，为了使画面更加灵活、和谐、饱满，读者可以利用上述的步骤自行绘制出如图 4-112 所示的发光小鸟形状。

图4-111　兔子的发光效果

图4-112　添加发光小鸟后的画面效果

(31) 按 Ctrl+S 组合键，将此文件命名为“霓虹灯效果.psd”保存。

习题

1.　参考本项目任务一中学习的内容，利用路径工具及文字工具绘制如图 4-113 所示的标志图形。

图4-113　绘制完成的标志

2. 打开本书素材文件中“图库\项目四”目录下名为“儿童.jpg”和“模板.psd”的图片文件，如图 4-114 所示。用本项目介绍的路径工具的使用方法，将儿童选取后合成到“模板.psd”文件中，合成后的效果如图 4-115 所示。

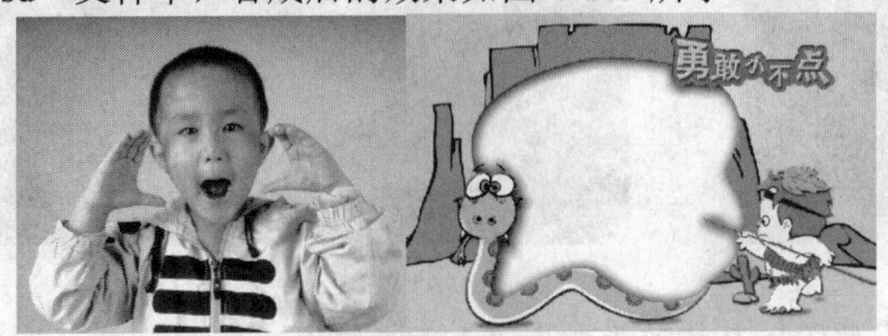

图4-114 打开的图片素材

图4-115 合成的效果

3. 打开本书素材文件中“图库\项目四”目录下名为“建筑.jpg”的图片文件，如图 4-116 所示。利用介绍的路径描绘方法在建筑物上制作霓虹灯效果，如图 4-117 所示。

图4-116 打开图片

图4-117 制作的霓虹灯效果

项目五

文字工具

文字是平面设计中非常重要的一部分，一件完整的作品都需要有文字内容来说明主题或通过特殊编排的文字来衬托整个画面。好的作品不但表现在创意、图形的构成等方面，文字的编辑和应用也非常重要，而且大多数作品都离不开文字的应用。在 Photoshop 中，文字可分为点文字和段落文字两种类型。点文字适合于编排文字应用较少或需要制作特殊效果的画面，而段落文字适合于编排文字应用较多的画面。

学习目标

熟悉文字工具的类型。
学会文字的输入与编辑方法。
学会文字的变形方法。
学会点文字与段落文字的转换。

任务一　设计报纸广告

【知识准备】

文字工具组中共有 4 种文字工具，包括【横排文字】工具、【直排文字】工具、【横排文字蒙版】工具和【直排文字蒙版】工具。

利用文字工具可以在文件中输入点文字或段落文字。点文字适合在文字内容较少的画面中使用，例如标题或需要制作特殊效果的文字；当作品中需要输入大量的说明性文字内容时，利用段落文字输入就非常适合。以点文字输入的标题和以段落文字输入的内容如图 5-1 所示。

水调歌头

明月几时有？把酒问青天。不知天上宫阙，今夕是何年。我欲乘风归去，又恐琼楼玉宇，高处不胜寒。起舞弄清影，何似在人间？
转朱阁，低绮户，照无眠。不应有恨，何事长向别时圆？人有悲欢离合，月有阴晴圆缺，此事古难全。但愿人长久，千里共婵娟。

图5-1　输入的文字

- 输入点文字：利用文字工具输入点文字时，每行文字都是独立的，行的长度随着文字的输入不断增加，无论输入多少文字都是在一行内，只有按 Enter 键才能切换到下一行输入文字。输入点文字的操作方法为，在文字工具组中选择T或IT工具，鼠标指针将显示为文字输入光标或形态，在文件中单击，指定输入文字的起点，然后在属性栏或【字符】面板中设置相应的文字选项，再输入需要的文字即可。按 Enter 键可使文字切换到下一行；单击属性栏中的✓按钮，可完成点文字的输入。

- 输入段落文字：在输入段落文字之前，先利用文字工具绘制一个矩形定界框，以限定段落文字的范围，在输入文字时，系统将根据定界框的宽度自动换行。输入段落文字的操作方法为，在文字工具组中选择T或IT工具，然后在文件中拖曳鼠标指针绘制一个定界框，并在属性栏、【字符】面板或【段落】面板中设置相应的选项，即可在定界框中输入需要的文字。文字输入到定界框的右侧时将自动切换到下一行。输入完一段文字后，按 Enter 键可以切换到下一段文字。如果输入的文字太多以致定界框中无法全部容纳，定界框右下角将出现溢出标记符号⊞，此时可以通过拖曳定界框四周的控制点，以调整定界框的大小来显示全部的文字内容。文字输入完成后，单击属性栏中的✓按钮，即可完成段落文字的输入。

说明

在绘制定界框之前，按住 Alt 键单击或拖曳鼠标指针，将会弹出【段落文字大小】对话框，在对话框中设置定界框的宽度和高度，然后单击 确定 按钮，可以按照指定的大小绘制定界框。

- 创建文字选区：使用【横排文字蒙版】工具和【直排文字蒙版】工具可以创建文字选区，文字选区具有与其他选区相同的性质。创建文字选区的操作方法为，选择图层，然后选择文字工具组中的或工具，并设置文字选项，再在文件中单击，此时会出现一个红色的蒙版，即可开始输入需要的文字，单击属性栏中的✓按钮，即完成文字选区的创建。

(1) 文字工具组中各文字工具的属性栏是相同的，如图 5-2 所示。

T Arial Regular 12点 aa 锐利

图5-2 文字工具的属性栏

- 【更改文本方向】按钮：单击此按钮，可以将水平方向的文本更改为垂直方向，或者将垂直方向的文本更改为水平方向。
- 【设置字体系列】Arial：此下拉列表中的字体用于设置输入文字的字体，也可以将输入的文字选择后再在字体列表中重新设置字体。
- 【设置字体样式】Regular：在此下拉列表中可以设置文字的字体样式，包括 Regular（规则）、Italic（斜体）、Bold（粗体）和 Bold Italic（粗斜体）4 种字型。注意，当在字体列表中选择英文字体时，此列表中的选项才可用。
- 【设置字体大小】12点：用于设置文字的大小。
- 【设置消除锯齿的方法】锐利：决定文字边缘消除锯齿的方式，包括【无】、【锐利】、【犀利】、【浑厚】和【平滑】5 种方式。
- 【对齐方式】按钮：在使用【横排文字】工具输入水平文字时，对齐方式按钮显示为，分别为“左对齐”、“水平居中对齐”和“右对齐”；当使用【直排文字】工具输入垂直文字时，对齐方式按钮显示为，分别为“顶

对齐”、“垂直居中对齐”和“底对齐”。

- 【设置文本颜色】色块■：单击此色块，在弹出的【拾色器】对话框中可以设置文字的颜色。
- 【创建文字变形】按钮：单击此按钮，将弹出【变形文字】对话框，用于设置文字的变形效果。
- 【取消所有当前编辑】按钮：单击此按钮，则取消文本的输入或编辑操作。
- 【提交所有当前编辑】按钮：单击此按钮，确认文本的输入或编辑操作。

(2) 【字符】面板。

执行【窗口】/【字符】命令，或单击文字工具属性栏中的按钮，都将弹出【字符】面板，如图 5-3 所示。

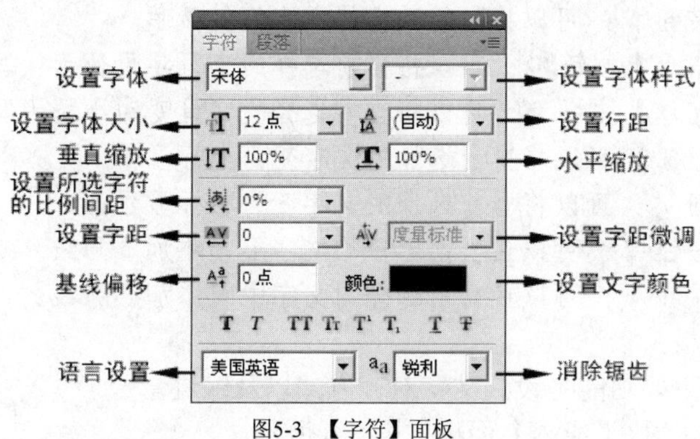

图5-3　【字符】面板

在【字符】面板中设置字体、字号、字型和颜色的方法与在属性栏中设置相同，在此不再赘述。下面介绍设置字间距、行间距和基线偏移等选项的功能。

- 【设置行距】：设置文本中每行文字之间的距离。
- 【垂直缩放】和【水平缩放】：设置文字在垂直方向和水平方向的缩放比例。
- 【设置所选字符的比例间距】：设置所选字符的间距缩放比例。可以在此下拉列表中选择 0%～100%的缩放数值。
- 【设置字距】：用于设置文本中相邻两个文字之间的距离。
- 【设置字距微调】：设置相邻两个字符之间的距离。在设置此选项时不需要选择字符，只需在字符之间单击以指定插入点，然后设置相应的参数即可。
- 【基线偏移】：设置文字由基线位置向上或向下偏移的高度。在文本框中输入正值，可使横排文字向上偏移，直排文字向右偏移；输入负值，可使横排文字向下偏移，直排文字向左偏移，效果如图 5-4 所示。

图5-4　文字偏移效果

- 【语言设置】：在此下拉列表中可选择不同国家的语言，主要包括美国、英国、法国及德国等。

【字符】面板中各按钮的含义分述如下，激活不同按钮时文字效果如图 5-5 所示。

I Miss You! 正常显示	**I Miss You!** 仿粗体	*I Miss You!* 仿斜体
I MISS YOU! 全部大写字母	I MISS YOU! 小型大写字母	I Miss Y^{ou}! 上标
I Miss Y$_{ou}$! 下标	I Miss You! 下划线	~~I Miss You!~~ 删除线

图5-5　文字效果

- 【仿粗体】按钮：可以将当前选择的文字加粗显示。
- 【仿斜体】按钮：可以将当前选择的文字倾斜显示。
- 【全部大写字母】按钮：可以将当前选择的小写字母变为大写字母显示。
- 【小型大写字母】按钮：可以将当前选择的字母变为小型大写字母显示。
- 【上标】按钮：可以将当前选择的文字变为上标显示。
- 【下标】按钮：可以将当前选择的文字变为下标显示。
- 【下画线】按钮：可以在当前选择的文字下方添加下画线。
- 【删除线】按钮：可以在当前选择的文字中间添加删除线。

(3)　【段落】面板。

【段落】面板的主要功能是设置文字对齐方式以及缩进量。

当选择横向的文本时，【段落】面板如图 5-6 所示。

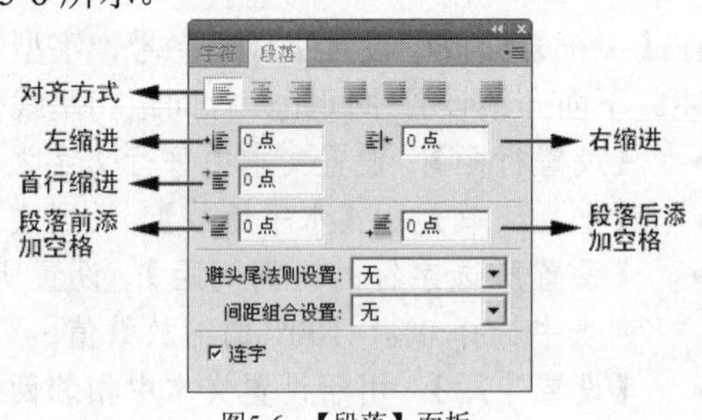

图5-6　【段落】面板

- 按钮：这 3 个按钮的功能是设置横向文本的对齐方式，分别为左对齐、居中对齐和右对齐。
- 按钮：只有在图像文件中选择段落文本时这 4 个按钮才可用。它们的功能是调整段落中最后一行的对齐方式，分别为左对齐、居中对齐、右对齐和两端对齐。

当选择竖向的文本时，【段落】面板最上一行各按钮的功能分述如下。

- 按钮：这 3 个按钮的功能是设置竖向文本的对齐方式，分别为顶对齐、居中对齐和底对齐。
- 按钮：只有在图像文件中选择段落文本时，这 4 个按钮才可用。它们的功能是调整段落中最后一列的对齐方式，分别为顶对齐、居中对齐、底对齐和两端对齐。
- 【左缩进】：用于设置段落左侧的缩进量。
- 【右缩进】：用于设置段落右侧的缩进量。
- 【首行缩进】：用于设置段落第一行的缩进量。
- 【段前添加空格】：用于设置每段文本与前一段之间的距离。
- 【段后添加空格】：用于设置每段文本与后一段之间的距离。

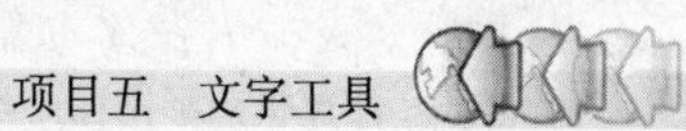

- 【避头尾法则设置】和【间距组合设置】：用于编排日语字符。
- 【连字】：勾选此复选框，允许使用连字符连接单词。

本节来设计“景山花园”的报纸广告，设计完成的报纸广告效果如图 5-7 所示。

图5-7 设计完成的报纸广告

【操作步骤】

(1) 新建一个【宽度】为“25 厘米”，【高度】为“17 厘米”，【分辨率】为“150 像素/英寸”，【颜色模式】为“RGB 颜色”，【背景内容】为白色的文件。

(2) 新建“图层 1”，然后将前景色设置为暗红色（R:180,B:5）。

(3) 按 Ctrl+A 组合键，将画面全部选择，然后执行【编辑】/【描边】命令，在弹出的【描边】对话框中设置参数如图 5-8 所示。

(4) 单击 确定 按钮，描边后的效果如图 5-9 所示，然后按 Ctrl+D 组合键将选区删除。

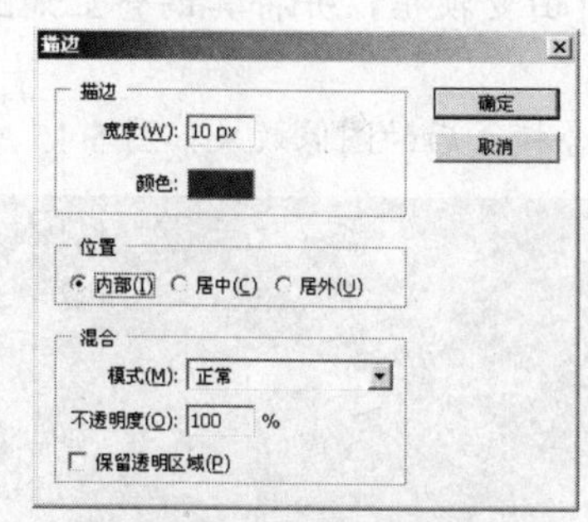

图5-8 【描边】对话框参数设置

图5-9 描边后的效果

(5) 新建“图层 2”，利用 工具绘制出如图 5-10 所示的矩形选区。

(6) 利用 工具为选区由左至右填充从红色（R:230,B:18）到暗红色（R:165）的线性渐变色，效果如图 5-11 所示，然后将选区删除。

图5-10 绘制的选区

图5-11 填充渐变色后的效果

(7) 打开素材文件中名为“花纹.psd”的图像文件，然后将“图层 1”中的花纹移动复制到新建文件中生成“图层 3”。

(8) 按 Ctrl+T 组合键，为“图层 3”中的花纹图形添加自由变换框，并将其调整至如图 5-12 所示的形状，然后按 Enter 键确认图像的变换操作。

(9) 将“图层 3”的图层混合模式设置为“点光”，更改混合模式后的图像效果如图 5-13 所示。

图5-12 调整后的图像形状

图5-13 更改混合模式后的图像效果

(10) 将“花纹.psd”文件中“图层 2”的花纹移动复制到新建文件中生成“图层 4”。

(11) 按 Ctrl+T 组合键为“图层 4”中的花纹图形添加自由变换框，并将其调整至如图 5-14 所示的形状，然后按 Enter 键确认图像的变换操作。

(12) 将“图层 4”的图层混合模式设置为“柔光”，更改混合模式后的图像效果如图 5-15 所示。

图5-14 调整后的图像形状

图5-15 更改混合模式后的图像效果

(13) 利用 T 工具输入如图 5-16 所示的白色文字。

(14) 将鼠标指针放置到“7”字的左侧位置，按下鼠标左键并向右拖曳，将“7”字选中，如图 5-17 所示。

图5-16　输入的文字

图5-17　选择后的文字形状

(15) 单击属性栏中的按钮，在弹出的【字符】面板中设置参数如图 5-18 所示，然后单击属性栏中的按钮，确认文字输入完成。

(16) 利用工具绘制出如图 5-19 所示的矩形选区，将“月”字选中。

(17) 按 Ctrl+T 组合键为选择的文字添加自由变换框，并将其调整至如图 5-20 所示的形状，然后按 Enter 键确认文字的变换操作。

图5-18　【字符】面板参数设置

图5-19　绘制的选区

图5-20　调整后的文字形状

(18) 用与步骤 16～17 相同的方法依次将文字调整至如图 5-21 所示的形状。

(19) 选择工具，按住 Shift 键依次绘制出如图 5-22 所示的选区。

(20) 按 Delete 键将选择的内容删除，效果如图 5-23 所示，然后将选区删除。

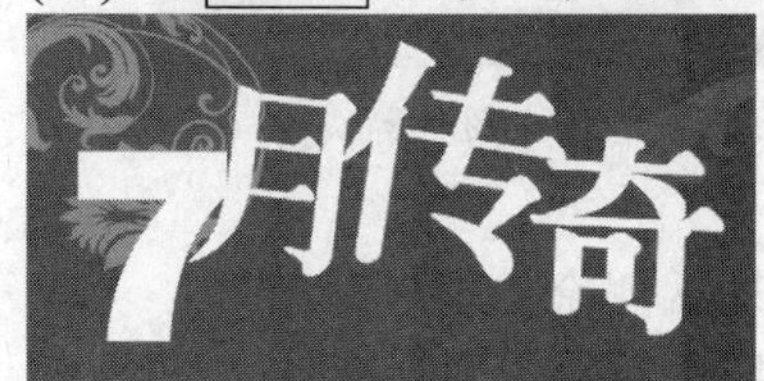
图5-21　调整后的文字形状

图5-22　绘制的选区

图5-23　删除内容后的效果

(21) 利用和工具绘制并调整出如图 5-24 所示的路径。

(22) 按 Ctrl+Enter 组合键将路径转换为选区，并为选区填充上白色，效果如图 5-25 所示，然后将选区删除。

图5-24　绘制的路径

图5-25　填充颜色后的效果

(23) 执行【图层】/【图层样式】/【混合选项】命令，在弹出的【图层样式】对话框中设置参数如图 5-26 所示。

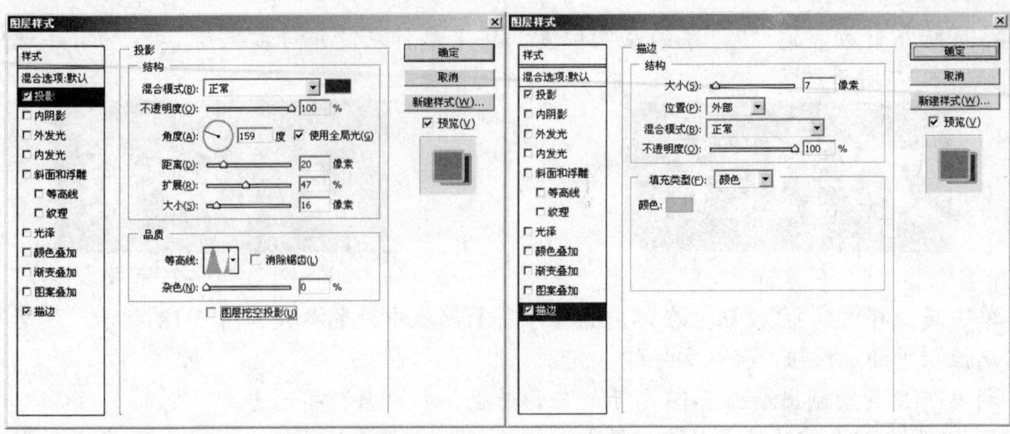

图5-26 【图层样式】对话框参数设置

(24) 单击 确定 按钮，添加图层样式后的文字效果如图 5-27 所示。

(25) 打开素材文件中名为“客厅.jpg”的图片文件，然后将其移动复制到新建文件中生成“图层 5”。

(26) 按 Ctrl+T 组合键为“图层 5”中的图像添加自由变换框，并将其调整至如图 5-28 所示的形状，然后按 Enter 键确认图像的变换操作。

图5-27 添加图层样式后的文字效果

图5-28 调整后的图片形状

(27) 利用 工具绘制出如图 5-29 所示的选区。

(28) 按 Delete 键将选择的内容删除，然后按 Ctrl+D 组合键将选区删除。

(29) 打开素材文件中名为“卧室.jpg”的图片文件，然后将其移动复制到新建文件中生成“图层 6”，并将其调整大小后放置到如图 5-30 所示的位置。

图5-29 绘制的选区

图5-30 图片放置的位置

(30) 按住 Ctrl 键，单击“图层 5”左侧的图层缩略图，载入其图像选区。

(31) 确认“图层 6”为当前层，按 Delete 键删除选择的内容，效果如图 5-31 所示，再将选区删除，然后将其水平向右移动一点位置，调整出如图 5-32 所示的效果。

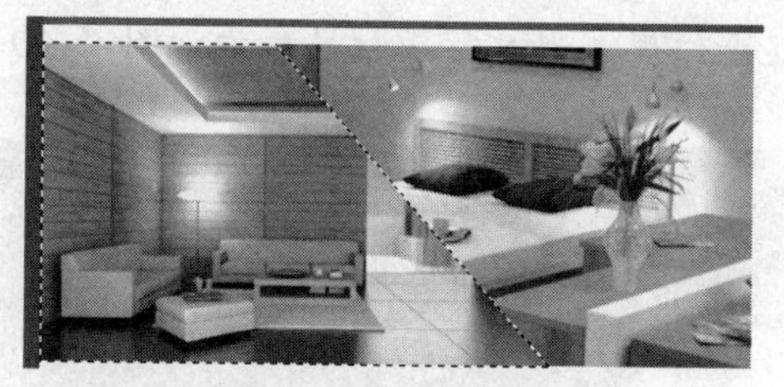
图5-31　删除后的效果

图5-32　移动后的图片位置

(32) 打开素材文件中名为“厨房.jpg”的图片文件，然后将其移动复制到新建文件中生成“图层 7”，并将其调整大小后放置到如图 5-33 所示的位置。

(33) 灵活运用工具，制作出如图 5-34 所示的图像效果。

图5-33　图片放置的位置

图5-34　制作出的图像效果

(34) 打开素材文件中名为“景山标志.psd”的图片文件，然后将其移动复制到新建文件中生成“图层 8”，并将其调整大小后放置到画面的左上角位置，如图 5-35 所示。

(35) 新建“图层 9”，利用工具在标志图形的右侧位置绘制出如图 5-36 所示的暗红色（R:165）矩形。

图5-35　标志图形放置的位置

图5-36　绘制的矩形

(36) 选择工具，在画面中按下鼠标左键并拖曳，绘制出如图 5-37 所示的文字定界框，在定界框中输入如图 5-38 所示的文字。

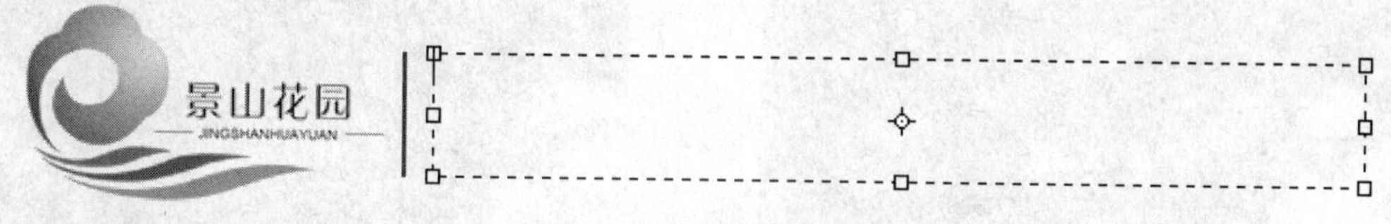

图5-37　绘制的文字定界框

花园
HUAYUAN
開發商：青島日成地産 項目地址：大學路與文化路交匯處（慶林小學北鄰）
營銷中心：大學路與文化路交匯處南50米　全程策劃：青島新世界

图5-38　输入的文字

(37) 利用和工具绘制并调整出如图 5-39 所示的路径。

(38) 选择 T 工具，将鼠标指针移动到绘制路径的起点位置，当鼠标指针显示为如图 5-40 所示的形状时单击，确定文字的输入点。

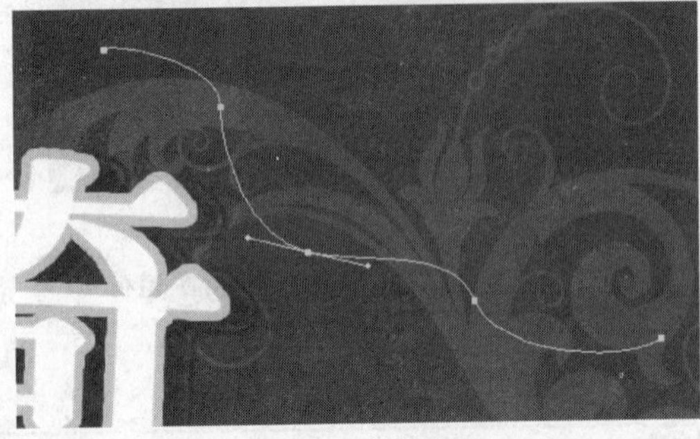
图5-39 绘制的路径

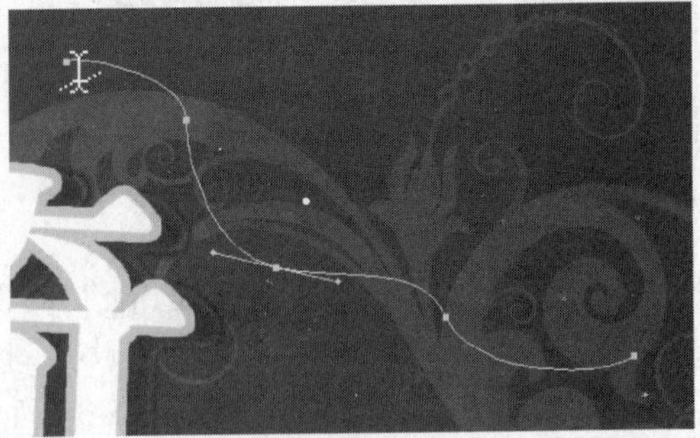
图5-40 鼠标指针显示的形状

(39) 在属性栏中设置合适的字体及字号大小，然后依次输入如图 5-41 所示的白色文字。

(40) 继续利用 T 工具依次输入如图 5-42 所示的白色文字。

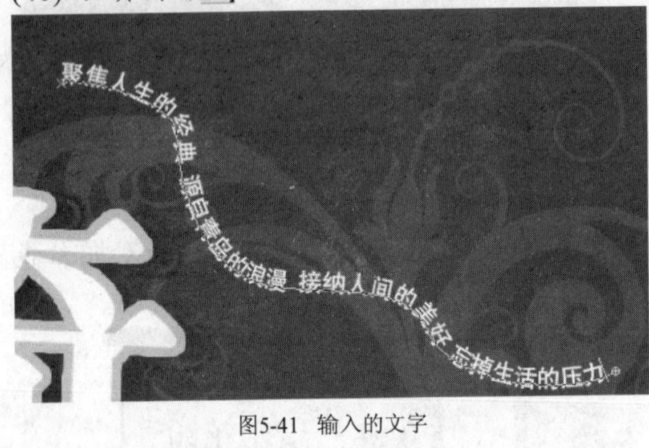

图5-41 输入的文字

图5-42 输入的文字

(41) 将鼠标指针放置到“景”字的左侧位置，按下鼠标左键并向右拖曳，将“景山花园”文字选中，如图 5-43 所示。

(42) 单击属性栏中的 色块，在弹出的【选择文本颜色】对话框中设置颜色参数为深黄色（R:255,G:185,B:85）。

(43) 单击 确定 按钮，再单击属性栏中的 ✓ 按钮确认文字的输入，如图 5-44 所示。

图5-43 选择后的文字形状

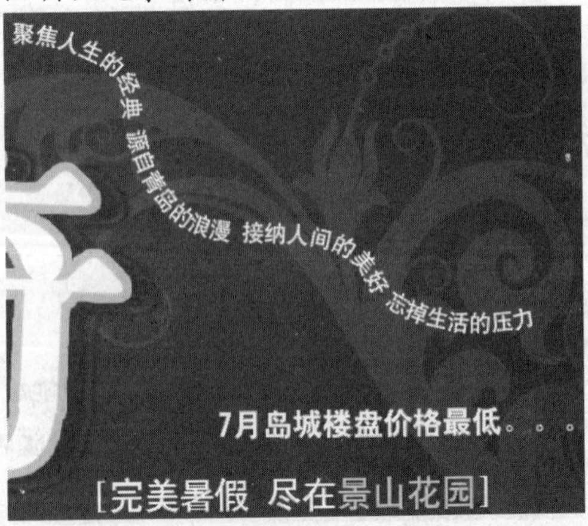

聚焦人生的经典 源自青岛的浪漫 接纳人间的美好 忘掉生活的压力
7月岛城楼盘价格最低。。。
[完美暑假 尽在景山花园]

图5-44 修改颜色后的文字效果

(44) 利用 T 工具依次输入如图 5-45 所示的文字。

七月盛典 全城热销
成就一世纪 只有一次的完美
绝佳地段：地处海水浴场度假村，据海500米，离市政府、大学城不足5分路程
交通便捷，出行舒畅。
完美配套：尽享大学城和度假村的完美配套。
现代建筑：户户观景，间间朝阳，配备有入户花园，观景露台，空中花园
［精雕细琢玉玲珑钟爱一生］别人有的 景山花园都有
家庭的梦想 轻松健康生活
和谐七月
拥有花园只是花园洋房的基本，在哪里拥有才是关键。我们地处大学城与度假村成熟生活领域，我们地处度假村与大学城的成熟领域，配套一流、设施一流、环境一流。我们北临商业街，南临风景区，规划坚持每三层设置一处空中花园。

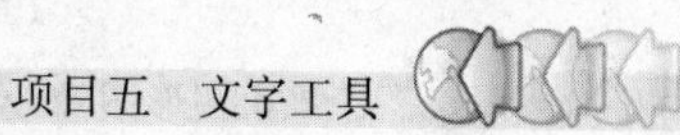

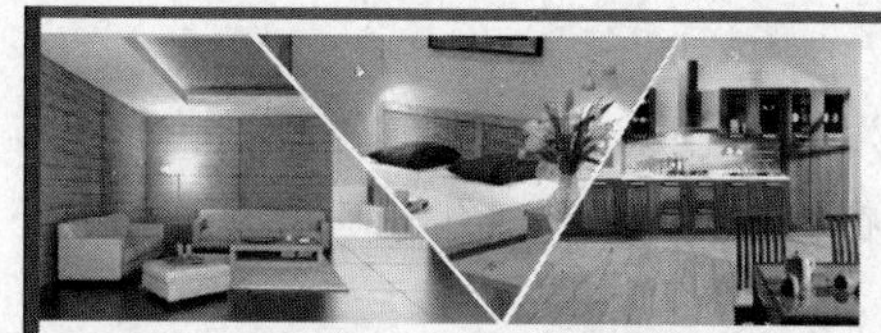

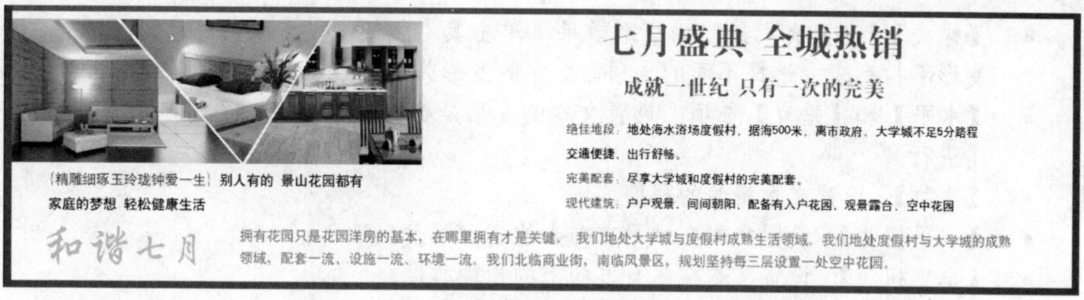

图5-45　输入的文字

(45) 将鼠标指针移动至“绝”字的左侧位置单击，插入文本输入光标，如图 5-46 所示。

(46) 将输入法设置为“智能 ABC 输入法”，单击输入法右侧的按钮，此时工作界面中将弹出“PC 键盘”。

(47) 在按钮上单击鼠标右键，在弹出的列表中选择【特殊符号】命令，然后在弹出的相应键盘中单击如图 5-47 所示的符号，输入的符号如图 5-48 所示。

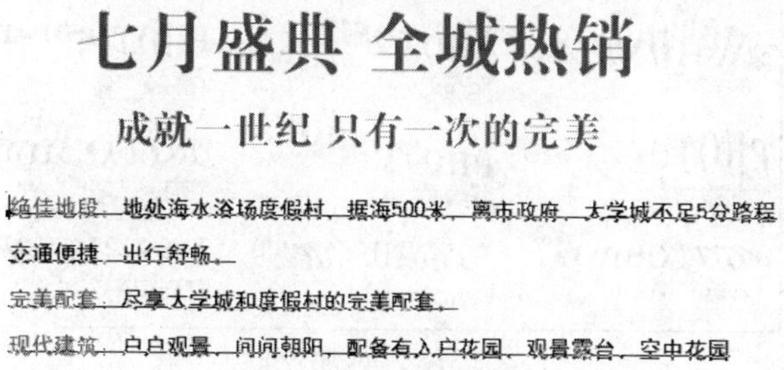

七月盛典 全城热销
成就一世纪 只有一次的完美
绝佳地段：地处海水浴场度假村，据海500米，离市政府、大学城不足5分路程
交通便捷，出行舒畅。
完美配套：尽享大学城和度假村的完美配套。
现代建筑：户户观景，间间朝阳，配备有入户花园，观景露台，空中花园

图5-46　插入的文本输入光标

Tab
Caps
Shift
Enter
Ins
Del
Esc

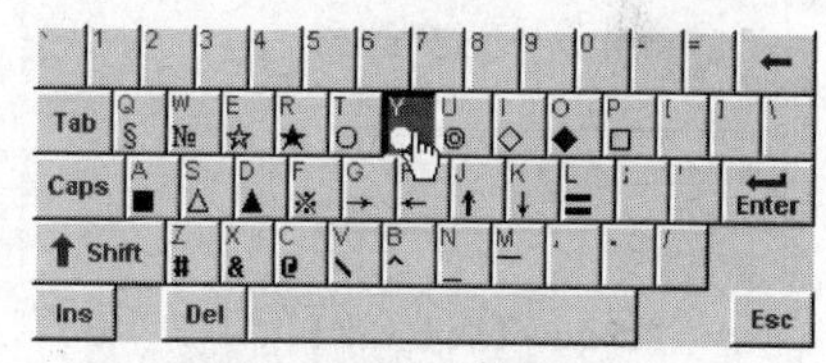

图5-47　选择的特殊符号

(48) 用与步骤 47 相同的方法依次为下面两行添加上特殊符号，然后新建“图层 11”，利用工具绘制出如图 5-49 所示的灰色（R:202,G:202,B:202）矩形。

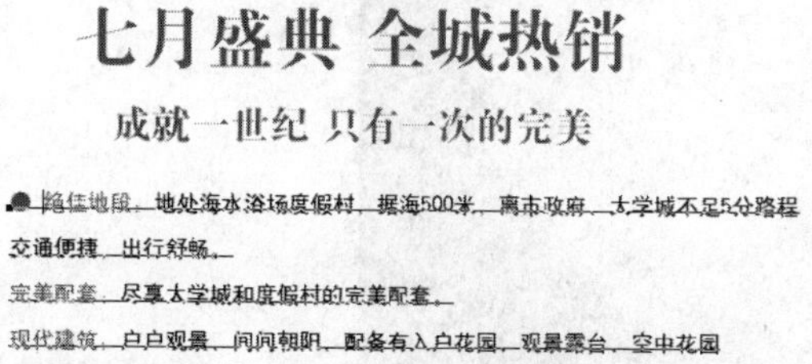

七月盛典 全城热销
成就一世纪 只有一次的完美
● 绝佳地段：地处海水浴场度假村，据海500米，离市政府、大学城不足5分路程
交通便捷，出行舒畅。
完美配套：尽享大学城和度假村的完美配套。
现代建筑：户户观景，间间朝阳，配备有入户花园，观景露台，空中花园

图5-48　输入的符号

七
成
● 绝佳地段
交通便捷，出
● 完美配套
● 现代建筑

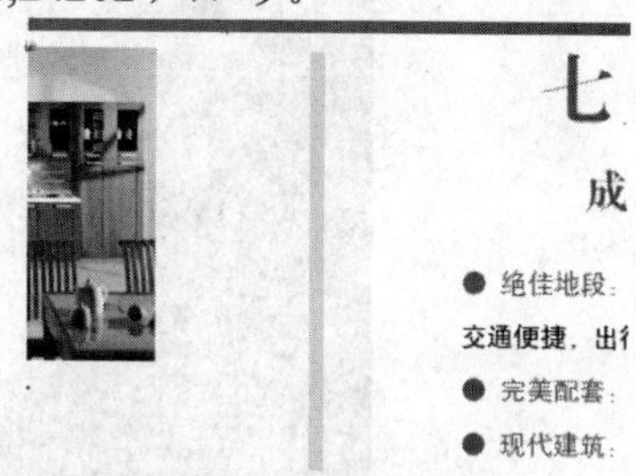

图5-49　绘制的矩形

至此，报纸广告设计完成，整体效果如图 5-7 所示。

(49) 按 Ctrl+S 组合键，将文件命名为“报纸广告设计.psd”保存。

任务二　文字工具的变形应用

【知识准备】

单击属性栏中的按钮，弹出【变形文字】对话框，在此对话框中可以设置输入文字的变形效果。注意，此对话框中的选项默认状态都显示为灰色，只有在【样式】下拉列表中选择除【无】以外的其他选项后才可调整，如图 5-50 所示。

- 【样式】：设置文本最终的变形效果，单击其右侧窗口的▼按钮，可弹出文字变形下拉列表，选择不同的选项，文字的变形效果也各不相同。
- 【水平】和【垂直】选项：设置文本的变形是在水平方向上，还是在垂直方向上进行。
- 【弯曲】：设置文本扭曲的程度。
- 【水平扭曲】：设置文本在水平方向上的扭曲程度。
- 【垂直扭曲】：设置文本在垂直方向上的扭曲程度。

选择不同的样式，文本变形后的不同效果如图 5-51 所示。

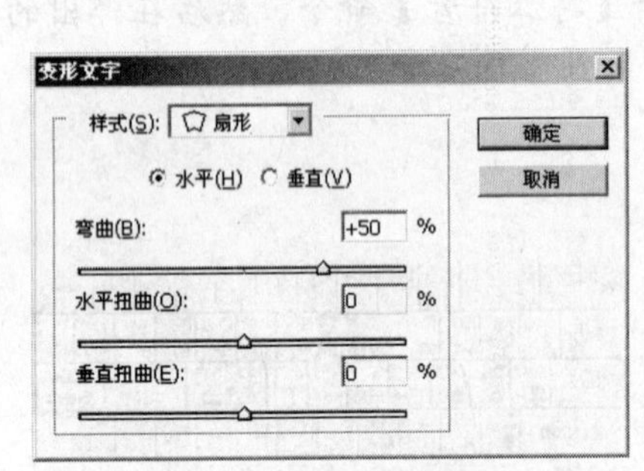

图5-50 【变形文字】对话框

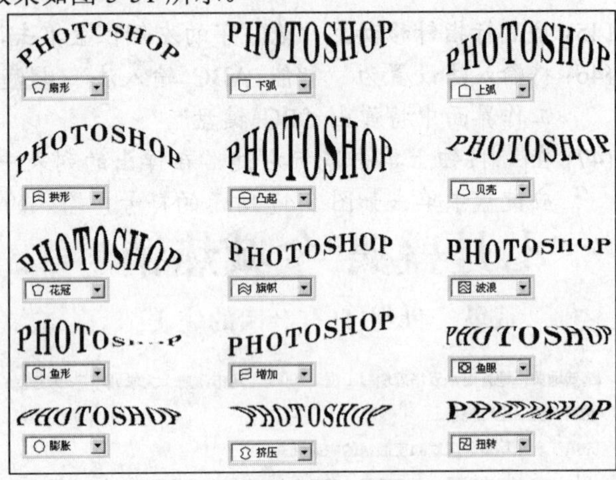

图5-51 文本变形效果

本节通过一幅宽带网的报纸稿设计，介绍文字工具变形的应用，设计完成的报纸稿如图 5-52 所示。

图5-52 设计完成的报纸稿

【操作步骤】

(1) 新建一个【宽度】为“20 厘米”，【高度】为“15 厘米”，【分辨率】为“120 像素/英寸”，【颜色模式】为“RGB 颜色”，【背景内容】为“白色”的文件。

(2) 将前景色设置为蓝色（R:18,G:78,B:145），按 Alt+Delete 组合键为新建的文件填充蓝色。

(3) 选择 工具，按住Shift键在画面中绘制一个圆形选区，如图5-53所示。

(4) 新建"图层1"，再将前景色设置为黄色（R:255,G:242），按Alt+Delete组合键为选区填充黄色，然后按Ctrl+D组合键将选区取消。

(5) 执行【滤镜】/【模糊】/【高斯模糊】命令，在弹出的【高斯模糊】对话框中设置其参数，如图5-54所示。单击 确定 按钮，效果如图5-55所示。

图5-53 绘制的选区

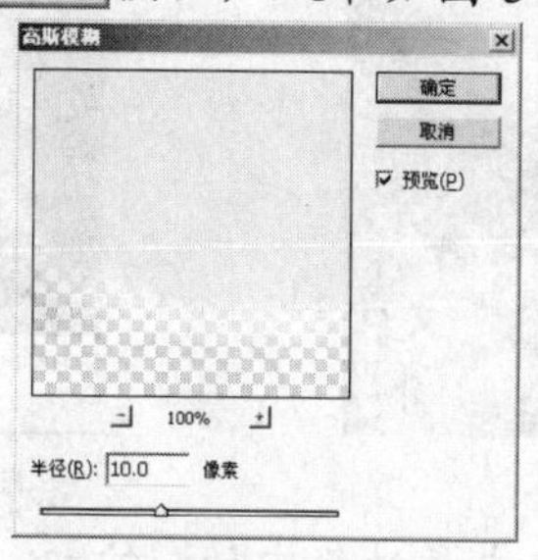

图5-54 【高斯模糊】对话框

图5-55 模糊后的效果

(6) 按住Ctrl键在【图层】面板中单击"图层1"的缩览图，为"图层1"中的内容添加选区。

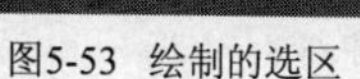

(7) 执行【选择】/【羽化】命令，在弹出的【羽化选区】对话框中将【羽化半径】选项的参数设置为"20"像素，然后单击 确定 按钮。

(8) 新建"图层2"，并将其放置在"图层1"的下面。

(9) 将前景色设置为白色，按Alt+Delete组合键为选区填充白色，如图5-56所示，然后按Ctrl+D组合键将选区取消。

(10) 打开素材文件中名为"高楼和儿童.psd"的图片文件，如图5-57所示。

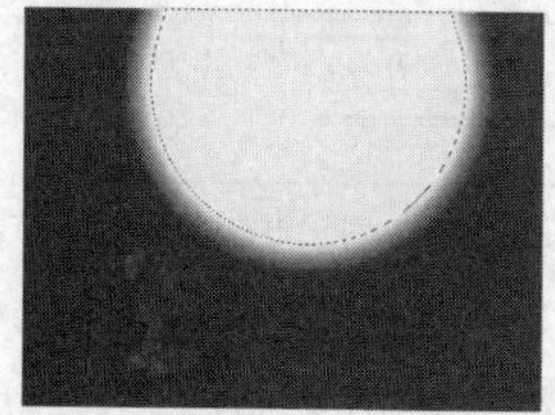
图5-56 填充白色后的画面效果

图5-57 打开的图片

(11) 选择 工具，将打开的图片移动复制到新建文件中，并将其放置到如图5-58所示的位置。

(12) 将前景色设置为蓝色（G:174,B:239），然后选择 T 工具，在画面中输入如图5-59所示的文字。

图5-58 图片放置的位置

图5-59 输入的文字

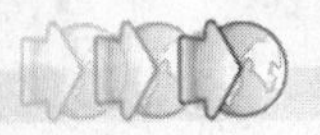

(13) 用前面介绍的方法将“佳节”两字选择，如图 5-60 所示，然后单击属性栏中的色块，在弹出的【选择文本颜色】对话框中设置颜色参数，如图 5-61 所示。

图5-60 选择的文字

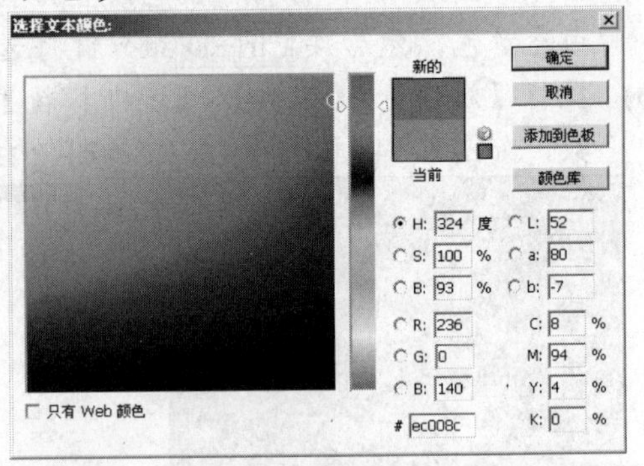

图5-61 【选择文本颜色】对话框参数设置

(14) 单击 确定 按钮，然后单击属性栏中的按钮，确认文字输入。

(15) 使用相同的操作将“e 线”两字设置为紫红色，效果如图 5-62 所示。

(16) 选择两行文字，单击属性栏中的按钮，在【变形文字】对话框中设置参数如图 5-63 所示。

图5-62 修改文字颜色后的效果

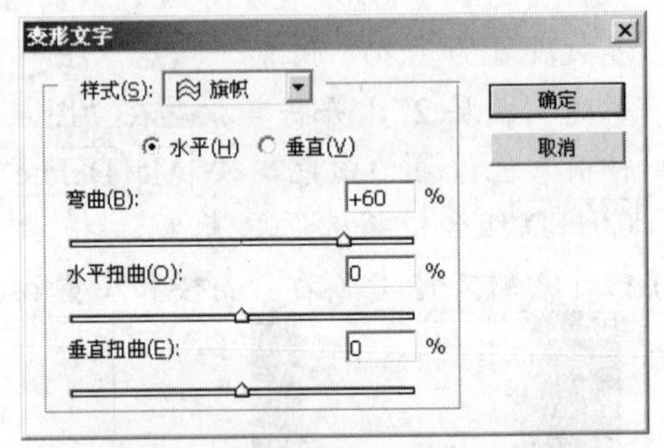

图5-63 【变形文字】对话框参数设置

(17) 单击 确定 按钮，文字变形后的效果如图 5-64 所示。

(18) 按 Ctrl+T 组合键为文字添加自由变换框，并将其旋转至如图 5-65 所示的形状。

图5-64 文字变形后的效果

图5-65 文字旋转形状

(19) 用前面介绍的方法在画面中输入如图 5-66 所示的文字，然后将其选中。

(20) 单击属性栏中的按钮，在弹出的【字符】面板中激活按钮，如图 5-67 所示。然后在画面中将“e 线”两字选中，在【字符】面板中设置参数如图 5-68 所示。

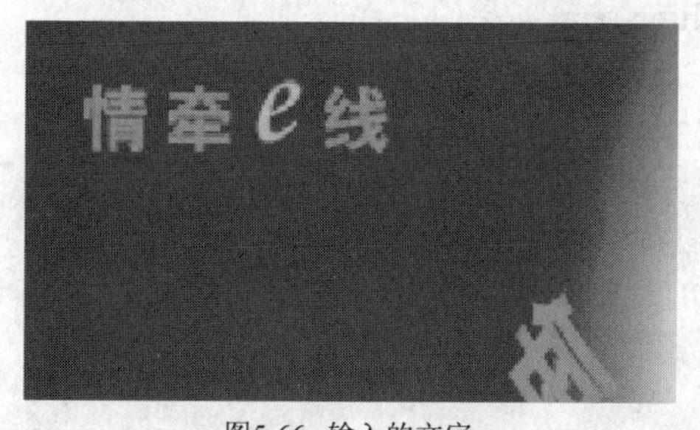

图5-66　输入的文字

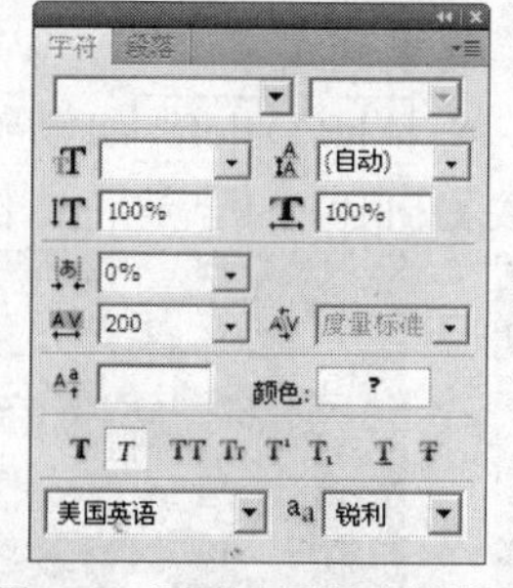

图5-67　【字符】面板参数设置

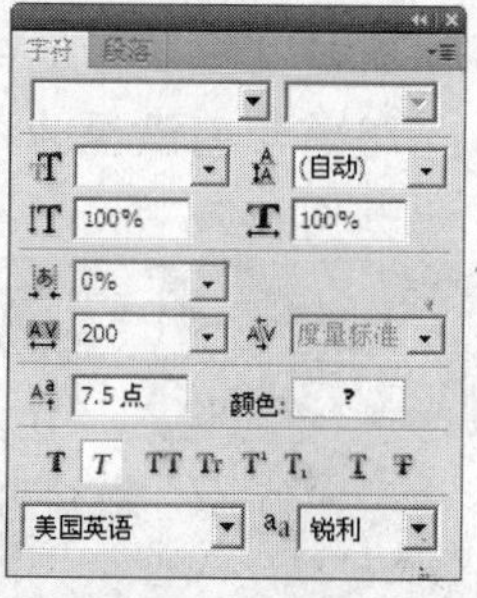

图5-68　【字符】面板的设置

(21) 修改基线偏移参数后的文字如图 5-69 所示，然后单击属性栏中的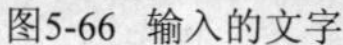按钮，确认文字的输入完成。

(22) 执行【图层】/【图层样式】/【描边】命令，在弹出的【图层样式】对话框中设置参数如图 5-70 所示，【颜色】选项为白色。

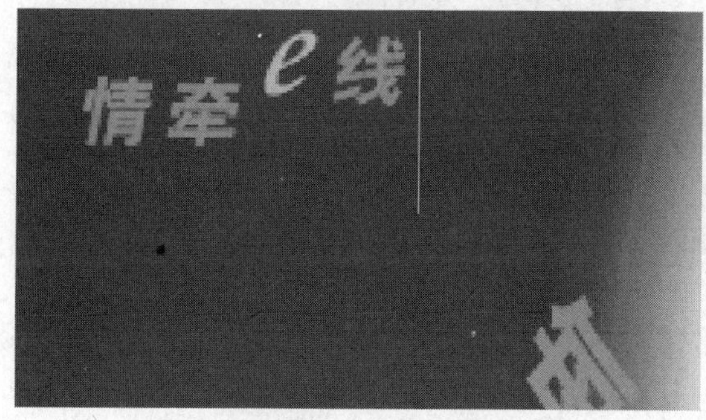

图5-69　修改基线偏移参数后的文字位置

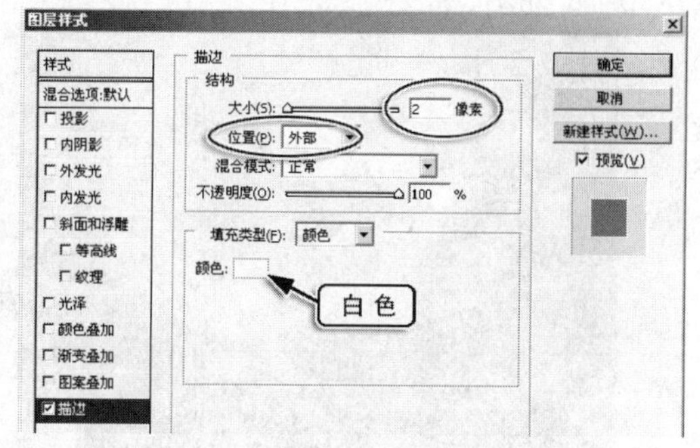

图5-70　【图层样式】对话框参数设置

(23) 单击 确定 按钮，执行【描边】命令后的文字效果如图 5-71 所示。

(24) 使用相同的操作方法在画面中输入如图 5-72 所示的文字。

(25) 新建“图层 5”，并将其放置在文字“情牵 e 线”层的下面，然后将前景色设置为橘黄色（R:250,G:166,B:26）。

(26) 利用工具绘制选区，按 Alt+Delete 组合键为选区填充橘黄色，然后按 Ctrl+D 组合键将选区取消，填充颜色后的图形如图 5-73 所示。

图5-71　执行【描边】命令后的文字效果

图5-72　输入的文字

图5-73　填充颜色后的图形

(27) 将前景色设置为黑色，然后选择 T 工具，在画面中输入“WWW.bdchina.com”，如图 5-74 所示。

(28) 按住 Ctrl 键，将鼠标指针移动到【图层】面板中字母层左侧的图层缩览图上单击，为该层中的字母添加选区，如图 5-75 所示。

(29) 执行【选择】/【羽化】命令，在弹出的【羽化选区】对话框中将【羽化半径】选项的参数设置为“2”像素，然后单击 确定 按钮。

(30) 新建“图层 6”，并将其放置到文字“WWW.bdchina.com”层的下面。

(31) 将前景色设置为白色，按 Alt+Delete 组合键为选区填充白色，制作文字的光晕效果，如图 5-76 所示，然后按 Ctrl+D 组合键将选区删除。

图5-74 输入的文字

图5-75 添加的选区

图5-76 制作出的文字光晕效果

(32) 分别利用 和 工具在画面中绘制出如图 5-77 所示的钢笔路径。

(33) 选择 工具，然后单击属性栏中的 按钮，在弹出的【画笔】面板中设置参数如图 5-78 所示。

图5-77 绘制的钢笔路径

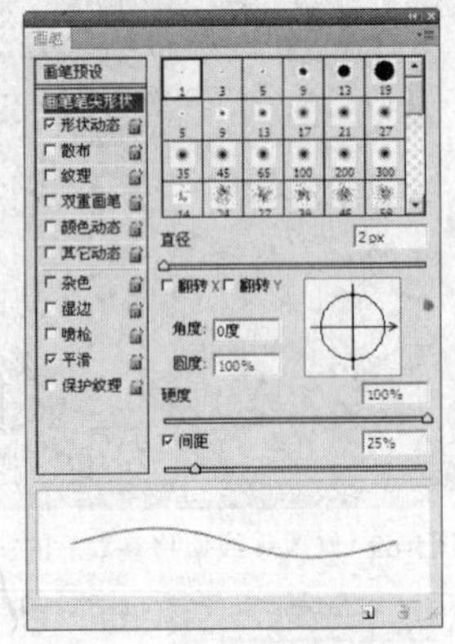

图5-78 【画笔】面板参数设置

(34) 将前景色设置为橘黄色（R:250,G:166,B:26），然后单击【路径】面板底部的 按钮，用设置的橘黄色为路径描边。

(35) 选择 工具，将鼠标指针移动到画面中的路径位置，按下鼠标左键并拖曳，选择路径锚点，其状态如图 5-79 所示。

(36) 按 Delete 键删除所选的锚点，删除后的路径形状如图 5-80 所示。

图5-79 选择锚点时的状态

图5-80 删除锚点后的路径形状

(37) 选择 工具，然后单击属性栏中的 按钮，在弹出的【画笔】面板中将【直径】的参数设置为“4 px”。

(38) 单击【路径】面板底部的 按钮，用设置的橘黄色为路径描边。

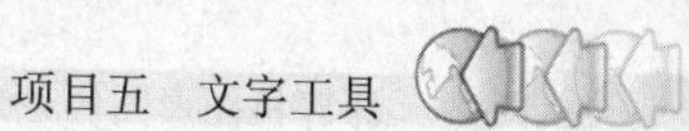

(39) 在【路径】面板底部单击 按钮，在弹出如图 5-81 所示的询问面板中单击 是(Y) 按钮，将路径删除，删除路径后的画面效果如图 5-82 所示。

图5-81　询问面板

图5-82　删除路径后的效果

(40) 用前面介绍的方法，利用文字工具，在画面中输入并制作出如图 5-83 所示的文字，完成作品设计。

图5-83　输入并制作出的文字

(41) 按 Ctrl+S 组合键，将此文件命名为“文字变形练习.psd”保存。

项目实训　文字跟随路径练习

利用“文字跟随路径”功能可以将文字沿着指定的路径放置。路径可以是由【钢笔】工具或形状工具绘制的任意工作路径，输入的文字可以沿着路径边缘排列，也可以在路径内部排列，并且可以通过移动路径或编辑路径形状来改变路径文字的位置和形状。

利用文字沿路径排列功能制作如图 5-84 和图 5-85 所示的文字效果。

图5-84　拱形字效果

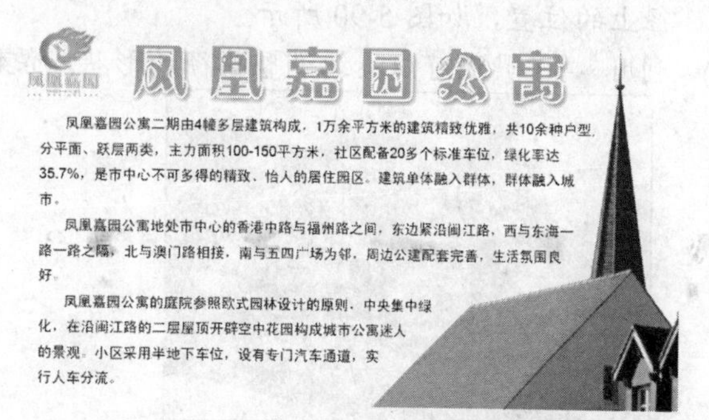

图5-85　在闭合路径内输入文字

1. 沿路径边缘输入文字

沿路径边缘输入的文字为点文字，文字是沿路径方向排列的，文字输入后还可以沿着路径方向调整文字的位置和显示区域。

【操作步骤】

(1) 打开素材文件中名为“拱形门.jpg”的图片文件，利用和工具在拱形气模中绘制调整出如图 5-86 所示的路径。

(2) 选择工具，将鼠标指针放置到路径左端的起始点上，鼠标指针显示为形状时单击，在单击处会出现一个插入点“×”和输入光标，此处为文字的起点；路径的终点将显示为一个小圆圈“○”，从起点到终点就是路径文字的显示范围，此时沿路径输入需要的文字，如图 5-87 所示。

图5-86 绘制的路径

图5-87 沿路径输入的文字

(3) 按下鼠标左键向左拖曳将输入的文字选中，如图 5-88 所示。

(4) 此时就可以在属性栏中修改文字的大小、字体、颜色等属性了，修改后的效果如图 5-89 所示。

图5-88 选取文字

图5-89 修改后的文字效果

(5) 选择工具，在路径上文字的起点或终点位置按下鼠标左键拖曳，可以调整文字在路径上的位置，如图 5-90 所示。

(6) 利用工具还可以继续调整路径的形状以便修改文字的位置，如图 5-91 所示。

图5-90 调整位置在路径上的位置

图5-91 调整路径

(7) 按Shift+Ctrl+S组合键，将其另命名为“沿路径输入文字.psd”保存。

2. 在闭合路径内输入文字

在闭合路径内输入文字相当于创建段落文本，当文字输入至路径边界时，系统将自动换行。如果输入的文字超出了路径所能容纳的范围，路径及定界框的右下角将出现溢出图标。在闭合路径内输入文字的操作步骤如下。

【操作步骤】

(1) 打开素材文件中名为“底图.jpg”的图片文件。

图5-92 绘制的路径

(2) 利用 工具在图像文件中绘制出如图5-92所示的路径。

(3) 选择 工具，将鼠标指针移动到路径内部，当鼠标指针显示为 形状时单击，指定插入点，此时将在路径内显示闪烁的输入光标，并在路径外出现定界框，如图5-93所示。

(4) 在文本框中输入相应的段落文字，如图5-94所示。单击属性栏中的 按钮，确认文字输入完成。

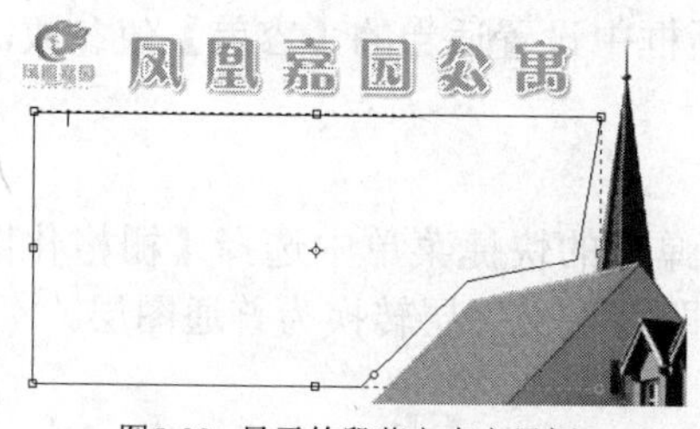

图5-93 显示的段落文本定界框

凤凰嘉园公寓二期由4幢多层建筑构成，1万余平方米的建筑精致优雅，共10余种户型,分平面、跃层两类，主力面积100–150平方米，社区配备20多个标准车位，绿化率达35.7%，是市中心不可多得的精致、怡人的居住园区。建筑单体融入群体，群体融入城市。
凤凰嘉园公寓地处市中心的香港中路与福州路之间，东边紧沿闽江路，西与东海一路一路之隔，北与澳门路相接，南与五四广场为邻，周边公建配套完善，生活氛围良好。
凤凰嘉园公寓的庭院参照欧式园林设计的原则，中央集中绿化，在沿闽江路的二层屋顶开辟空中花园构成城市公寓迷人的景观。小区采用半地下车位，设有专门汽车通道，实行人车分流。

图5-94 输入的文字

(5) 打开【段落】面板，在【段落】面板中设置【首行缩进】选项为“13点”，如图5-95所示。

(6) 按Enter键，设置缩进后的文字如图5-96所示。

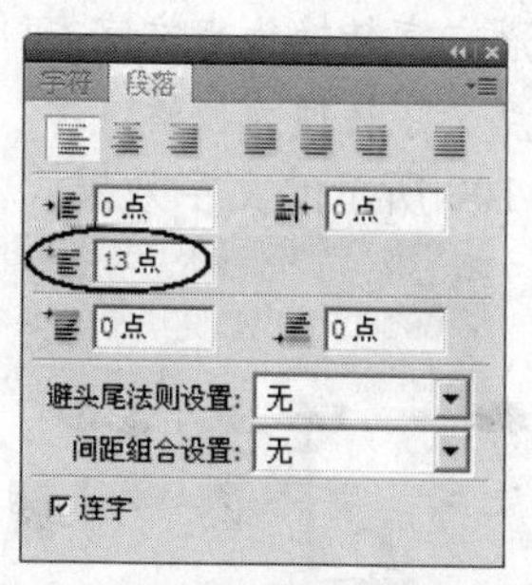

图5-95 设置【首行缩进】选项参数

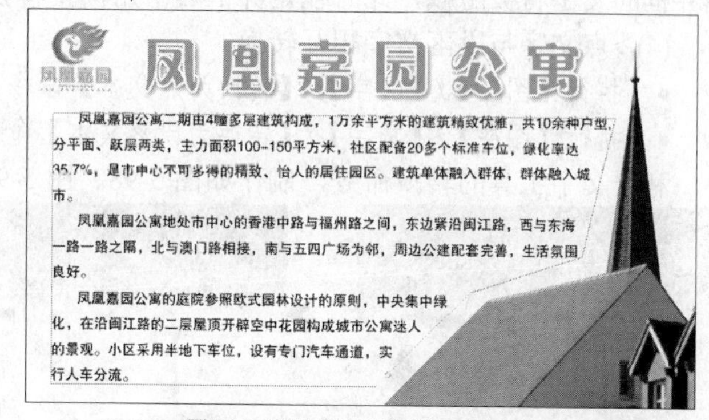

图5-96 设置【首行缩进】后的文字

(7) 此时利用工具箱中的 工具或 工具可以任意地调整路径的形状，路径中的文字将自动更新以适应新路径的形状或位置，如图5-97所示。

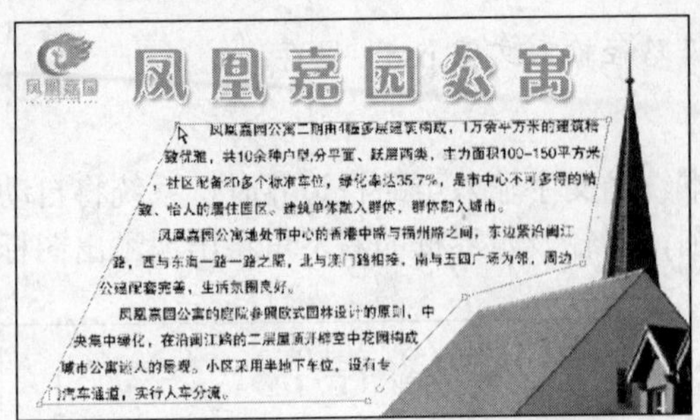

图5-97 路径文字跟随路径的改变而变化

(8) 按 Ctrl+Shift+S 组合键，将当前文件另命名为“路径文字.psd”保存。

项目拓展 文字转换练习

在 Photoshop CS4 中，可以将输入的文字转换成工作路径和形状进行编辑，也可以将它进行栅格化处理。另外，还可以将输入的点文字与段落文字进行互换。

【知识准备】

(1) 将文字转换为工作路径。

在图像文件中输入文字后，按住 Ctrl 键单击【图层】面板中的文字图层，为输入的文字添加选区。打开【路径】面板，单击面板右上角的 按钮，在弹出的下拉菜单中选择【建立工作路径】命令，在弹出的【建立工作路径】对话框中设置适当的【容差】值参数，然后单击 确定 按钮，即可将文字转换为工作路径。

(2) 将文字层转换为普通图层。

在【图层】面板中的文字图层上单击鼠标右键，在弹出的快捷菜单中选择【栅格化图层】命令，或执行【图层】/【栅格化】/【文字】命令，即可将文字层转换为普通图层。

(3) 创建段落文字。

选择 T 工具，在图像文件中按下鼠标左键并拖曳，绘制出一个文字定界框，在定界框内输入文字，即可创建段落文字。当在文字定界框中输入的文字到了定界框的右边缘位置处，文字会自动换行。如果在定界框中输入了过多的文字，超出了定界框范围的大小，超出定界框的文字将被隐藏，此时在定界框右下角位置将会出现一个小的“田”字符号。

(4) 点文字与段落文字相互转换。

- 执行【图层】/【文字】/【转换为点文本】命令，可将段落文字转换为点文字。
- 执行【图层】/【文字】/【转换为段落文本】命令，可将点文字转换为段落文字。

利用文字工具的转换命令，制作如图 5-98、图 5-99 和图 5-100 所示的文字效果。

图5-98 文字转换为路径

图5-99 文字转换为形状

图5-100 文字描边与阴影制作

1. 文字转换为路径练习

【操作步骤】

(1) 打开素材文件中名为“壁纸.jpg”的图片文件，然后将前景色设置为白色。

(2) 选择T工具，在画面中输入如图 5-101 所示的英文字母，然后执行【图层】/【文字】/【创建工作路径】命令，将文字转换为路径，如图 5-102 所示。

图5-101　输入的英文字母

图5-102　文字转换为路径后的形状

(3) 单击【图层】面板底部的按钮，然后在弹出的如图 5-103 所示的【Adobe Photoshop CS4 Extended】提示对话框中单击 是(Y) 按钮，将文字图层删除，删除后的画面效果如图 5-104 所示。

图5-103　提示对话框

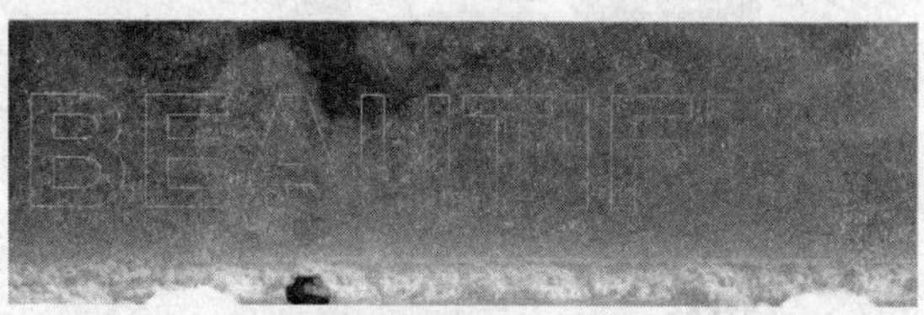

图5-104　删除文字层后的画面效果

(4) 选择工具，在画面中将文字路径选择，其选择状态如图 5-105 所示，选择路径后的形状如图 5-106 所示。

图5-105　选择路径时的状态

图5-106　选择路径后的形状

(5) 执行【编辑】/【变换路径】/【扭曲】命令，为路径添加自由变换框，然后将鼠标指针移动到变形框右上角的控制点上，按下鼠标左键并向左拖曳，将路径调整为如图 5-107 所示的形状。

图5-107　路径调整形状

(6) 用与步骤 5 相同的方法，分别将鼠标指针移动到变换框左上角的控制点和上方中间的控制点上对路径进行调整，状态如图 5-108 所示。

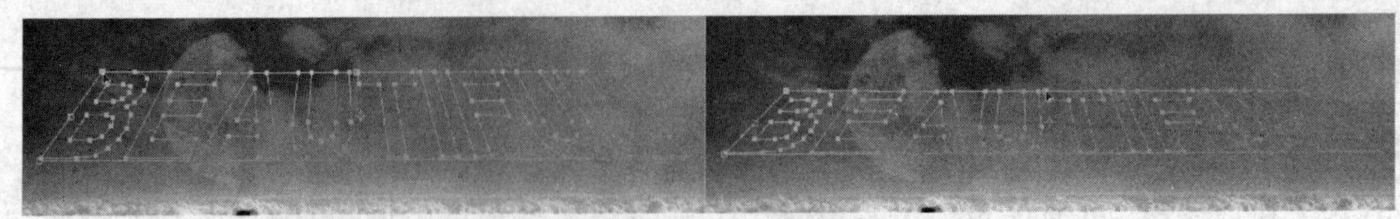

图5-108 调整路径时的状态

(7) 按Enter键确认路径的变形操作。

(8) 新建"图层 1"，选择工具，单击属性栏中的按钮，在弹出的【画笔】面板中设置其参数，如图 5-109 所示。

(9) 确认前景色为白色，单击【路径】面板底部的按钮，用前景色为路径描边。

(10) 单击【路径】面板底部的按钮将路径删除，此时画面中生成的效果如图 5-110 所示。

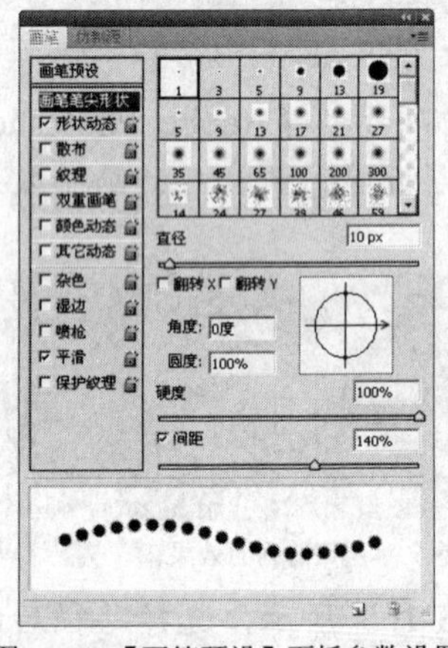

图5-109 【画笔预设】面板参数设置

图5-110 删除路径后的画面效果

(11) 按Shift+Ctrl+S组合键，将此文件另命名为"描绘路径文字.psd"保存。

2. 文字转换为形状练习

【操作步骤】

(1) 打开素材文件中名为"壁纸.jpg"的图片文件，将前景色设置为绿色（G:255），并在画面中输入如图 5-111 所示的文字。

(2) 执行【图层】/【文字】/【转换为形状】命令，将输入的文字转换为形状。

(3) 执行【编辑】/【定义自定形状】命令，弹出【形状名称】对话框，单击 确定 按钮。

(4) 在【图层】面板中将文字层删除，并新建一个"图层 1"。

(5) 选择工具，单击属性栏中【形状】选项后的按钮，在弹出的【形状选项】面板中选择刚才自定义的"形状 1"，如图 5-112 所示。

图5-111 输入的文字

图5-112 【自定形状选项】面板

(6) 激活属性栏中的□按钮，并设置属性栏如图 5-113 所示。按住 Shift 键在画面中拖曳绘制如图 5-114 所示的自定义形状文字。

图5-113 【自定义形状】工具属性栏参数设置

图5-114 利用自定义形状绘制的文字

(7) 按 Shift+Ctrl+S 组合键，将此文件另命名为“形状文字练习.psd”保存。

3. 文字描边与阴影制作练习

【操作步骤】

(1) 打开素材文件中名为“壁纸.jpg”的图片文件，然后将前景色设置为玫红色（R:255,B:138），并在画面中输入如图 5-115 所示的文字。

(2) 执行【图层】/【栅格化】/【文字】命令，将文字图层转换为普通图层，其【图层】面板的形状如图 5-116 所示。

图5-115 输入的文字

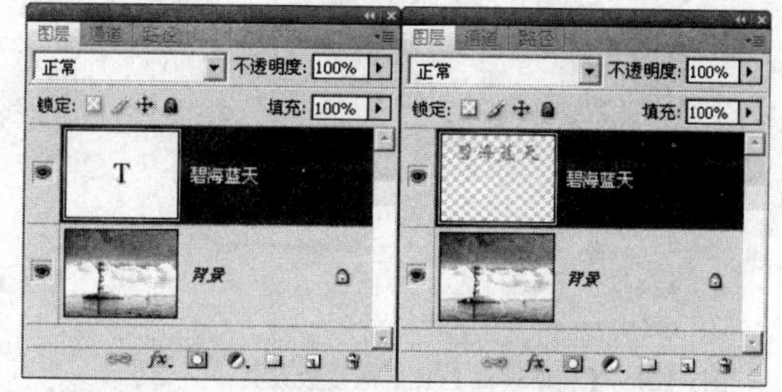

图5-116 文字层与转换为普通层后的前后对比

(3) 将前景色设置为黄色（R:255,G:241），然后按住 Ctrl 键单击文字所在的图层，为文字添加选区。

(4) 执行【编辑】/【描边】命令，在弹出的【描边】对话框中设置其参数，如图 5-117 所示，然后单击 确定 按钮，描边后的文字效果如图 5-118 所示。

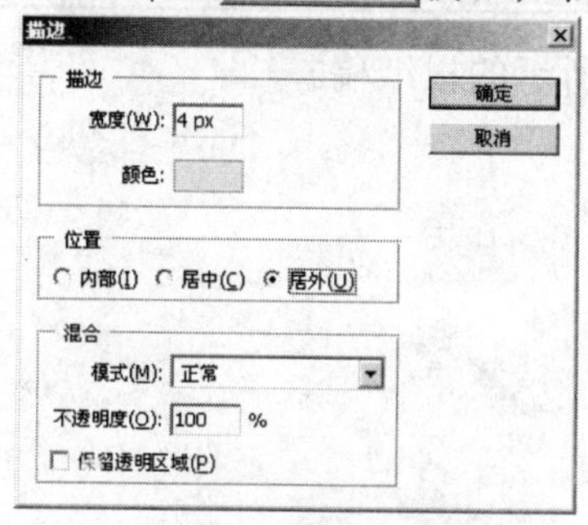

图5-117 【描边】对话框参数设置

图5-118 描边后的文字效果

描边文字制作完成后，为其制作阴影。

(5) 执行【图层】/【复制图层】命令，弹出如图 5-119 所示的【复制图层】对话框，单击 确定 按钮，复制一个文字副本图层。

(6) 确认文字图层为当前工作图层，激活【图层】面板中的□按钮，锁定该图层的透明像素，此时的【图层】面板状态如图 5-120 所示。

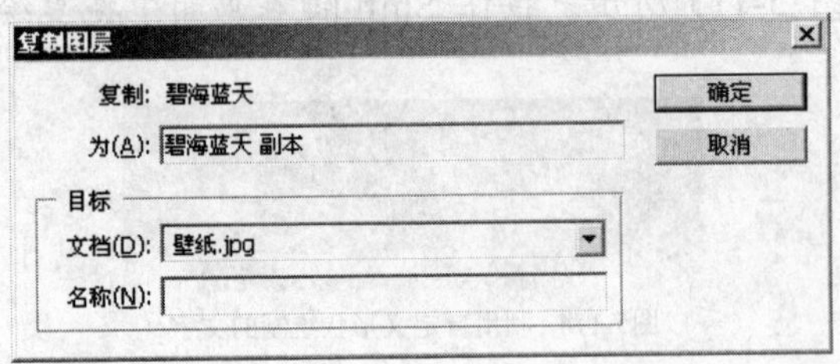

图5-119 【复制图层】对话框

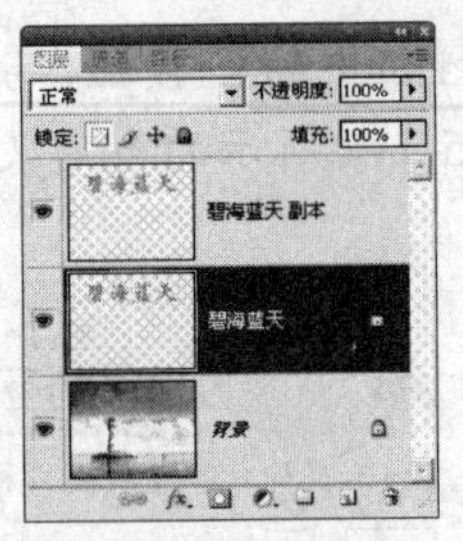

图5-120 【图层】面板

(7) 将前景色设置为黑色，按 Alt+Delete 组合键为当前文字图层填充黑色，然后单击【图层】面板中已激活的按钮，将其锁定透明关闭。

(8) 执行【滤镜】/【模糊】/【高斯模糊】命令，在弹出的【高斯模糊】对话框中设置其参数，如图 5-121 所示。

(9) 单击 确定 按钮，文字阴影效果如图 5-122 所示。

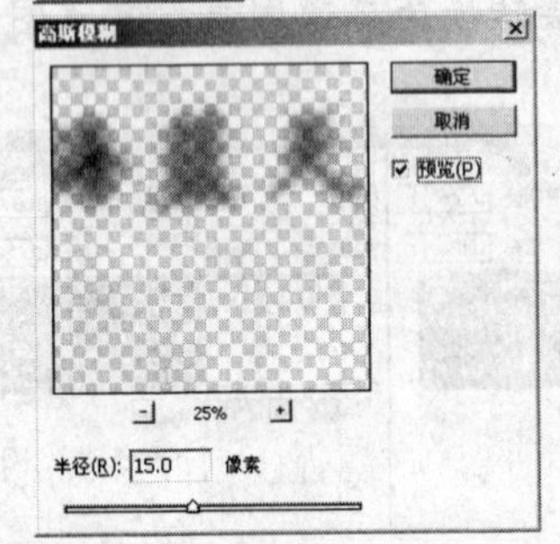

图5-121 【高斯模糊】对话框参数设置

图5-122 制作出的文字阴影效果

(10) 按 Shift+Ctrl+S 组合键，将此文件另命名为“文字描边与阴影.psd”保存。

习题

1. 用本项目介绍的文字工具，设计出如图 5-123 所示的报纸稿。

图5-123 设计的报纸广告

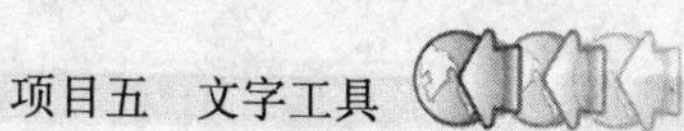

2. 打开素材文件中“图库\项目五”目录下名为“图形.psd”的标志文件，然后用本项目介绍的沿路径输入文字功能在图形中加入文字，制作出如图 5-124 所示的标志图形。

图5-124 加入文字效果

3. 用本项目介绍的文字转换命令及项目四中学过的描绘路径功能，制作出如图 5-125 所示的霓虹灯字效果。

图5-125 制作的霓虹灯字效果

项目六

其他工具应用

除了前面几个项目中介绍的分类工具和文字工具以外，Photoshop CS4 工具箱中还有许多其他工具，如【裁剪】、【橡皮擦】、【3D】、【切片】、【注释】和【计数】等工具。虽然这些工具的运用不是很频繁，但它们在图像处理过程中也是必不可少的，熟练掌握这些工具的使用，有助于读者对 Photoshop 的整体认识和在图像处理过程中操作的灵活性。

学习目标

掌握各种裁剪图像的方法。
学会【橡皮擦】工具的应用。
熟悉【3D】工具的运用。
熟悉【切片】工具的功能及使用方法。
了解【标尺】、【注释】和【计数】工具的应用。

任务一 裁剪图像

在作品绘制及照片处理中，【裁剪】工具 是调整图像大小必不可少的工具。使用此工具可以对图像进行重新构图裁剪、按照固定的大小比例裁剪、旋转裁剪及透视裁剪等操作。本节针对这几种裁剪形式进行实例操作应用。

（一） 重新构图裁剪照片

在照片处理过程中，当遇到主要景物太小，而周围的多余空间较大的照片时，就可以利用【裁剪】工具对其进行裁剪处理，使照片的主题更为突出，照片裁剪前后的对比效果如图 6-1 所示。

图6-1 照片裁剪前后的对比效果

【操作步骤】

(1) 打开素材文件中名为“人物.jpg”的照片文件。
(2) 选择 工具，将鼠标指针移动

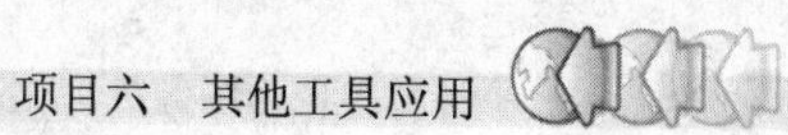

到画面中，按下鼠标左键并拖曳，绘制出如图 6-2 所示的裁剪框。

裁剪区域的大小和位置如果不适合裁剪的需要，还可以对其进行位置及大小的调整。

(3) 和调整变形框一样，在裁剪框的控制点上按下鼠标左键拖曳，可以调整裁剪框的大小。将鼠标指针放置在裁剪框内，按住鼠标左键拖曳，还可以调整裁剪框的位置，如图 6-3 所示。

(4) 裁剪区域的大小和位置调整合适后，单击属性栏中的✓按钮，确认图片的裁剪，裁剪后的效果如图 6-4 所示。

图6-2 拖曳鼠标绘制裁剪区域

图6-3 调整裁剪框位置

图6-4 裁剪后的图片

除单击属性栏中的✓按钮确认对图像的裁剪外，还可以将鼠标指针移动到裁剪框内双击或按 Enter 键完成裁剪操作。

（二） 固定比例裁剪照片

照相机及照片冲印机都是按照固定的尺寸来拍摄和冲印的，所以当对照片进行后期处理时其照片的尺寸也要符合冲印机的尺寸要求，而在【裁剪】工具的属性栏中可以按照固定的比例对照片进行裁剪，照片裁剪前后的对比效果如图 6-5 所示。

图6-5 照片裁剪前后的对比效果

【操作步骤】

(1) 打开素材文件中名为“女孩.jpg”的照片文件。

(2) 选择工具，再单击属性栏中的 前面的图像 按钮，属性栏中将显示当前图像的【宽度】、【高度】、【分辨率】等参数，如图 6-6 所示。

宽度: 25.006 厘 ⇄ 高度: 16.739 厘 分辨率: 200 像素/英寸 前面的图像 清除

图6-6 【裁剪】工具的属性栏

(3) 将属性栏中的 分辨率: 250 参数设置为“250 像素/英寸”，然后单击属性栏中的【高度和宽度互换】按钮，将【宽度】和【高度】参数相互交换，设置参数后的属性栏如图 6-7 所示。

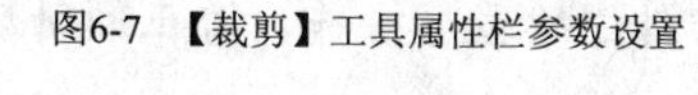

图6-7 【裁剪】工具属性栏参数设置

> 说明：属性栏中的【宽度】、【高度】和【分辨率】3 个选项可以全部设置，也可以全不设置或者只设置其中的一个或两个。如果【宽度】和【高度】选项没有设置，系统会按裁剪框与原图的比例自动设置其像素数；如果【分辨率】选项没有设置，裁剪后的图像会使用默认的分辨率。

(4) 将鼠标指针移动到画面中，按下鼠标左键并拖曳，则按照设置的比例大小绘制裁剪框，如图 6-8 所示。

(5) 单击属性栏中的✓按钮确认图片裁剪操作，裁剪后的画面如图 6-9 所示。

图6-8 绘制出的裁剪框

图6-9 裁剪后的画面

（三） 旋转裁剪倾斜的图像

在拍摄或扫描照片时，可能会由于某种失误而导致画面中的主体物出现倾斜的现象，此时可以利用【裁剪】工具 来进行旋转裁剪修整，图片裁剪前后的对比效果如图 6-10 所示。

图6-10 图片裁剪前后的对比效果

【操作步骤】

(1) 打开素材文件中名为“海边.jpg”的照片文件。

(2) 选择 工具，在画面中绘制一个裁剪框，先指定裁剪的大体位置，然后将鼠标指针移动到裁剪框外，当鼠标指针显示为旋转符号时按住鼠标左键并拖曳，将裁剪框旋转到与画面中的地平线位置平行的状态，如图 6-11 所示。

(3) 单击属性栏中的✓按钮确认图片的裁剪操作，矫正倾斜后的画面效果如图 6-12 所示。

图6-11　旋转后的裁剪框形状

图6-12　矫正倾斜后的画面效果

（四）　透视裁剪倾斜的照片

在拍摄照片时，由于拍摄者所站的位置或角度不合适而经常会拍摄出具有严重透视的照片，对于此类照片也可以通过【裁剪】工具进行透视矫正，照片裁剪前后的对比效果如图6-13所示。

图6-13　照片裁剪前后的对比效果

【操作步骤】

(1)　打开素材文件中名为“建筑夜景.jpg”的图片文件。

(2)　选择工具，在画面中绘制一个裁剪框，如图6-14所示。

(3)　勾选属性栏中的☑透视复选框，然后依次调整裁剪框的控制点，使裁剪框与建筑物楼体垂直方向的边缘线平行，如图6-15所示。

图6-14　绘制的裁剪框

图6-15　调整透视裁剪框

(4)　按 Enter 键确认图片的裁剪操作，裁剪后的画面效果如图6-13右图所示。

任务二　擦除图像背景

擦除图像工具主要是用来擦除图像中不需要的区域，共有3种工具，分别为【橡皮擦】工具、【背景橡皮擦】工具和【魔术橡皮擦】工具。

【知识准备】

- 利用【橡皮擦】工具擦除图像时，当在背景层或被锁定透明的普通层中擦除时，被擦除的部分将更改为工具箱中显示的背景色；当在普通层擦除时，被擦除的部分将显示为透明色，效果如图 6-16 所示。

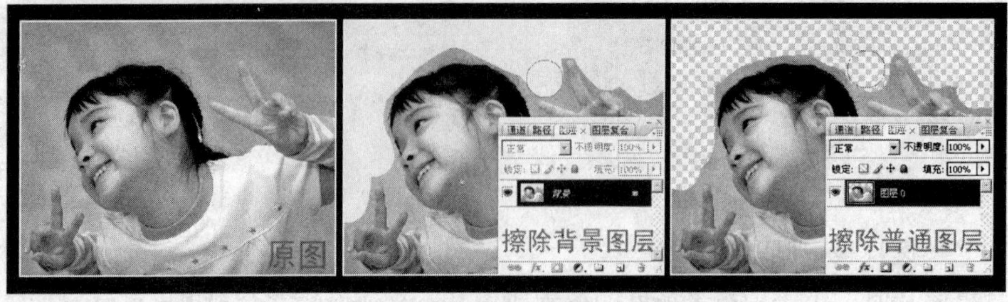

图6-16 两种不同图层的擦除效果

- 利用【背景橡皮擦】工具擦除图像时，无论是在背景层还是普通层上，都可以将图像中的特定颜色擦除为透明色，并且将背景层自动转换为普通层，效果如图 6-17 所示。

图6-17 使用【背景橡皮擦】工具擦除后的效果

- 【魔术橡皮擦】工具具有【魔棒】工具的特征。当图像中含有大片相同或相近的颜色时，利用【魔术橡皮擦】工具在要擦除的颜色区域内单击，可以一次性擦除图像中所有与其相同或相近的颜色，并可以通过【容差】值来控制擦除颜色的范围。

(1) 【橡皮擦】工具的属性栏如图 6-18 所示。

图6-18 【橡皮擦】工具的属性栏

- 【模式】: 用于设置橡皮擦擦除图像的方式，包括【画笔】、【铅笔】和【块】3 个选项。
- 【抹到历史记录】: 勾选了此复选框，【橡皮擦】工具就具有了【历史记录画笔】工具的功能。

(2) 【背景橡皮擦】工具的属性栏如图 6-19 所示。

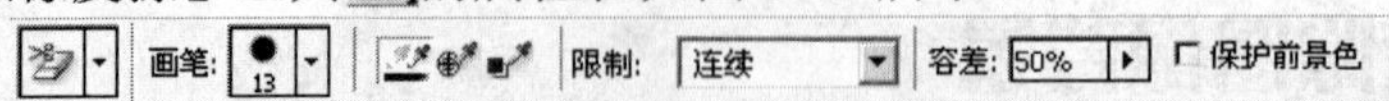

图6-19 【背景橡皮擦】工具的属性栏

- 【取样】: 用于控制背景橡皮擦的取样方式。激活【连续】按钮，拖曳鼠标指针擦除图像时，将随着鼠标指针的移动随时取样；激活【一次】按钮，

只替换第一次单击取样的颜色，在拖曳鼠标指针过程中不再取样；激活【背景色板】按钮，不在图像中取样，而是由工具箱中的背景色决定擦除的颜色范围。

- 【限制】：用于控制背景橡皮擦擦除颜色的范围。选择【不连续】选项，可以擦除图像中所有包含取样的颜色；选择【连续】选项，只能擦除所有包含取样颜色且与取样点相连的颜色；选择【查找边缘】选项，在擦除图像时将自动查找与取样点相连的颜色边缘，以便更好地保持颜色边界。
- 【保护前景色】：勾选此复选框，将无法擦除图像中与前景色相同的颜色。

(3)　【魔术橡皮擦】工具的属性栏如图 6-20 所示，其上的选项在前面已经讲解，此处不再赘述。

图6-20　【魔术橡皮擦】工具的属性栏

下面灵活运用工具删除图像的背景，然后利用工具将不需要的图像擦除，原图像及擦除后的图像效果如图 6-21 所示。

【操作步骤】

(1) 打开素材文件中名为“陶艺品.jpg”的图片文件，然后按 Ctrl+J 组合键将“背景”层通过复制生成“图层 1”，再将“背景”层填充上蓝色（R:40,G:5,B:98）。

(2) 选择工具，将属性栏中容差: 20的参数设置为“20”，并勾选【连续】复选框，然后将鼠标指针移动到如图 6-22 所示的位置单击。

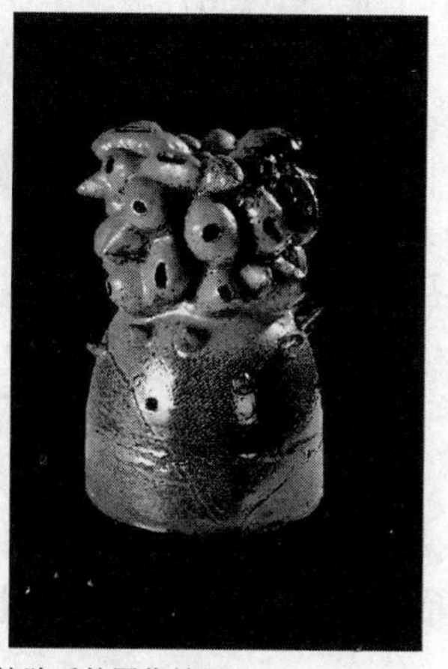

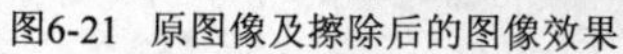

图6-21　原图像及擦除后的图像效果

图6-22　单击的位置

(3) 单击鼠标后，系统会将与单击位置相同或相近的所有颜色擦除，效果如图 6-23 所示。

(4) 用与步骤 3 相同的方法依次移动鼠标指针至合适的位置并单击擦除图像，效果如图 6-24 所示，在擦除图像时要灵活设置【容差】选项的参数大小，以精确擦除图像。

(5) 选择工具，设置合适的笔头大小后在图像中拖曳鼠标指针，擦除陶艺品周围的杂点，最终效果如图 6-25 所示。在擦除图像时要灵活设置擦除笔头的大小，以精确擦除图像。

图6-23　擦除后的图像效果

图6-24　擦除后的图像效果

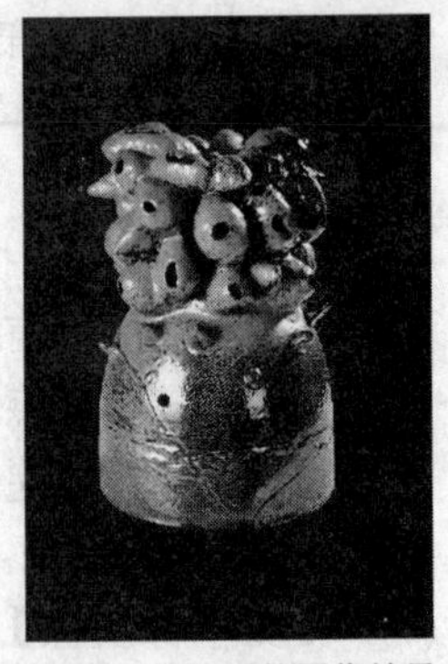
图6-25　擦除后的图像效果

(6) 按Shift+Ctrl+S组合键，将文件另命名为“擦除图像背景.psd”保存。

任务三　【3D】工具应用

Photoshop CS4 软件中的【3D】工具，可对 3D 模型进行编辑和处理，包括更改模型的位置、相机视图、光照方式或渲染模式等；【3D】工具主要包括 3D 对象工具和 3D 相机工具。使用 3D 对象工具可以修改 3D 模型的位置或大小，使用 3D 相机工具可以修改场景视图。利用【3D】菜单命令还可以创建 3D 对象、编辑 3D 纹理及组合 3D 对象与 2D 图像。

【知识准备】

1. 3D 对象工具组

3D 对象工具组中包括【3D 旋转】工具、【3D 滚动】工具、【3D 平移】工具、【3D 滑动】工具和【3D 比例】工具。利用这些工具对模型进行编辑时，是对对象进行操作。

- 旋转：使用【3D 旋转】工具上下拖曳鼠标指针，可以使模型围绕其 x 轴旋转；左右拖动鼠标，可围绕其 y 轴旋转；按住Alt键的同时拖动则可以滚动模型。
- 滚动：使用【3D 滚动】工具左右拖曳鼠标指针，可以使模型围绕其 z 轴旋转。
- 拖动：使用【3D 平移】工具左右拖曳鼠标指针，可沿水平方向移动模型；上下拖曳鼠标指针，可沿垂直方向移动模型；按住 Alt 键的同时拖曳鼠标指针，可沿 x/z 方向移动。
- 滑动：使用【3D 滑动】工具左右拖曳鼠标指针，可沿水平方向移动模型；上下拖曳鼠标指针，可将模型移近或移远；按住 Alt 键的同时拖动可沿 x/y 方向移动。
- 缩放：使用【3D 比例】工具上下拖动可放大或缩小模型；按住 Alt 键的同时拖动可沿 z 方向缩放。

3D 对象工具的属性栏如图 6-26 所示。

图6-26　3D 对象工具的属性栏

- 【返回到初始对象位置】按钮：单击此按钮，可以将视图恢复为文档打开时的状态。

- 【位置】选项：在下拉列表中可以选择一个预设的视图对模型进行观察。包括“左视图”、“右视图”、“俯视图”、“仰视图”、“前视图”和“后视图”。
- 【存储当前视图】按钮，可以将模型的当前位置保存为预设的视图，保存后可在【位置】选项的下拉列表中选择该视图。
- 【删除当前所选视图】按钮，当选择自定义的视图选项时，单击此按钮，可将自定义的视图在【位置】选项栏中删除，模型将恢复初始时的状态。
- 如果要根据数字精确定义模型的位置、旋转和缩放，可在【方向】选项的文本框中输入数值。

2. 3D 相机工具组

3D 相机工具组中包括【3D 环绕】工具、【3D 滚动视图】工具、【3D 平移视图】工具、【3D 移动视图】工具和【3D 缩放】工具。利用这些工具对模型进行编辑时，是对相机进行操作，模型的位置不会发生变化。

- 【3D 环绕】工具：可使相机沿 x 或 y 方向环绕移动。激活此按钮后，将鼠标指针移动到画面中拖动，即可使相机在水平或垂直方向环绕移动。按住 Ctrl 键的同时拖动鼠标，可以滚动相机。
- 【3D 滚动视图】工具：可围绕 z 轴旋转相机。
- 【3D 平移视图】工具：可沿 x 或 y 方向平移相机。在画面中左右拖动鼠标，可使相机在水平方向上移动位置；上下拖动鼠标，可使相机在垂直方向上移动位置；按住 Ctrl 键的同时拖动鼠标，可使相机沿 x 轴和 z 轴移动位置。
- 【3D 移动视图】工具：可移动相机。拖动鼠标可使相机在 z 轴平移、y 轴旋转；按住 Ctrl 键的同时拖动鼠标，可使相机沿 z 轴平移、x 轴旋转。
- 【3D 缩放】工具：可拉近或推远相机的视角。

选择【3D 缩放】工具，其属性栏如图 6-27 所示。

视图：默认视图　标准视角：49.37　毫米镜头

图6-27　【3D 缩放】工具的属性栏

- 【透视相机——使用视角】按钮：显示汇聚成消失点的平行线。
- 【正交相机——使用缩放】按钮：保持平行线不相交。在精确的缩放视图中显示模型，而不会出现任何透视扭曲。
- 【标准视角】选项：显示当前 3D 相机的视角，右侧的下拉列表中包括“垂直角度”、“水平角度”和“毫米镜头”3 个选项。当选择“垂直角度”和“水平角度”选项时，标准视角的最大值为 180。

3. 从图层新建 3D 对象

利用【3D】菜单命令，可将 2D 图像创建为 3D 明信片、锥形、立方体、圆柱体、易拉罐或酒瓶等。

(1) 从图层新建 3D 明信片。

执行【3D】/【从图层新建 3D 明信片】命令，可以将一个 2D 图像生成 3D 明信片。将图像转换为 3D 明信片后，在外观上没什么变化，只是【图层】变成了 3D 图层。利用工具旋转图像，即可看出 3D 效果。

(2) 从图层新建形状。

执行【3D】/【从图层新建形状】命令，可将打开的 2D 图像转换为 3D 形状的图层。打开素材文件中名为“风景.jpg”的图片，分别执行【3D】/【从图层新建形状】菜单下的命令生成的图像效果如图 6-28 所示。

图6-28 生成的各种 3D 效果图像

下面综合运用各种 3D 命令来制作如图 6-29 所示的面包圈效果。

【操作步骤】

(1) 新建【宽度】为“20 厘米”，【高度】为“20 厘米”，【分辨率】为“150 像素/英寸”，【颜色模式】为“RGB 颜色”，【背景内容】为黄色（R:255,G:232,B:138）的文件。

图6-29 制作面包圈效果

(2) 执行【3D】/【从图层新建形状】/【圆环】命令，创建一个圆环图形，效果如图 6-30 所示。

(3) 执行【窗口】/【3D】命令，打开【3D】面板，如图 6-31 所示，然后单击【全局环境色】右侧的■色块，在弹出的【选择全局环境色】对话框中设置颜色参数为深褐色（R:93,G:70,B:5），设置全局环境色后的画面效果如图 6-32 所示。

图6-30 创建的圆环图形

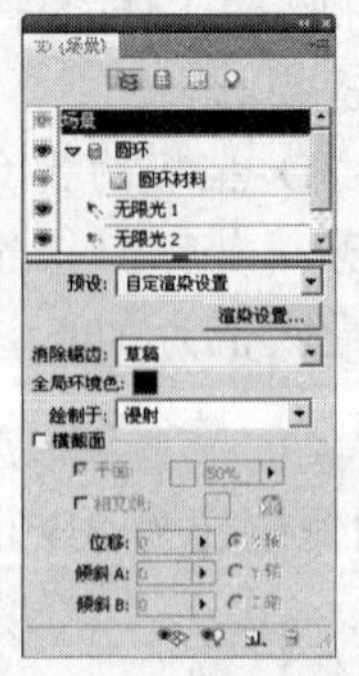

图6-31 【3D】面板

图6-32 设置全局环境色后的画面效果

(4) 选择工具，在圆环图形上按住鼠标左键并拖曳，将圆环图形旋转至如图 6-33 所示的形状。

(5) 在【3D】面板中单击按钮，切换到【3D {光源}】面板，然后分别调整灯光的颜色及强度如图 6-34 所示。

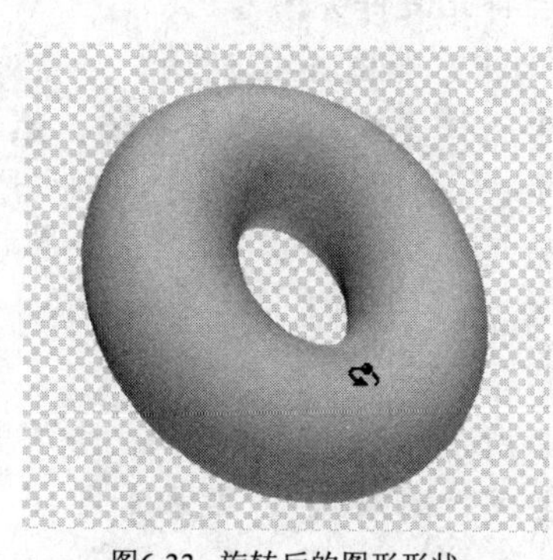

图6-33　旋转后的图形形状

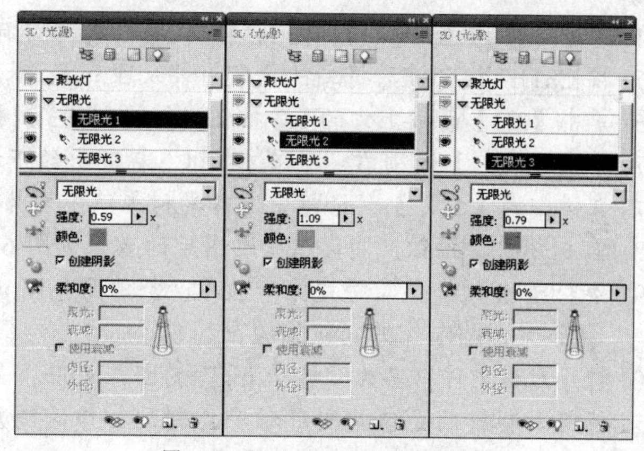

图6-34　【3D{光源}】面板参数设置

(6) 设置灯光后的图形效果如图 6-35 所示。

(7) 打开素材文件中名为"石材.jpg"的图片文件，如图 6-36 所示。

图6-35　调整灯光后的效果

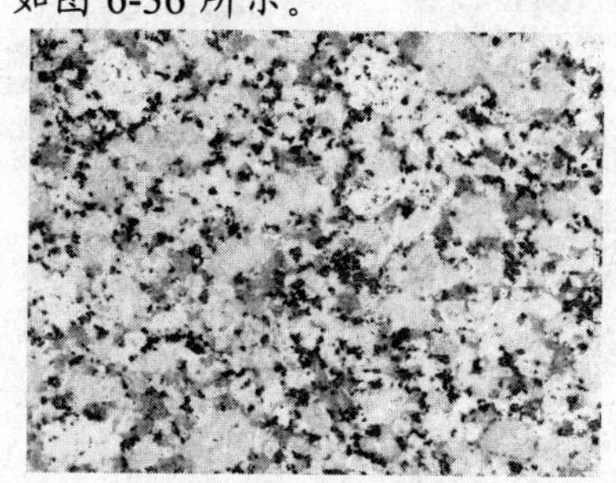

图6-36　打开的图片

(8) 执行【编辑】/【定义图案】命令，在弹出的【图案名称】对话框中单击 确定 按钮，将打开的图片定义为图案，然后将此文件关闭。

(9) 新建一个【宽度】为"15 厘米"，【高度】为"20 厘米"，【分辨率】为"150 像素/英寸"，【颜色模式】为"RGB 颜色"，【背景内容】为白色的文件。

(10) 新建"图层 1"，并为其填充上浅黄色（R:255,G:213,B:83）。

(11) 选择工具，将属性栏中 不透明度: 30% 的参数设置为"30%"，然后通过设置不同的笔头大小在画面中依次喷绘出如图 6-37 所示的白色色块。

(12) 执行【图层】/【图层样式】/【图案叠加】命令，在弹出的【图层样式】对话框中设置参数如图 6-38 所示。

(13) 单击 确定 按钮，添加图层样式后的画面效果如图 6-39 所示。

图6-37　喷绘的色块

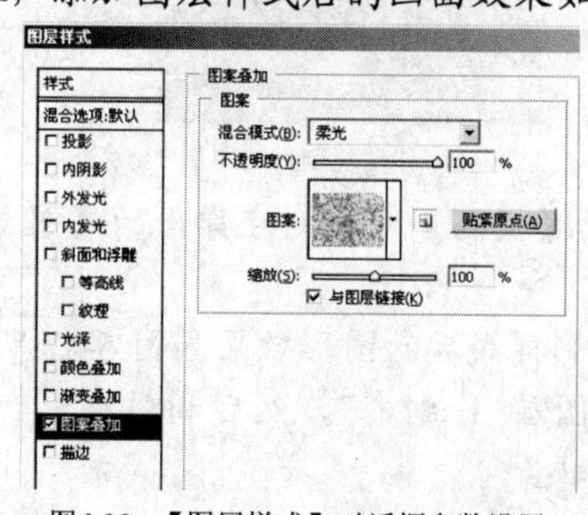

图6-38　【图层样式】对话框参数设置

图6-39　添加图层样式后的画面效果

(14) 按Ctrl+E组合键，将“图层 1”向下合并为“背景”层。

(15) 按Ctrl+S组合键，将文件命名为“纹理.jpg”保存，然后将此文件关闭。

(16) 单击【3D】面板上方的按钮，切换到【3D{材质}】面板，如图 6-40 所示。

(17) 单击【漫射】选项右侧的按钮，在弹出的下拉菜单中选择【载入纹理】命令，然后在弹出的【打开】对话框中选择素材文件中名为“纹理.jpg”的图片，如图 6-41 所示。

(18) 单击打开(O)按钮，圆环赋予贴图后的效果如图 6-42 所示。

(19) 按Ctrl+S组合键，将文件命名为“制作面包圈.psd”保存。

接下来，将制作的面包圈放置到场景中。

(20) 打开素材文件中名为“杯子.jpg”的图片文件，如图 6-43 所示。

(21) 将前面制作的面包圈图形移动复制到打开的图片中，生成“图层 1”，效果如图 6-44 所示。

(22) 利用和工具将复制入的面包圈图形调整至如图 6-45 所示的形状。

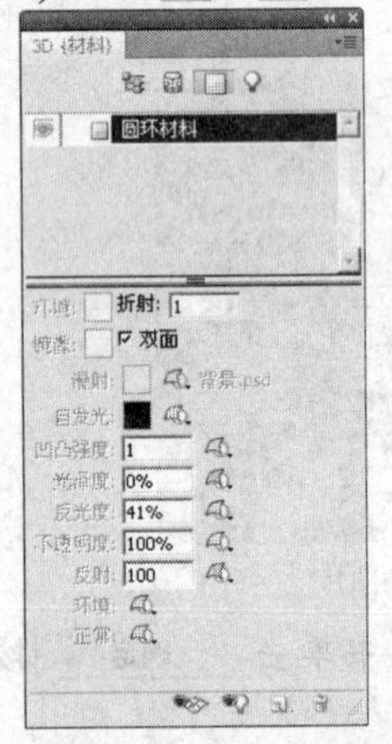

图6-40 【3D{材质}】面板

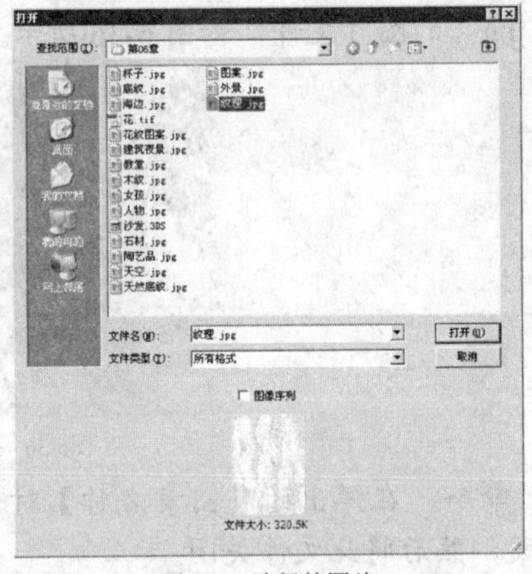

图6-41 选择的图片

图6-42 赋予材质后的图形效果

图6-43 打开的图片

图6-44 移动复制入的图形

图6-45 调整后的图形形状

(23) 执行【图层】/【图层样式】/【投影】命令，在弹出的【图层样式】对话框中设置参数如图 6-46 所示。

(24) 单击确定按钮，添加投影样式后的图形效果如图 6-47 所示。

(25) 将“图层 1”复制生成为“图层 1 副本”，然后利用和工具将复制出的面包圈图形调整至如图 6-48 所示的形状。

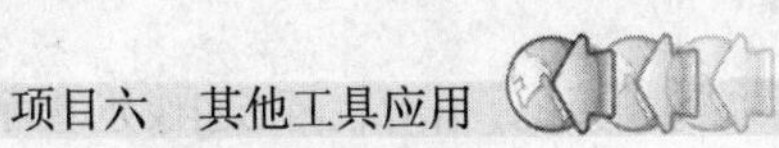

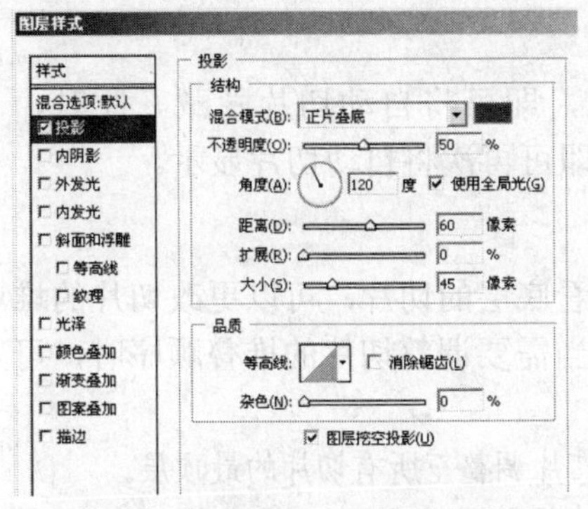

图6-46 【图层样式】对话框参数设置

图6-47 添加投影样式后的图形效果

图6-48 调整后的图形形状

(26) 按 Shift+Ctrl+S 组合键，将文件另命名为“合成画面.psd”保存。

项目实训　【切片】工具应用

切片工具包括【切片】工具和【切片选择】工具，【切片】工具主要用于分割图像，【切片选择】工具主要用于编辑切片。

（一）　创建切片

选择工具，将鼠标指针移动到图像文件中拖曳，释放鼠标左键后，即在图像文件中创建了切片，形状如图 6-49 所示。

（二）　调整切片

将鼠标指针放置到选择切片的任一边缘位置，当鼠标指针显示为双向箭头时按下鼠标左键并拖曳，可调整切片的大小，如图 6-50 所示。将鼠标指针移动到选择的切片内，按下鼠标左键并拖曳，可调整切片的位置，释放鼠标左键后，图像文件中将产生新的切片效果。

图6-49 创建切片后的图像文件

图6-50 切片调整时的形态

（三）　选择切片

选择工具，将鼠标指针移动到图像文件中的任意切片内单击，可将该切片选择。按住 Shift 键依次单击用户切片，可选择多个切片。在选择的切片上单击鼠标右键，在弹出的快捷菜单中选择【组合切片】命令，可将选择的切片组合。

系统默认被选择的切片边线显示为橙色，其他切片边线显示为蓝色。利用工具选择图像文件中切片名称显示为灰色的切片，然后单击属性栏中的 提升 按钮，可以将当前选择的切片激活，即左上角的切片名称显示为蓝色。

（四） 显示/隐藏自动切片

创建切片后，单击工具属性栏中的隐藏自动切片按钮，即可将自动切片隐藏。此时，隐藏自动切片按钮显示为显示自动切片按钮。单击显示自动切片按钮，即可再次将自动切片显示。

（五） 设置切片堆叠顺序

切片重叠时，最后创建的切片位于最顶层，如果要查看底层的切片，可以更改切片的堆叠顺序，将选择的切片置于顶层、底层或上下移动一层。当需要调整切片的堆叠顺序时，可以通过单击属性栏中的堆叠按钮来完成。

- 【置为顶层】按钮：单击此按钮，可以将选择的切片调整至所有切片的最顶层。
- 【前移一层】按钮：单击此按钮，可以将选择的切片向上移动一层。
- 【后移一层】按钮：单击此按钮，可以将选择的切片向下移动一层。
- 【置为底层】按钮：单击此按钮，可以将选择的切片调整至所有切片的最底层。

（六） 平均分割切片

读者可以将现有的切片进行平均分割。在工具箱中选择工具，在图像窗口中选择一个切片，单击属性栏中的划分...按钮，弹出的【划分切片】对话框，如图 6-51 所示。

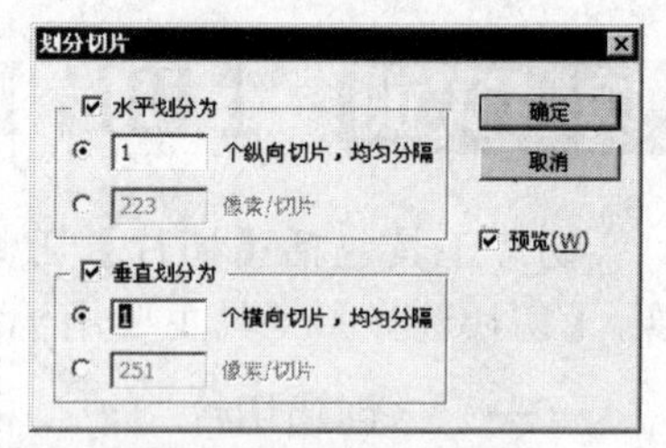

图6-51 【划分切片】对话框

- 勾选【水平划分为】复选框，可以通过添加水平分割线将当前切片在高度上进行分割。

  设置【个纵向切片，均匀分隔】值，决定当前切片在高度上分为几份。

  设置【像素/切片】值，决定每几个像素的高度分为一个切片。如果剩余切片的高度小于【像素/切片】值，则停止切割。
- 勾选【垂直划分为】复选框，可以通过添加垂直分割线将当前切片在宽度上进行分割。

  设置【个横向切片，均匀分隔】值，决定将当前切片宽度上平均分为几份。

  设置【像素/切片】值，决定每几个像素的宽度分为一个切片。如果剩余切片的宽度小于【像素/切片】值，则停止切割。
- 勾选【预览】复选框，可以在图像窗口中预览切割效果。

（七） 设置切片选项

切片的功能不仅仅是可以使图像分为较小的部分以便于在网页上显示，还可以适当设置切片的选项，来实现一些链接及信息提示等功能。

在工具箱中选择工具，在图像窗口中选择一个切片，单击属性栏中的【为当前切片设置选项】按钮，弹出的【切片选项】对话框如图 6-52 所示。

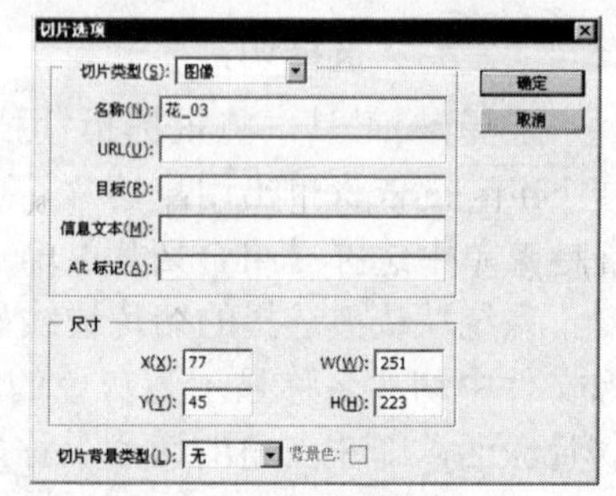

图6-52 【切片选项】对话框

- 【切片类型】选项：选择【图像】选项表示当前切片在网页中显示为图像。选择【无图像】选项，表明当前切片的图像在网页不显示，但可以设置显示一些文字信息。选择【表】选项

可以在切片中包含嵌套表，这涉及 ImageReady 的内容，本书不进行介绍。

- 【名称】选项：显示当前切片的名称，也可自行设置。如名称“果盘-01”，表示当前打开的图像文件名称为“果盘”，当前切片的编号为“01”。
- 【URL】选项：设置在网页中单击当前切片可链接的网络地址。
- 【目标】选项：可以决定在网页中单击当前切片时，是在网络浏览器中弹出一个新窗口打开链接网页，还是在当前窗口中直接打开链接网页。其中，输入“-self”表示在当前窗口中打开链接网页，输入“-Blank”表示在新窗口打开链接网页，如果在【目标】框不输入内容，默认为在新窗口打开链接网页。
- 【信息文本】选项：设置当鼠标指针移动到当前切片上时，网络浏览器下方信息行中显示的内容。
- 【Alt 标记】选项：设置当鼠标指针移动到当前切片上时弹出的提示信息。当网络上不显示图片时，图片位置将显示【Alt 标记】框中的内容。
- 【尺寸】选项：其下的【X】和【Y】值为当前切片的坐标，【W】和【H】值为当前切片的宽度和高度。
- 【切片背景类型】选项：可以设置切片背景的颜色。如果切片图像不显示时，网页上该切片相应的位置上显示背景颜色。

（八） 锁定切片和清除切片

执行【视图】/【锁定切片】命令，可将图像中的所有切片锁定，此时将无法对切片进行任何操作。再次执行【视图】/【锁定切片】命令，可将切片解锁。

利用工具选择一个用户切片，按 Backspace 键或 Delete 键即可将该用户切片删除。删除了用户切片后，系统将会重新生成自动切片以填充文档区域。如要删除所有用户切片和基于图层的切片（注意，无法删除自动切片），可执行【视图】/【清除切片】命令。将所有切片清除后，系统会生成一个包含整个图像的自动切片。

说明

删除基于图层的切片并不会删除相关的图层，但是删除图层会删除基于图层生成的切片。

项目拓展 【标尺】、【注释】和【计数】工具

下面来简单介绍一下【标尺】工具、【注释】工具和【计数】工具的使用方法。

（一） 【标尺】工具的使用方法

【标尺】工具是测量图像中两点之间的距离、角度等数据信息的工具。

(1) 测量长度。

在图像中的任意位置拖曳鼠标指针，即可创建出测量线。将鼠标指针移动至测量线、测量起点或测量终点上，当鼠标指针显示为形状时，拖曳鼠标可以移动它们的位置。

此时，属性栏中即会显示测量的结果，如图 6-53 所示。

X: 87.00 Y: 60.00 W: 218.00 H: 190.00 A: -41.1° L1: 289.18 L2: ☑使用测量比例 清除

图6-53 【标尺】工具测量长度时的属性栏

- 【X】值、【Y】值为测量起点的坐标值。
- 【W】值、【H】值为测量起点与终点的水平、垂直距离。
- 【A】值为测量线与水平方向的角度。
- 【L1】值为当前测量线的长度。
- 单击 清除 按钮，可以把当前测量的数值和图像中的测量线清除。

说明：按住 Shift 键在图像中拖曳鼠标指针，可以建立角度以 45° 为单位的测量线，也就是可以在图像中建立水平测量线、垂直测量线以及与水平或垂直方向成 45° 角的测量线。

(2) 测量角度。

在图像中的任意位置拖曳鼠标指针创建一条测量线，然后按住 Alt 键将鼠标指针移动至刚才创建测量线的端点处，当鼠标指针显示为带加号的角度符号时，拖曳鼠标指针创建第二条测量线，如图 6-54 所示。

此时，属性栏中即会显示测量角的结果，如图 6-55 所示。

图6-54 创建的测量角

X: 352.00 Y: 70.00 W: H: A: 38.9° L1: 289.18 L2: 265.19 ☑ 使用测量比例 清除

图6-55 【标尺】工具测量角度时的属性栏

- 【X】值、【Y】值为两条测量线的交点，即测量角的顶点坐标。
- 【A】值为测量角的角度。
- 【L1】值为第一条测量线的长度。
- 【L2】值为第二条测量线的长度。

说明：按住 Shift 键在图像中拖曳鼠标指针，可以创建水平、垂直或成 45° 倍数的测量线。按住 Shift+Alt 组合键，可以测量以 45° 为单位的角度。

（二） 【注释】工具的使用方法

选择【注释】工具，然后将鼠标指针移动到图像文件中，鼠标指针将显示为形状，单击或拖曳鼠标指针，即弹出创建注释面板，如图 6-56 所示。在属性栏中设置注释的“作者”、注释文字的“大小”以及注释框的“颜色”，然后在注释框中输入要说明的文字即可。

图6-56 创建的注释框

说明：将鼠标指针放置在注释图标上，按下鼠标左键并拖曳可移动注释的位置。确认注释图标处于选择状态，按 Delete 键可将选择的注释删除；如果想同时删除图像文件中的很多个注释，单击属性栏中的 清除全部 按钮即可。

（三） 【计数】工具的使用方法

【计数】工具用于在文件中按照顺序标记数字符号，也可用于统计图像中对象的个数。计数工具的属性栏如图 6-57 所示。

图6-57　【计数】工具的属性栏

- 【计数】：显示总的计数数目。
- 【计数组】：类似于图层组，可包含计数，每个计数组都可以有自己的名称、标记和标签大小以及颜色。单击按钮可以创建计数组；单击按钮可显示或隐藏计数组；单击按钮可以删除计数组。
- 清除：单击该按钮，可将当前计数组中的计数全部清除。
- 【颜色块】：单击颜色块，可以打开【拾色器】对话框设置计数组的颜色。
- 【标记大小】：可输入1～10的值，定义计数标记的大小。
- 【标签大小】：可输入8～72的值，定义计数标签的大小。

习题

1. 灵活运用工具将竖向文件裁剪为横向文件，裁剪前后的效果对比如图6-58所示。图片素材为本书素材文件中的"图库\项目六"目录下名为"外景.jpg"的文件。

图6-58　竖向文件裁剪为横向文件后的效果对比

2. 打开素材文件中"图库\项目六"目录下名为"天空.jpg"和"教堂.jpg"的图片文件，用【橡皮擦】工具擦除教堂图片中的天空背景，然后用天空图片与其合成，效果如图6-59所示。

3. 灵活运用【3D】命令为沙发模型贴图，效果如图6-60所示。图片素材为本书素材文件"图库\项目六"目录下名为"沙发.3DS"的文件。

图6-59　图片素材与合成后的效果

图6-60　沙发模型贴图效果

项目七

图层的应用

图层是利用 Photoshop CS4 进行图形绘制和图像处理的最基础和最重要的命令，可以说每一幅图像的处理都离不开图层的应用。 灵活地运用图层还可以提高作图速度和效率，并且还可以制作出很多意想不到的特殊艺术效果，所以希望读者要认真学习，并掌握本项目介绍的内容。

学习目标

理解图层的概念。
熟悉【图层】面板。
熟悉常用图层类型。
掌握图层的基本操作。
熟悉图层的混合模式。
学会【图层样式】命令的应用。

任务一 制作图像的倒影效果

在实际的工作中，图层的运用非常广泛，通过新建图层，可以将当前所要编辑和调整的图像独立出来，然后在各个图层中分别编辑图像的每个部分，从而使图像更加丰富。

【知识准备】

1. 图层概念

图层就像一张透明的纸，透过图层透明区域可以清晰地看到下面图层中的图像。下面以一个简单的比喻来具体说明，这样对读者深入理解图层的概念会有帮助。比如要在纸上绘制一幅小蜜蜂儿童画，首先要有画板（这个画板也就是 Photoshop 里面新建的文件，画板是不透明的），然后在画板上添加一张完全透明的纸绘制草地，绘制完成后，在画板上再添加透明纸绘制天空……依此类推，绘制小蜜蜂等其他图形在绘制儿童画的每一部分之前，都要在画板上添加透明纸，然后在透明纸上绘制新图形。绘制完成后，通过纸的透明区域可以看到下面的图形，从而得到一幅完整的作品。在这个绘制过程中，添加的每一张纸就是一个图层。图层原理说明图如图 7-1 所示。

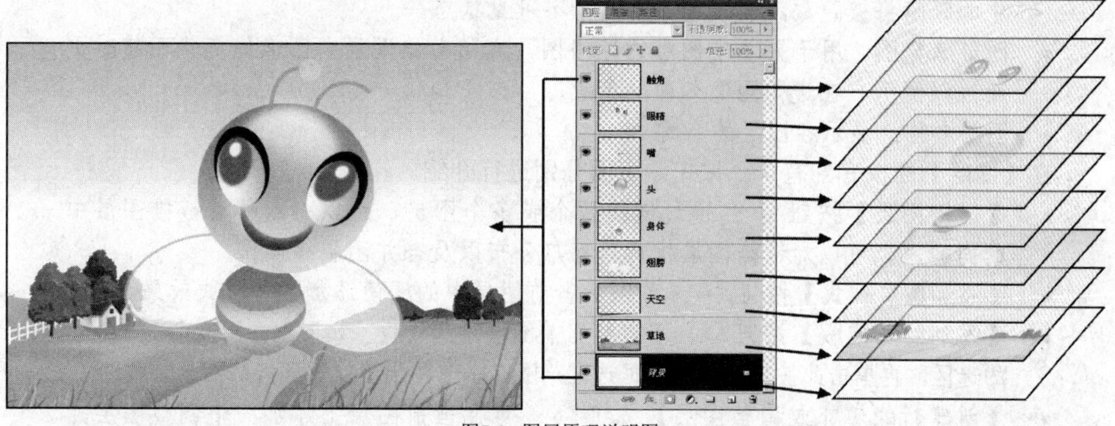

图7-1　图层原理说明图

上面介绍了图层的概念，那么在绘制图形时为什么要建立图层呢？仍以上面的例子来说明。如果在一张纸上绘制儿童画，当全部绘制完成后，突然发现草地的颜色不好，这时候只能选择重新绘制这幅作品，因为对在一张纸上绘制的画面进行修改非常麻烦。而如果是分层绘制的，遇到这种情况就不必重新绘制了，只需找到绘制草地的透明纸（图层），将其删除，然后重新添加一张新纸（图层），绘制合适的草地放到刚才删除的纸（图层）的位置即可，这样可以大大节省绘图时间。另外，除了易修改的优点外，还可以在一个图层中随意拖动、复制和粘贴图形，并能对图层中的图形制作各种特效，而这些操作都不会影响其他图层中的图形。

2. 【图层】面板

【图层】面板主要用于管理图像文件中的所有图层、图层组和图层效果。在【图层】面板中可以方便地调整图层的混合模式和不透明度，并可以快速地创建、复制、删除、隐藏、显示、锁定、对齐或分布图层。

新建图像文件后，默认的【图层】面板如图 7-2 所示。

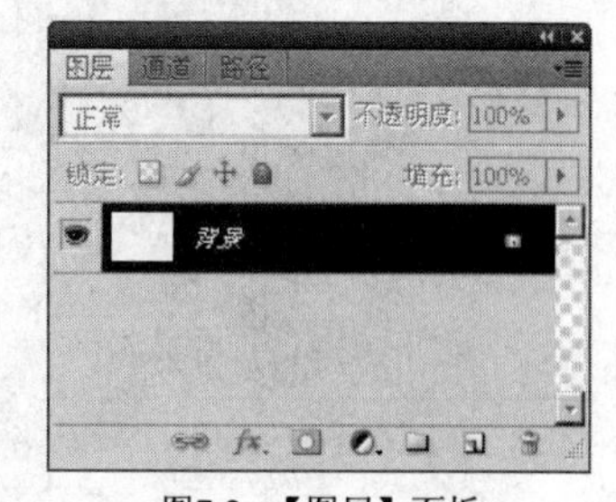

图7-2　【图层】面板

- 【图层面板菜单】按钮：单击此按钮，可弹出【图层】面板的下拉菜单。
- 【图层混合模式】正常：用于设置当前图层中的图像与下面图层中的图像以何种模式进行混合。
- 【不透明度】：用于设置当前图层中图像的不透明程度，数值越小，图像越透明；数值越大，图像越不透明。
- 【锁定透明像素】按钮：单击此按钮，可使当前层中的透明区域保持透明。
- 【锁定图像像素】按钮：单击此按钮，在当前图层中不能进行图形绘制以及其他命令操作。
- 【锁定位置】按钮：单击此按钮，可以将当前图层中的图像锁定不被移动。
- 【锁定全部】按钮：单击此按钮，在当前层中不能进行任何编辑修改操作。
- 【填充】：用于设置图层中图形填充颜色的不透明度。
- 【显示/隐藏图层】图标：表示此图层处于可见状态。单击此图标，图标

中的眼睛将被隐藏，表示此图层处于不可见状态。

- 图层缩览图：用于显示本图层的缩略图，它随着该图层中图像的变化而随时更新，以便用户在进行图像处理时参考。
- 图层名称：显示各图层的名称。

在【图层】面板底部有 7 个按钮，下面分别进行介绍。

- 【链接图层】按钮：通过链接两个或多个图层，可以一起移动链接图层中的内容，也可以对链接图层执行对齐与分布以及合并图层等操作。
- 【添加图层样式】按钮 fx.：可以对当前图层中的图像添加各种样式效果。
- 【添加图层蒙版】按钮：可以给当前图层添加蒙版。如果先在图像中创建适当的选区，再单击此按钮，可以根据选区范围在当前图层上建立适当的图层蒙版。
- 【创建新的填充或调整图层】按钮：可在当前图层上添加一个调整图层，对当前图层下边的图层进行色调、明暗等颜色效果调整。
- 【创建新组】按钮：可以在【图层】面板中创建一个图层组。图层组类似于文件夹，以便图层的管理和查询，在移动或复制图层时，图层组里面的内容可以同时被移动或复制。
- 【创建新图层】按钮：可在当前图层上创建新图层。
- 【删除图层】按钮：可将当前图层删除。

3. 图层类型

在【图层】面板中包含多种图层类型，每种类型的图层都有不同的功能和用途。利用不同的类型可以创建不同的效果，它们在【图层】面板中的显示状态也不同。图层类型说明图如图 7-3 所示。

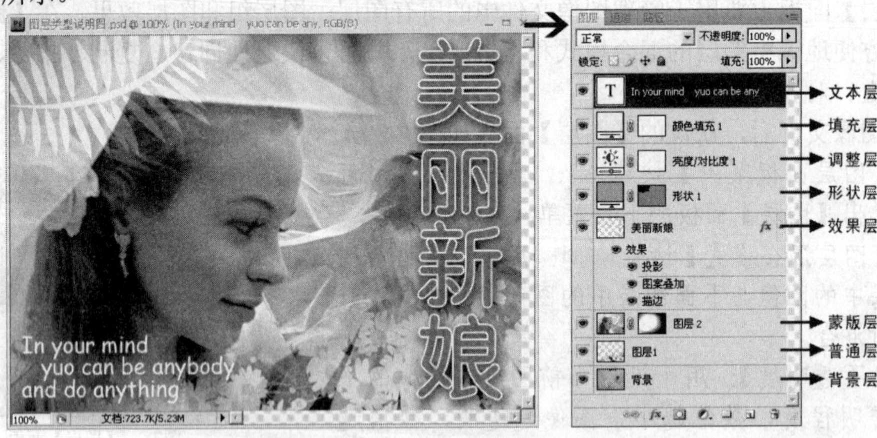

图7-3 图层类型说明图

- 背景层：相当于绘画中最下方不透明的纸。在 Photoshop 中，一个图像文件中只有一个背景图层，它可以与普通图层进行相互转换，但无法交换堆叠次序。如果当前图层为背景图层，执行【图层】/【新建】/【背景图层】命令，或在【图层】面板的背景图层上双击，便可以将背景图层转换为普通图层。
- 普通层：相当于一张完全透明的纸，是 Photoshop 中最基本的图层类型。单击【图层】面板底部的按钮，或执行【图层】/【新建】/【图层】命令，即可在【图层】面板中新建一个普通图层。

- 文本层：在文件中创建文字后，【图层】面板中会自动生成文本层，其缩览图显示为T图标。当对输入的文字进行变形后，文本图层将显示为变形文本图层，其缩览图显示为图标。
- 形状层：使用工具箱中的矢量图形工具在文件中创建图形后，【图层】面板中会自动生成形状图层。当执行【图层】/【栅格化】/【形状】命令后，形状图层将被转换为普通图层。
- 效果层：为普通图层应用图层效果（如阴影、投影、发光、斜面和浮雕以及描边等）后，右侧会出现一个fx（效果层）图标，此时，这一图层就是效果图层。注意，背景图层不能转换为效果图层。单击【图层】面板底部的fx按钮，在弹出的下拉列表中选择任意一个选项，即可创建效果图层。
- 填充层和调整层：填充层和调整层是用来控制图像颜色、色调、亮度和饱和度等的辅助图层。单击【图层】面板底部的按钮，在弹出的下拉列表中选择任意一个选项，即可创建填充图层或调整图层。
- 蒙版层：蒙版层是加在普通图层上的一个遮盖层，通过创建图层蒙版来隐藏或显示图像中的部分或全部。在图像中，图层蒙版中颜色的变化会使其所在图层的相应位置产生透明效果。其中，该图层中与蒙版的白色部分相对应的图像不产生透明效果，与蒙版的黑色部分相对应的图像完全透明，与蒙版的灰色部分相对应的图像根据其灰度产生相应程度的透明效果。

4. 图层基本操作

(1) 图层的创建。

执行【图层】/【新建】命令，弹出如图7-4所示的【新建】子菜单。

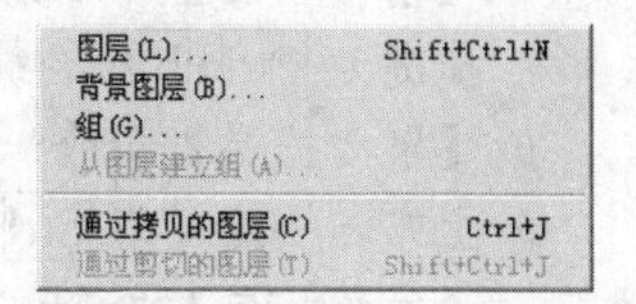

图7-4　【图层】/【新建】子菜单

- 当选择【图层】命令时，系统将弹出如图7-5所示的【新建图层】对话框。在此对话框中，可以对新建图层的【颜色】、【模式】和【不透明度】进行设置。
- 当选择【背景图层】命令时，可以将背景图层改为一个普通图层，此时【背景图层】命令会变为【图层背景】命令；选择【图层背景】命令，可以将当前图层更改为背景图层。
- 当选择【组】命令时，将弹出如图7-6所示的【新建组】对话框。在此对话框中可以创建图层组，相当于图层文件夹。

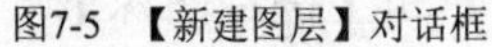
图7-5　【新建图层】对话框

图7-6　【新建组】对话框

- 当【图层】面板中有链接图层时，【从图层建立组】命令才可用，选择此命令，可以新建一个图层组，并将当前链接的图层（除背景图层外的其余图层）放置在新建的图层组中。
- 选择【通过拷贝的图层】命令，可以将当前画面选区中的图像通过复制生成一个新的图层，且原画面不会被破坏。

- 选择【通过剪切的图层】命令，可以将当前画面选区中的图像通过剪切生成一个新的图层，且原画面被破坏。

(2) 图层的复制。

将鼠标指针放置在要复制的图层上，按下鼠标左键向下拖曳至 按钮上释放，即可将所拖曳的图层复制并生成一个"副本"层。另外，执行【图层】/【复制图层】命令也可以复制当前选择的图层。

> 图层可以在当前文件中复制，也可以将当前文件的图层复制到其他打开的文件中或新建的文件中。将鼠标指针放置在要复制的图层上，按下鼠标左键向要复制的文件中拖曳，释放鼠标左键后，所选择图层中的图像即被复制到另一文件中。
>
> 说明

(3) 图层的删除。

将鼠标指针放置在要删除的图层上，按下鼠标左键向下拖曳至 按钮上释放，即可将所拖曳的图层删除。另外，确认要删除的图层处于当前工作图层，在【图层】面板中单击 按钮或执行【图层】/【删除】/【图层】命令，同样可以将当前选择的图层删除。

(4) 图层的叠放次序。

图层的叠放顺序对作品的效果有着直接的影响，因此在实例制作过程中，必须准确调整各图层在画面中的叠放位置，其调整方法有以下两种。

- 菜单法：执行【图层】/【排列】命令，将弹出如图 7-7 所示的【排列】子菜单。执行其中的相应命令，可以调整图层的位置。

  【置为顶层】命令：可以将工作层移动至【图层】面板的最顶层，快捷键为 Ctrl+Shift+] 组合键。

  【前移一层】命令：可以将工作层向前移动一层，快捷键为 Ctrl+] 组合键。

  【置为底层】命令：可以将工作层移动至【图层】面板的最底层，即背景层的上方，快捷键为 Ctrl+Shift+[组合键。

  【后移一层】命令：可以将工作层向后移动一层，快捷键为 Ctrl+[组合键。

  【反向】命令：当在【图层】面板中选择多个图层时，选择此命令，可以将当前选择的图层反向排列。

置为顶层(F)	Shift+Ctrl+]
前移一层(W)	Ctrl+]
后移一层(K)	Ctrl+[
置为底层(B)	Shift+Ctrl+[
反向(R)	

图7-7 【图层】/【排列】子菜单

- 手动法：在【图层】面板中要调整叠放顺序的图层上按下鼠标左键，然后向上或向下拖曳鼠标，此时【图层】面板中会有一个线框跟随鼠标指针移动，当线框调整至要移动的位置后释放鼠标左键，当前图层即会调整至释放鼠标的图层位置。

(5) 图层的链接与合并。

在复杂实例制作过程中，一般将已经确定不需要再调整的图层合并，这样有利于下面的操作。图层的合并命令主要包括【向下合并】、【合并可见图层】和【拼合图像】。

- 执行【图层】/【向下合并】命令，可以将当前工作图层与其下面的图层合并。在【图层】面板中，如果有与当前图层链接的图层，此命令将显示为【合并链接图层】，执行此命令可以将所有链接的图层合并到当前工作图层中。如果当前图层是序列图层，执行此命令可以将当前序列中的所有图层合并。

- 执行【图层】/【合并可见图层】命令，可以将【图层】面板中所有的可见图层合并，并生成背景图层。
- 执行【图层】/【拼合图像】命令，可以将【图层】面板中的所有图层拼合，拼合后的图层生成为背景图层。

(6) 图层的对齐与分布。

使用图层的对齐和分布命令，可以按当前工作图层中的图像为依据，对【图层】面板中所有与当前工作图层同时选取或链接的图层进行对齐与分布操作。

- 图层的对齐：当【图层】面板中至少有两个同时被选取或链接的图层，且背景图层不处于链接状态时，图层的对齐命令才可用。执行【图层】/【对齐】命令，将弹出【对齐】子菜单，执行其中的相应命令，即可将选择的图层进行顶对齐、垂直居中对齐、底对齐、左对齐、水平居中对齐或右对齐。
- 图层的分布：在【图层】面板中至少有 3 个同时被选取或链接的图层，且背景图层不处于链接状态时，图层的分布命令才可用。执行【图层】/【分布】命令，将弹出【分布】子菜单，执行其中的相应命令，即可将选择的图层在垂直方向上按顶端、垂直中心或底部平均分布，或者在水平方向上按左边、水平居中和右边平均分布。

下面为一幅风景画制作倒影效果，制作完成的倒影效果如图 7-8 所示。

【操作步骤】

(1) 打开素材文件中名为“风景.jpg”的图片文件，如图 7-9 所示。

图7-8　制作完成的倒影效果

图7-9　打开的图片

(2) 执行【图像】/【画布大小】命令，在弹出的【画布大小】对话框中设置参数如图 7-10 所示。

(3) 单击 确定 按钮，调整后的画布形状如图 7-11 所示。

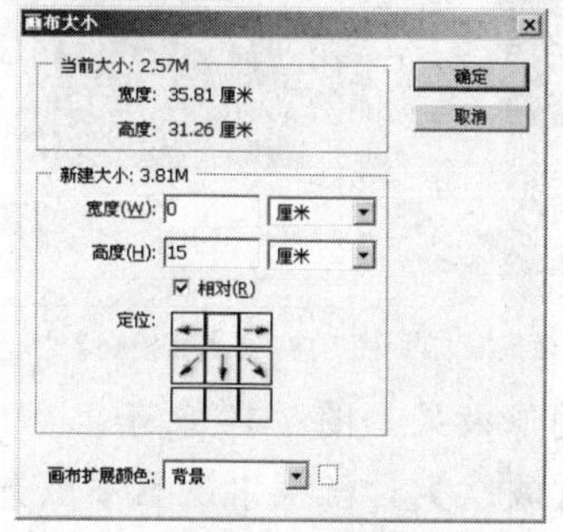

图7-10　【画布大小】对话框参数设置

图7-11　调整后的画布形状

(4) 利用▭工具绘制出如图 7-12 所示的矩形选区，将风景图片选择。

(5) 执行【图层】/【新建】/【通过拷贝的图层】命令，将选区内的图像通过复制生成新的图层“图层 1”。

(6) 执行【编辑】/【变换】/【垂直翻转】命令，将“图层 1”中的图片垂直翻转，然后将其垂直向下移动至如图 7-13 所示的位置。

图7-12 绘制的选区

图7-13 图片放置的位置

(7) 按 Ctrl+L 组合键，在弹出的【色阶】对话框中设置参数如图 7-14 所示，然后单击 确定 按钮，调整后的图像效果如图 7-15 所示。

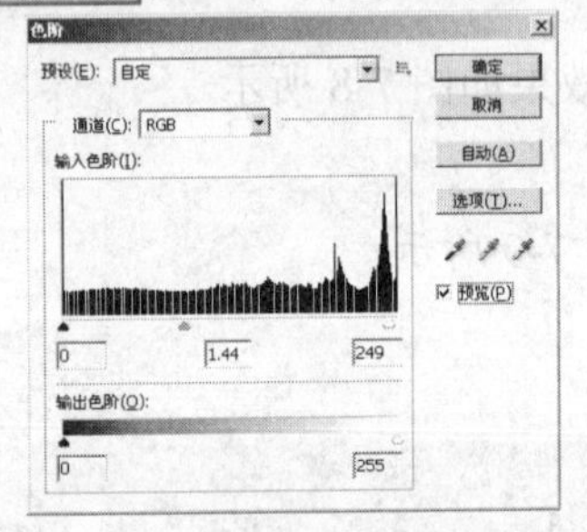

图7-14 【色阶】对话框参数设置

图7-15 调整后的图片效果

(8) 执行【滤镜】/【模糊】/【高斯模糊】命令，在弹出的【动感模糊】对话框中设置参数如图 7-16 所示。

(9) 单击 确定 按钮，执行【动感模糊】命令后的图像效果如图 7-17 所示。

(10) 执行【滤镜】/【模糊】/【高斯模糊】命令，在弹出的【高斯模糊】对话框中设置参数如图 7-18 所示。

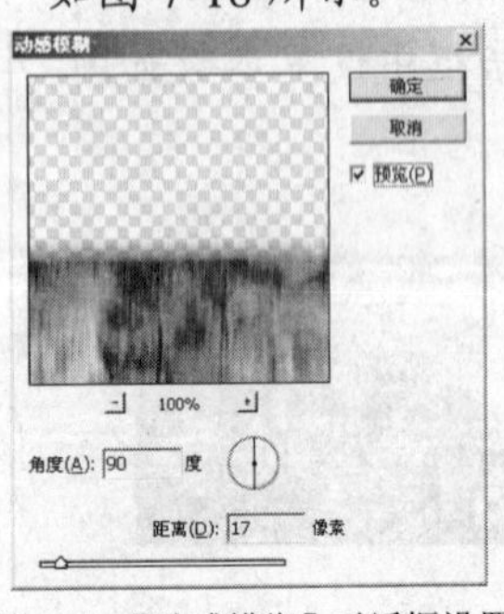

图7-16 【动感模糊】对话框设置

图7-17 执行【动感模糊】命令后的效果

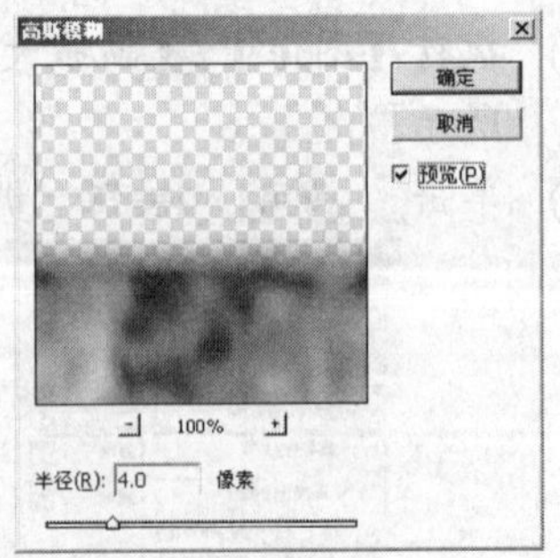

图7-18 【高斯模糊】对话框设置

(11) 单击 确定 按钮，执行【高斯模糊】命令后的图像效果如图 7-19 所示。

(12) 执行【滤镜】/【扭曲】/【波纹】命令，在弹出的【波纹】对话框中设置参数如图 7-20 所示。

(13) 单击 确定 按钮，执行【波纹】命令后的图像效果如图 7-21 所示。

图7-19　执行【高斯模糊】命令后的效果

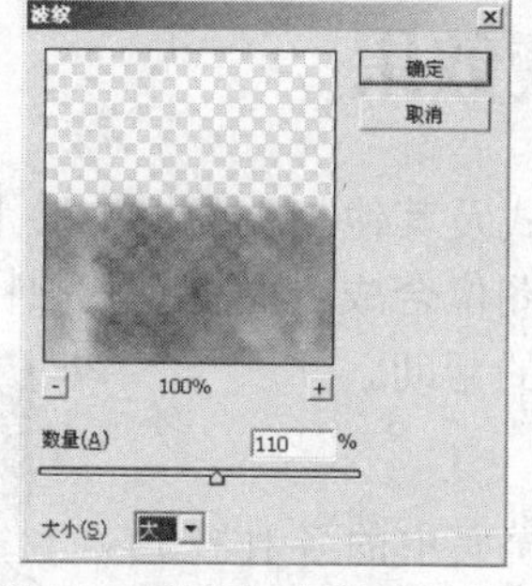

图7-20　【波纹】对话框参数设置

图7-21　执行【波纹】命令后的图像效果

(14) 选择 工具，将属性栏中 羽化: 30 px 选项的参数设置为“30 px”，然后在画面中绘制出如图 7-22 所示的具有羽化性质的矩形选区。

(15) 执行【滤镜】/【扭曲】/【水波】命令，在弹出的【水波】对话框中设置参数如图 7-23 所示。

图7-22　绘制的选区

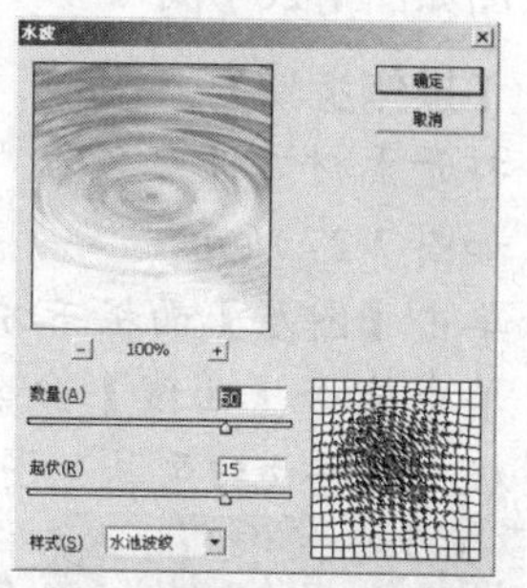

图7-23　【水波】对话框参数设置

(16) 单击 确定 按钮，执行【水波】命令后的图像效果如图 7-24 所示，然后按 Ctrl+D 组合键将选区删除。

(17) 单击【图层】面板底部的 按钮，为“图层 1”添加图层蒙版，然后将前景色设置为黑色。

(18) 选择 工具，将属性栏中【不透明度】的参数设置为“70%”，然后在画面中由上至下填充前景色到透明的线性渐变色编辑蒙版，效果如图 7-25 所示。

图7-24　执行【水波】命令后的图像效果

图7-25　编辑蒙版后的效果

(19) 按 Shift+Ctrl+S 组合键，将文件另命名为“制作倒影效果.psd”保存。

任务二 制作图像合成效果

【图层】面板中的图层混合模式及其他相关面板中的【模式】选项，在图像处理及效果制作中被广泛应用，特别是在多个图像合成方面更有其独特的作用及灵活性，掌握好其使用方法对将来的图像合成操作有极大的帮助。

图7-26 图像合成效果

【知识准备】

- 图层混合模式：图层混合模式中的各种样式设置，决定了当前图层中的图像与其下面图层中的图像以何种模式进行混合。

本任务利用【图层混合模式】和【图层蒙版】来合成一幅冰上梦幻城堡的图像，设计制作完成的图像效果图如图 7-26 所示。

【操作步骤】

(1) 打开素材文件中名为“冬天.jpg”的图片文件，如图 7-27 所示。

(2) 单击【图层】面板下方的 按钮，在弹出的菜单中选择【曲线】命令，在弹出的【曲线】面板中调整曲线形状如图 7-28 所示，调整颜色后的图像效果如图 7-29 所示。

图7-27 打开的图片

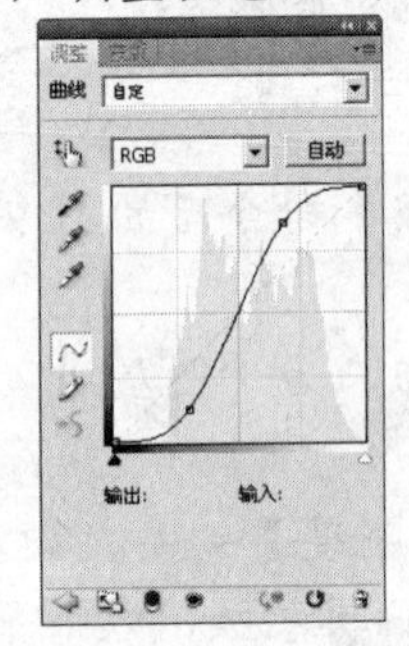

图7-28 曲线调整后的形状

图7-29 调整颜色后的图像效果

(3) 单击【图层】面板下方的 按钮，在弹出的菜单中选择【色彩平衡】命令，在弹出的【色彩平衡】面板中设置参数如图 7-30 所示，调整颜色后的图像效果如图 7-31 所示。

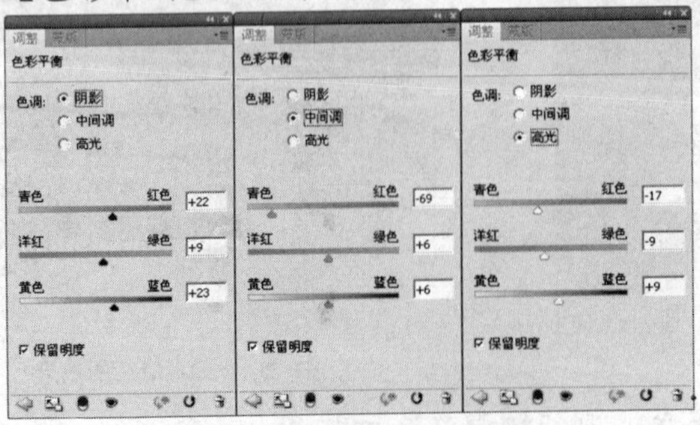

图7-30 【色彩平衡】面板参数设置

图7-31 调整颜色后的图像效果

(4) 打开素材文件中名为“城堡.jpg”的图片文件，然后将其移动复制到“冬天.jpg”文件中生成“图层 1”。

(5) 按 Ctrl+T 组合键为“图层 1”中的图像添加自由变换框，并将其调整至如图 7-32 所示的形状，然后按 Enter 键确认图像的变换操作。

(6) 单击【图层】面板下方的按钮，为“图层 1”添加图层蒙版，然后利用工具喷绘黑色来编辑蒙版，编辑蒙版后的效果如图 7-33 所示。

(7) 将“图层 1”复制生成为“图层 1 副本”层，然后将其图层混合模式设置为“强光”，更改混合模式后的图像效果如图 7-34 所示。

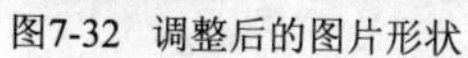

图7-32 调整后的图片形状

图7-33 编辑蒙版后的图像效果

图7-34 更改混合模式后的图像效果

(8) 将“图层 1 副本”复制生成为“图层 1 副本 2”，然后执行【编辑】/【变换】/【水平翻转】命令，将复制出的图像水平翻转，效果如图 7-35 所示。

(9) 新建“图层 2”，然后按 D 键将前景色和背景色设置为默认的黑色和白色。

(10) 执行【滤镜】/【渲染】/【云彩】命令，为“图层 2”添加由前景色与背景色混合而成的云彩效果，如图 7-36 所示。

(11) 选择工具，将属性栏中 羽化: 30 px 的参数设置为“30 px”，然后绘制出如图 7-37 所示的具有羽化性质的椭圆形选区。

图7-35 水平翻转后的图像效果

(12) 按 Shift+Ctrl+I 组合键将选区反选，再按 Delete 键删除选择的内容，效果如图 7-38 所示，然后按 Ctrl+D 组合键将选区删除。

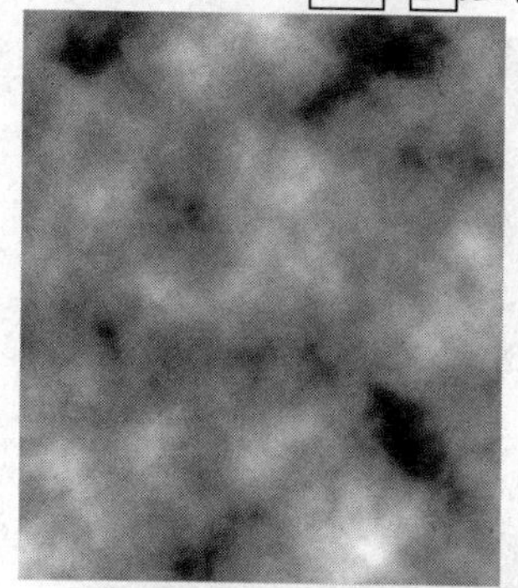

图7-36 添加的云彩效果

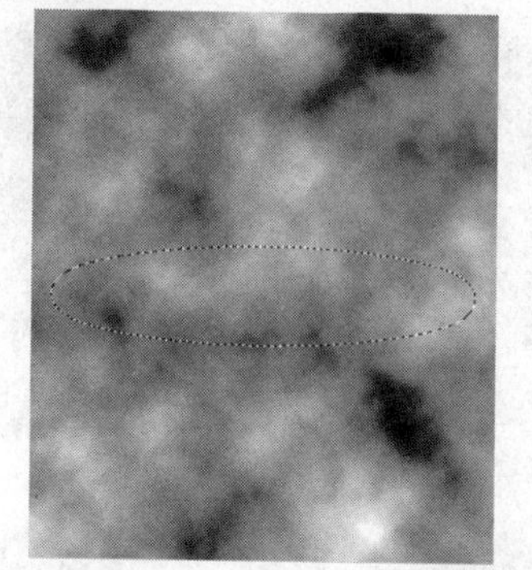

图7-37 绘制的选区

图7-38 删除内容后的画面效果

(13) 将“图层 2”的图层混合模式设置为“滤色”，更改混合模式后的图像效果如图 7-39 所示。

(14) 将“图层 2”复制生成为“图层 2 副本”，然后将其图层混合模式设置为“线性减淡（添加）”，更改混合模式后的图像效果如图 7-40 所示。

图7-39 更改混合模式后的图像效果

图7-40 更改混合模式后的图像效果

(15) 新建“图层 3”，然后将前景色设置为白色。

(16) 选择工具，单击其属性栏中的按钮，在弹出的【画笔】面板中设置选项和参数如图 7-41 所示。

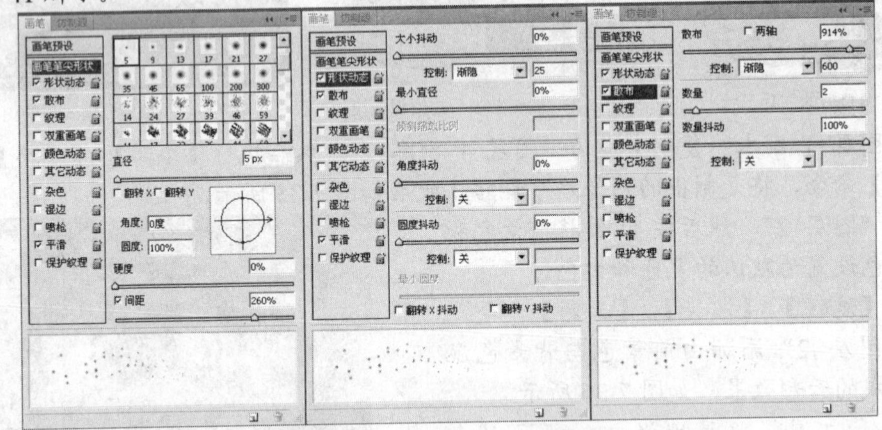

图7-41 【画笔】面板参数设置

(17) 将鼠标指针移动到画面中，按住鼠标左键并自由拖曳，喷绘出如图 7-42 所示的白色杂点。

(18) 将“图层 3”的图层混合模式设置为“柔光”，更改混合模式后的图像效果如图 7-43 所示。

图7-42 喷绘出的杂点

图7-43 更改混合模式后的图像效果

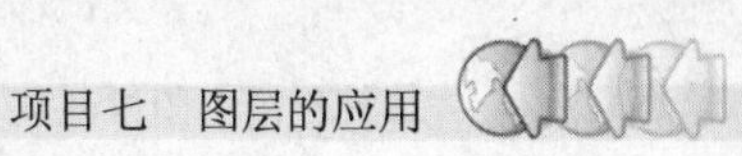

(19) 打开素材文件中名为“白云.jpg”的图片文件，然后将其移动复制到“冬天.jpg”文件中生成“图层 4”，并将其调整大小后放置到如图 7-44 所示的位置。

(20) 单击【图层】面板下方的 按钮，为“图层 4”添加图层蒙版，然后利用 工具喷绘黑色来编辑蒙版，编辑蒙版后的效果如图 7-45 所示。

图7-44　图片放置的位置

图7-45　编辑蒙版后的图像效果

(21) 打开素材文件中名为“雪地.jpg”的图片文件，然后将其移动复制到“冬天.jpg”文件中生成“图层 5”，并将其调整大小后放置到如图 7-46 所示的位置。

(22) 将“图层 5”的图层混合模式设置为“强光”，更改混合模式后的图像效果如图 7-47 所示。

(23) 单击【图层】面板下方的 按钮，为“图层 5”添加图层蒙版，然后利用 工具喷绘黑色来编辑蒙版，编辑蒙版后的效果如图 7-48 所示。

图7-46　图片放置的位置

图7-47　更改混合模式后的图像效果

图7-48　编辑蒙版后的图像效果

(24) 至此，图像合成效果已制作完成，按 Shift+Ctrl+S 组合键，将文件另命名为“图像合成.psd”保存。

任务三　制作水晶边框文字

利用【图层样式】命令可以对图层中的图像快速应用效果，灵活运用【图层样式】命令可以制作许多意想不到的效果。

【知识准备】

图层样式主要包括投影、阴影、发光、斜面和浮雕以及描边等。执行【图层】/【图层样式】/【混合选项】命令，弹出【图层样式】对话框，如图 7-49 所示，在此对话框中可自行为图形、图像或文字添加需要的样式。

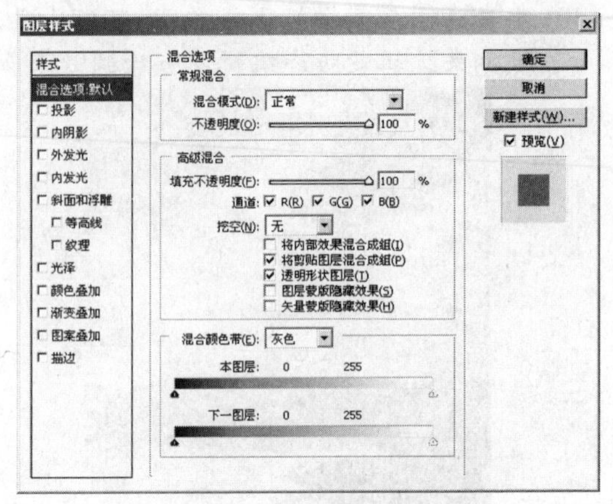

图7-49 【图层样式】对话框

【图层样式】对话框的左侧是【样式】选项区，用于选择要添加的样式类型；右侧是参数设置区，用于设置各种样式的参数及选项。

1. 【投影】

通过【投影】选项的设置可以为工作层中的图像添加投影效果，并可以在右侧的参数设置区中设置投影的颜色、与下层图像的混合模式、不透明度、是否使用全局光、光线的投射角度、投影与图像的距离、投影的扩散程度和投影大小等，还可以设置投影的等高线样式和杂色数量。利用此选项添加的投影效果如图 7-50 所示。

2. 【内阴影】

通过【内阴影】选项的设置可以在工作层中的图像边缘向内添加阴影，从而使图像产生凹陷效果。在右侧的参数设置区中可以设置阴影的颜色、混合模式、不透明度、光源照射的角度、阴影的距离和大小等参数。利用此选项添加的内阴影效果如图 7-51 所示。

图7-50 投影效果

图7-51 内阴影效果

3. 【外发光】

通过【外发光】选项的设置可以在工作层中图像的外边缘添加发光效果。在右侧的参数设置区中可以设置外发光的混合模式、不透明度、添加的杂色数量、发光颜色（或渐变色）、扩展程度、大小和品质等。利用此选项添加的外发光效果如图 7-52 所示。

4. 【内发光】

此选项的功能与【外发光】选项的相似，只是此选项可以在图像边缘的内部产生发光效果。利用此选项添加的内发光效果如图 7-53 所示。

图7-52 外发光效果

图7-53 内发光效果

5. 【斜面和浮雕】

通过【斜面和浮雕】选项的设置可以使工作层中的图像或文字产生各种样式的斜面浮雕效果，同时选择【纹理】选项，然后在【图案】选项面板中选择应用于浮雕效果的图案，还可以使图形产生各种纹理效果。利用此选项添加的浮雕效果如图 7-54 所示。

6. 【光泽】

通过【光泽】选项的设置可以根据工作层中图像的形状应用各种光影效果，从而使图像产生平滑过渡的光泽效果。选择此项后，可以在右侧的参数设置区中设置光泽的颜色、混合模式、不透明度、光线角度、距离和大小等参数。利用此选项添加的光泽效果如图 7-55 所示。

图7-54　斜面和浮雕效果

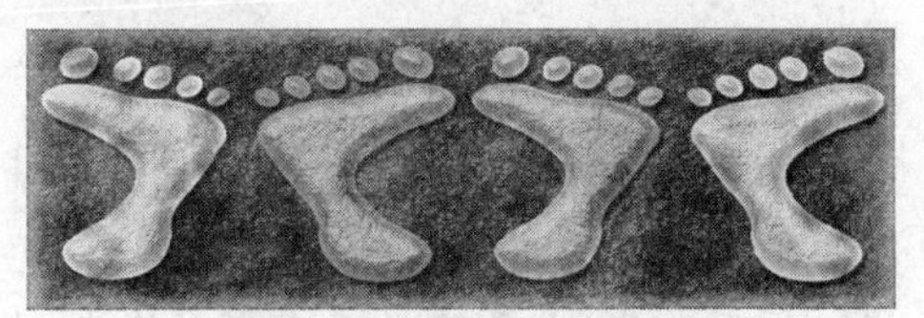

图7-55　光泽效果

7. 【颜色叠加】

【颜色叠加】样式可以在工作层上方覆盖一种颜色，并通过设置不同的混合模式和不透明度使图像产生类似于纯色填充层的特殊效果。为白色图形叠加洋红色的效果如图 7-56 所示。

8. 【渐变叠加】

【渐变叠加】样式可以在工作层的上方覆盖一种渐变叠加颜色，使图像产生渐变填充层的效果。为白色图形叠加渐变色的效果如图 7-57 所示。

图7-56　颜色叠加效果

图7-57　渐变叠加效果

9. 【图案叠加】

【图案叠加】样式可以在工作层的上方覆盖不同的图案效果，从而使工作层中的图像产生图案填充层的特殊效果。为白色图形叠加图案后的效果如图 7-58 所示。

10. 【描边】

通过【描边】选项的设置可以为工作层中的内容添加描边效果，描绘的边缘可以是一种颜色、一种渐变色或者图案。为图形描绘紫色的边缘的效果如图 7-59 所示。

图7-58　图案叠加效果

图7-59　描边效果

下面灵活运用【图层样式】命令，来制作如图 7-60 所示的效果字。

【操作步骤】

(1) 新建一个【宽度】为“25 厘米”，【高度】为“18 厘米”，【分辨率】为“120 像素/英寸”，【颜色模式】为“RGB 颜色”，【背景内容】为黑色的文件。

(2) 选择工具，将属性栏中 羽化: 50 px 选项的参数设置为“50 px”，然后绘制出如图 7-61 所示的具有羽化性质的椭圆形选区。

(3) 新建“图层 1”，为选区填充上亮蓝色（R:195,G:202,B:225），然后按 Ctrl+D 组合键将选区删除。

图7-60 制作的水晶边框效果字

(4) 将“图层 1”的【不透明度】的参数设置为“50%”，降低不透明度后的图形效果如图 7-62 所示。

(5) 利用 T 工具，输入如图 7-63 所示的白色英文字母。

图7-61 绘制的选区

图7-62 降低不透明度后的图形效果

图7-63 输入的文字

(6) 执行【图层】/【栅格化】/【文字】命令，将文字层转换为普通层。

(7) 选择工具，按住 Shift 键绘制出如图 7-64 所示的白色圆形。

(8) 选择工具，按住 Alt 键，将鼠标指针移动至矩形选区内，按住左键并拖曳鼠标，移动复制圆形。

(9) 利用【编辑】/【自由变换】命令将复制出的圆形调整大小后放置到如图 7-65 所示的位置。

(10) 用与步骤 8～9 相同的方法依次复制并调整出如图 7-66 所示的圆形。

图7-64 绘制的图形

图7-65 图形放置的位置

图7-66 复制出的图形

(11) 选择工具，按住 Shift 键绘制出如图 7-67 所示的圆形选区。

(12) 按 Delete 键删除选择的内容，效果如图 7-68 所示，然后按 Ctrl+D 组合键将选区删除。

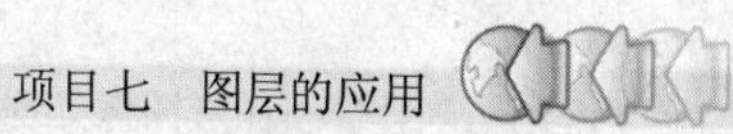

(13) 用与步骤 11～12 相同的方法依次绘制出选区后删除，制作出如图 7-69 所示的效果。

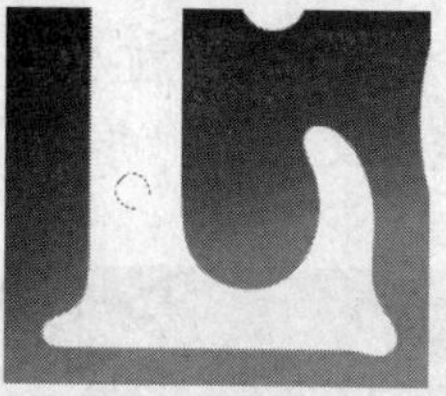

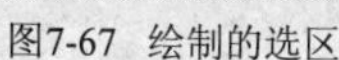

图7-67　绘制的选区

图7-68　删除后的效果

图7-69　删除内容后的文字效果

(14) 执行【图层】/【图层样式】/【混合选项】命令，在弹出的【图层样式】对话框中分别设置各项参数如图 7-70 所示。

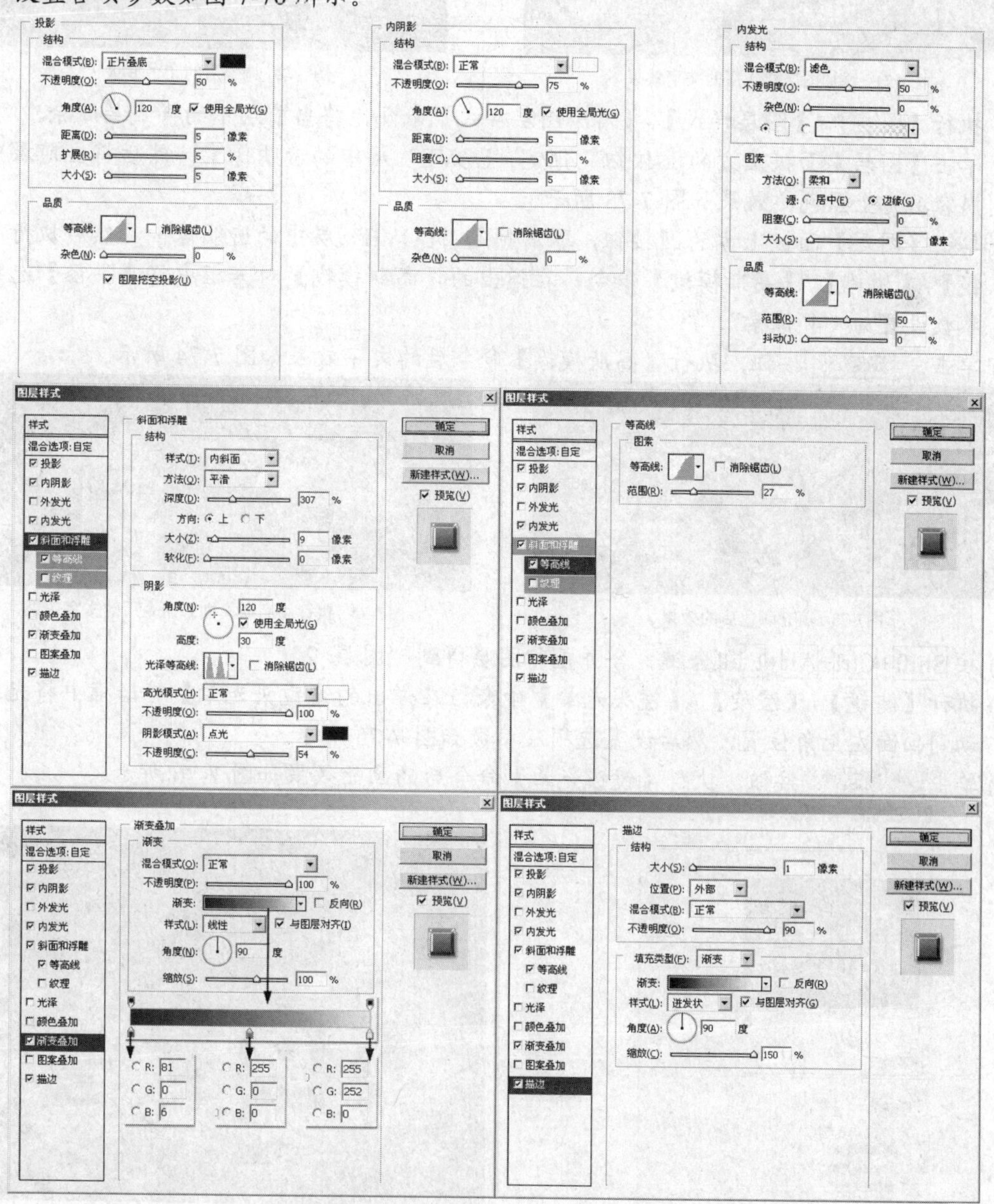

图7-70　【图层样式】对话框参数设置

(15) 单击 确定 按钮，添加图层样式后的文字效果如图 7-71 所示。

(16) 将“LOVE”层复制生成为“LOVE 副本”层，然后将“LOVE”层设置为当前层。

(17) 执行【编辑】/【变换】/【透视】命令，为当前层中的内容添加透视变形框，并将其调整至如图 7-72 所示的形状，然后按 Enter 键确认文字的变换操作。

图7-71 添加图层样式后的文字效果

图7-72 调整后的文字形状

(18) 执行【图层】/【图层样式】/【清除图层样式】命令，将当前层中的样式层删除。

(19) 单击【图层】面板上方的按钮，锁定“LOVE”层中的透明像素，然后将当前层中的内容填充上黑色，效果如图 7-73 所示。

(20) 单击【图层】面板上方的按钮，取消锁定“LOVE”层中的透明像素，然后执行【滤镜】/【模糊】/【高斯模糊】命令，在弹出的【高斯模糊】对话框中将【半径】选项的参数设置为“4 像素”。

(21) 单击 确定 按钮，执行【高斯模糊】命令后的文字效果如图 7-74 所示。

图7-73 填充颜色后的效果

图7-74 执行【高斯模糊】命令后的文字效果

(22) 按 Shift+Ctrl+Alt+E 组合键，合并盖印图层得到“图层 2”。

(23) 执行【滤镜】/【渲染】/【镜头光晕】命令，在弹出的【镜头光晕】对话框中将光晕移动到画面左上角位置，然后设置选项及参数如图 7-75 所示。

(24) 单击 确定 按钮，执行【镜头光晕】命令后的画面效果如图 7-76 所示。

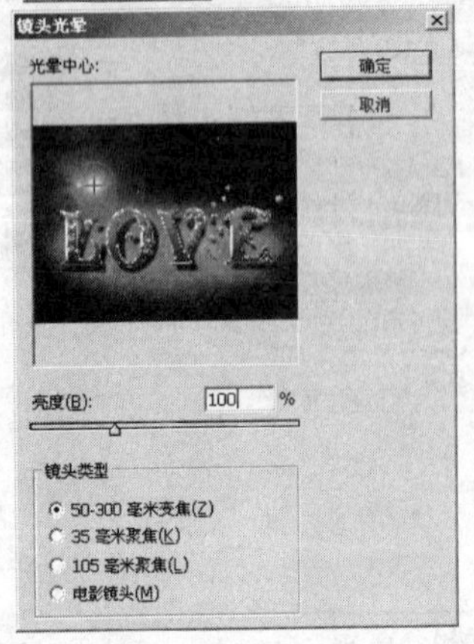

图7-75 【镜头光晕】对话框参数设置

图7-76 执行【镜头光晕】命令后的画面效果

(25) 执行【滤镜】/【渲染】/【镜头光晕】命令，在弹出的【镜头光晕】对话框中将光晕移动到画面的右侧中间位置，然后设置选项及参数如图 7-77 所示。

(26) 单击 确定 按钮，执行【镜头光晕】命令后的画面效果如图 7-78 所示。

图7-77 【镜头光晕】对话框参数设置

图7-78 执行【镜头光晕】命令后的画面效果

(27) 按 Ctrl+S 组合键，将文件命名为“制作水晶边框字.psd”保存。

项目实训一 制作包装盒平面展开图

灵活运用图层设计出如图 7-79 所示的“健康动力”保健品包装盒的平面展开图。

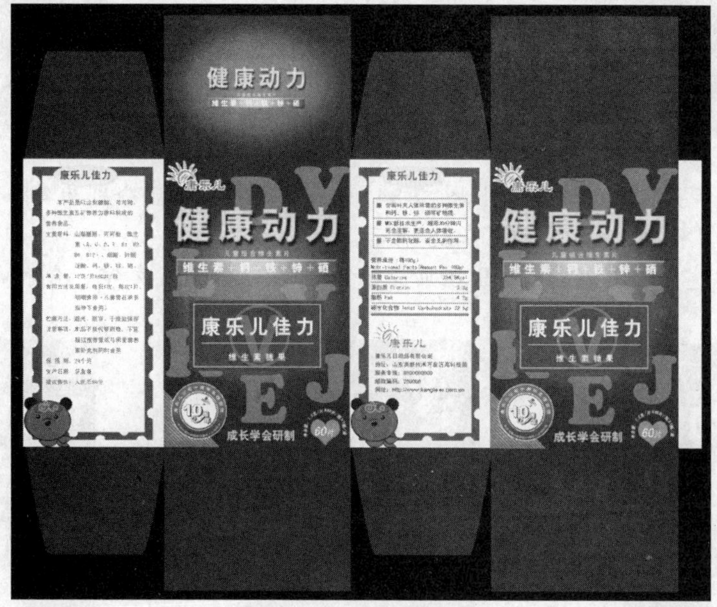

图7-79 设计的包装平面展开图

【操作步骤】

(1) 新建一个文件后，依次添加如图 7-80 所示的参考线。

(2) 新建图层，然后利用 工具和 工具依次绘制出平面展开图的整体形状，如图 7-81 所示。

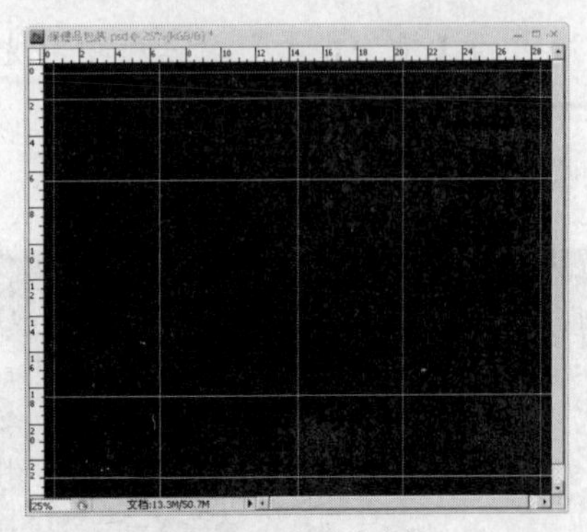
图7-80 添加的参考线

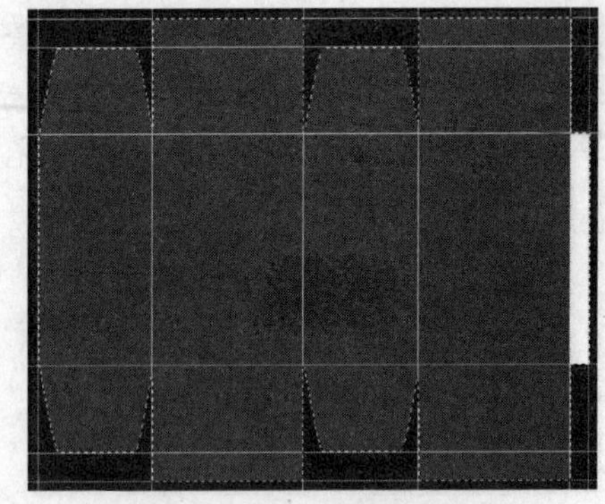
图7-81 绘制的平面展开图整体形状

(3) 利用 T 工具依次输入白色字母，并分别将其【填充】选项设置为“30%”，效果如图 7-82 所示。

(4) 新建一个图层，利用 ◯ 工具绘制椭圆形选区，羽化后填充青色（G:242,B:242），然后将素材文件中名为“标志.jpg”的文件打开，选择标志图形后移动复制到如图 7-83 所示的位置。

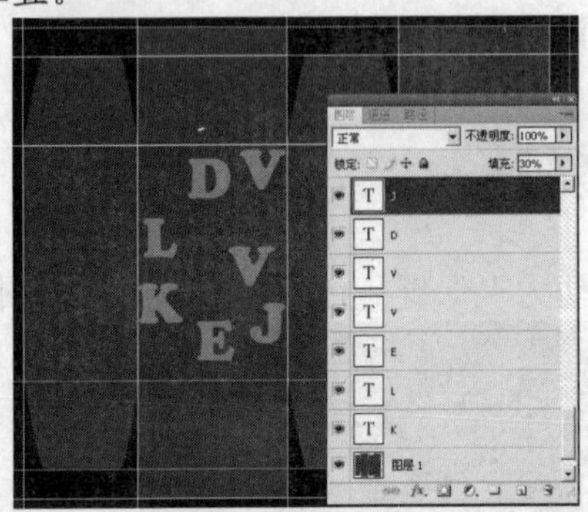

图7-82 输入的字母

图7-83 标志放置的位置

(5) 输入白色文字并在其下方绘制如图 7-84 所示的矩形，然后分别为其添加图层样式（参数设置可参见作品），效果如图 7-85 所示。

(6) 灵活运用各选区工具及 T 工具在画面中绘制图形并输入文字，制作的标贴图形如图 7-86 所示。

图7-84 输入的文字及绘制的矩形

图7-85 添加图层样式后的效果

图7-86 制作的标贴

(7) 新建一个图层并绘制洋红色的三角形，然后新建一个图层绘制水平长条矩形并依次垂直向下移动复制（注意要带选区复制）。

(8) 将长条矩形旋转角度后，根据绘制的三角形，利用橡皮擦工具对长条矩形进行擦除，效果如图 7-87 所示。

(9) 执行【图层】/【创建剪贴蒙版】命令，通过下方图层中的图像显示本图层的内容，生成的效果及【图层】面板形状如图 7-88 所示。

图7-87　擦除后的效果

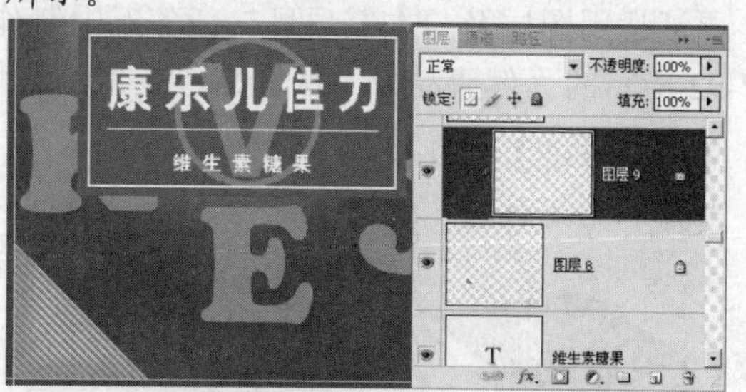

图7-88　创建剪贴蒙版后的效果及【图层】面板

(10) 依次添加其他图形及文字，完成包装的正面图形，整体效果如图 7-89 所示。

(11) 通过移动复制操作将相关图层中的内容移动复制，并分别调整至如图 7-90 所示的位置。

图7-89　制作出的正面效果

图7-90　移动复制内容放置的位置

(12) 灵活运用图层及各选区工具和 T 工具，制作出如图 7-91 所示的侧面图形，完成平面展开图的设计。

图7-91　制作出的侧面图形

(13) 按 Ctrl+S 组合键，将此文件命名为“包装盒平面展开图.psd”保存。

项目实训二 制作包装盒立体效果图

灵活运用图层及与本书项目二任务五中制作酒包装盒立体效果图相同的方法，制作出如图 7-92 所示的“健康动力”保健品包装盒的立体效果图。

【操作步骤】

(1) 新建一个文件后，灵活运用工具绘制出如图 7-93 所示的背景效果。

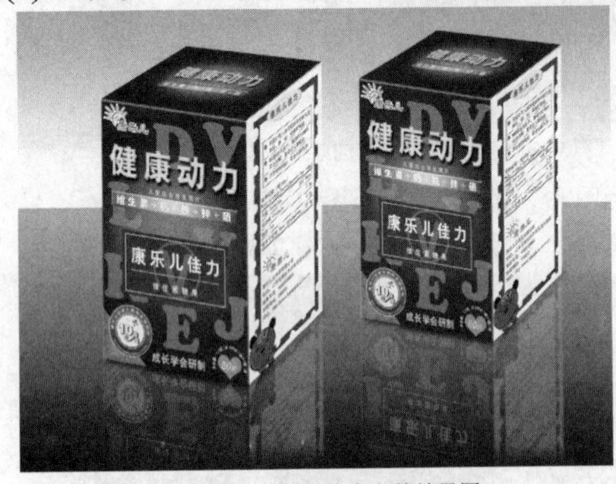

图7-92 制作的包装盒立体效果图

图7-93 制作的背景效果

(2) 用与本书项目二任务五中制作酒包装立体效果图相同的方法，制作出如图 7-94 所示的包装立体效果，【图层】面板形状如图 7-95 所示。

(3) 将正面图形所在的“图层 1”复制为“图层 1 副本”层，然后执行【图层】/【排列】/【向下一层】命令，将其调整至“图层 1”层的下方。

(4) 将复制的正面图形向下调整位置，并利用【自由变换】命令将其调整至如图 7-96 所示的形状。

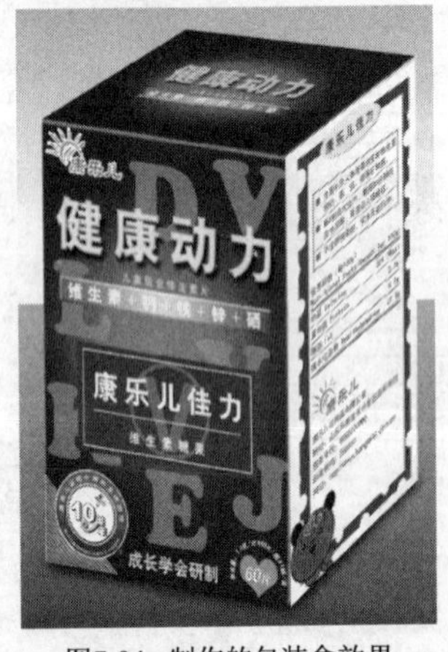

图7-94 制作的包装盒效果

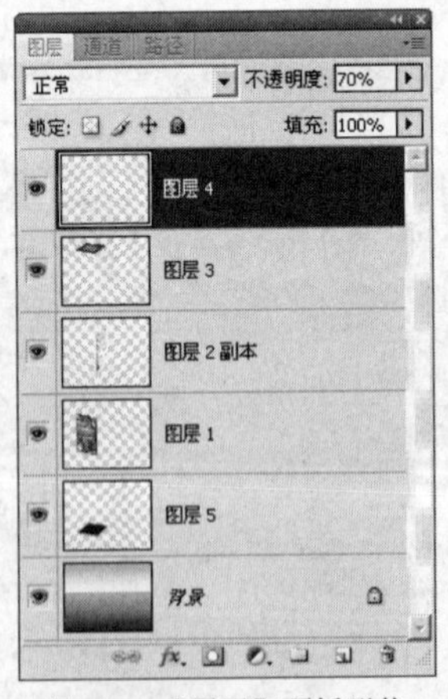

图7-95 【图层】面板形状

图7-96 复制图形调整后的形状

(5) 将“图层 1 副本”层的【不透明度】参数设置为“20%”，然后单击按钮为其添加图层蒙版，并利用工具编辑蒙版，编辑蒙版后的效果及【图层】面板形状如图 7-97 所示。

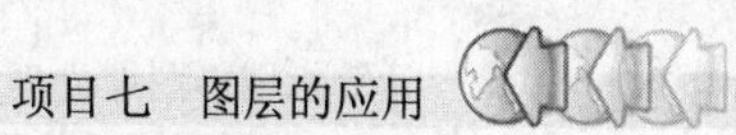

(6) 用相同的方法制作出侧面图形的倒影效果，完成包装盒的立体效果制作，如图 7-98 所示。

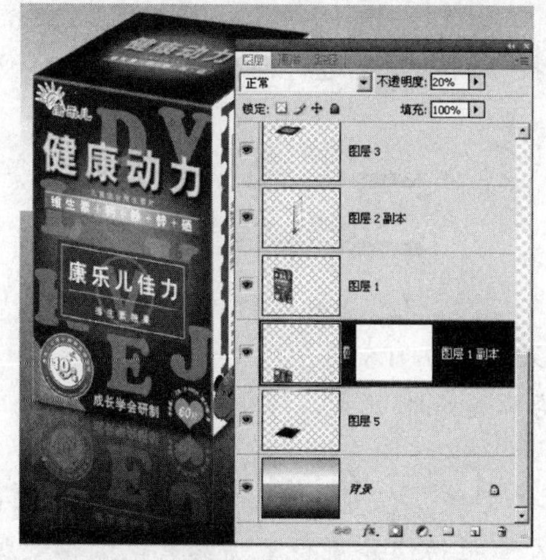

图7-97　制作的倒影效果及【图层】面板

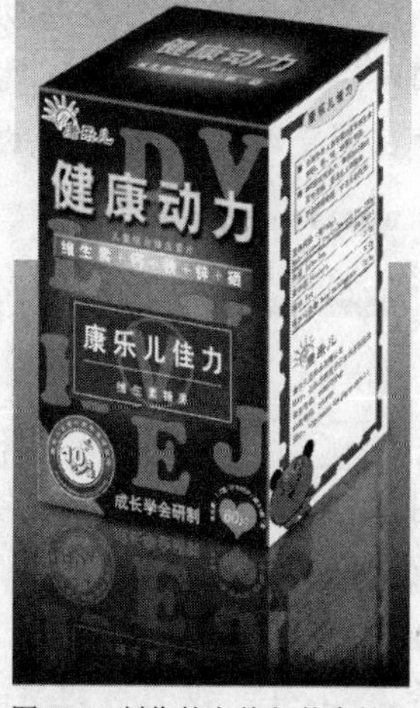

图7-98　制作的立体包装盒效果

(7) 按 Ctrl+S 组合键，将此文件命名为“包装盒立体效果图.psd”保存。

项目拓展　制作图像合成效果

利用【图层样式】对话框中的【混合选项】制作出如图 7-99 所示的图片合成效果。

【操作步骤】

(1) 打开素材文件中名为“云彩.jpg”和“鱼缸.jpg”的图片文件，如图 7-100 所示。

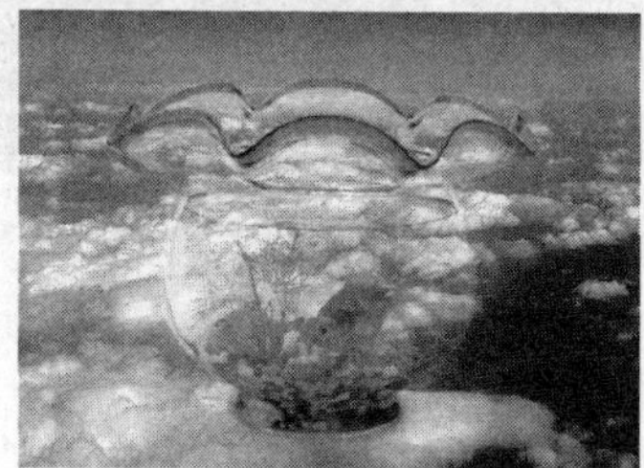

图7-99　制作的图片合成效果

图7-100　打开的图片文件

(2) 利用 工具组合图片，如图 7-101 所示。

(3) 确认“图层 1”为工作图层，单击【图层】面板底部的 fx. 按钮，在弹出的下拉菜单中选择【混合选项】命令，弹出【图层样式】对话框，如图 7-102 所示。

图7-101　组合后的图片

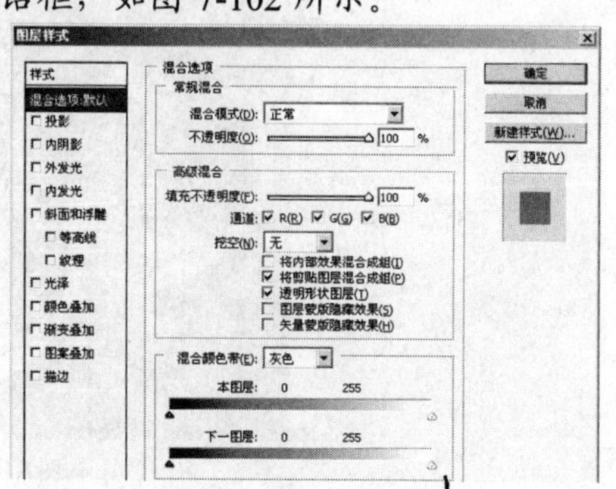

图7-102　【图层样式】对话框

(4) 按住 Alt 键，将鼠标指针放置在如图 7-103 所示的三角形按钮上，按住鼠标左键并拖曳，将三角形按钮向左移动。

(5) 用相同的方法，按住 Alt 键，对其他三角形按钮的位置也进行调整，如图 7-104 所示。读者在调整时要注意画面的效果变化。

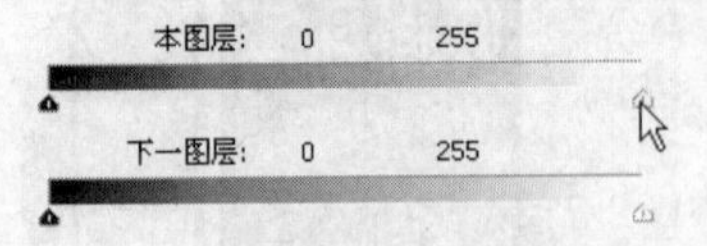

图7-103 拖曳鼠标调整三角形位置

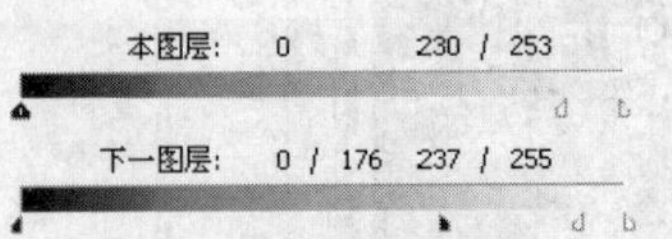

图7-104 调整后的三角形位置

(6) 单击 确定 按钮，将图像混合后的效果如图 7-105 所示。

(7) 对图像进行混合处理后，可以看出图像的轮廓还清晰可见，下面利用【画笔】工具和蒙版进行融合处理。

(8) 单击【图层】面板底部的按钮，为图层添加蒙版。设置工具箱中的前景色为黑色。

(9) 选择工具，设置合适大小的笔头，然后在鱼缸边缘轮廓位置喷绘黑色编辑蒙版，编辑后的效果如图 7-106 所示。

图7-105 混合后的图像效果

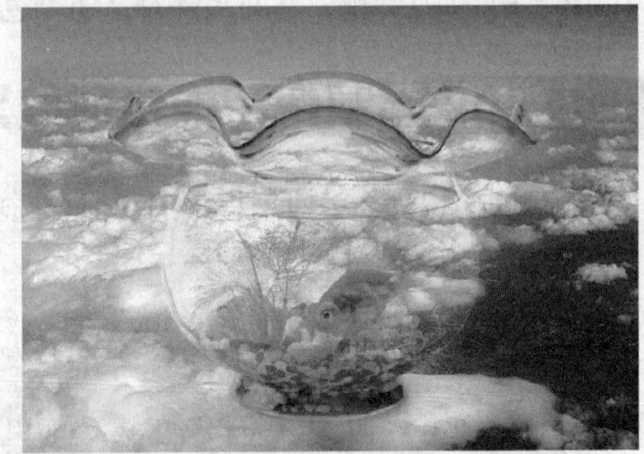
图7-106 编辑蒙版后的效果

(10) 按 Ctrl+Shift+S 组合键，将此文件命名为“白云上的金鱼.psd”存储。

习题

1. 用本项目介绍的图层基本知识，制作出如图 7-107 所示的金属锁链效果。

图7-107 制作的金属锁链

2. 在素材文件中打开名为“女孩.jpg”和“花.jpg”的图片文件，如图 7-108 所示。用本项目介绍的图层混合模式，制作出如图 7-109 所示的图像合成效果。

图7-108 打开的图片

图7-109 图像合成效果

3. 灵活运用【图层样式】命令，制作出如图 7-110 所示的网页按钮效果。

图7-110 制作的网页按钮效果

4. 在素材文件中打开名为“大提琴.jpg”和“天空.jpg”的图片文件，如图 7-111 所示。利用与项目拓展中介绍的“制作图像合成效果”相同的方法，制作出如图 7-112 所示的图像合成效果。

图7-111 打开的图片

图7-112 制作的图像合成效果

项目八

通道和蒙版的应用

在 Photoshop CS4 中，通道和蒙版是较难掌握的内容，而它们在实际工作中的应用又相当重要，特别是在建立和保存特殊选区及制作特殊效果方面更体现出其独特的灵活性。因此本项目将详细介绍通道和蒙版的有关内容，并以相应的实例加以说明，以便使读者对它们有一个全面的认识。

学习目标

掌握通道的概念及类型。
学会【通道】面板的使用方法。
掌握利用通道选取图像。
掌握蒙版概念。
学会新建蒙版和编辑使用蒙版。
掌握利用蒙版合成图像。
学会通道的拆分与合并。

任务一 利用通道抠选复杂背景中的婚纱

通道是保存不同颜色信息的灰度图像，可以存储图像中的颜色数据、蒙版或选区。每一幅图像都有一个或多个通道，通过编辑通道中存储的各种信息可以对图像进行编辑。

【知识准备】

1. 通道类型

根据通道存储的内容不同，通道可以分为复合通道、单色通道、专色通道和 Alpha 通道，如图 8-1 所示。

> **说明**　Photoshop 中的图像都有一个或多个通道，图像中默认的颜色通道数取决于其颜色模式。每个颜色通道都存放图像颜色元素信息，图像中的色彩是通过叠加每一个颜色通道而获得的。在四色印刷中，青、品、黄、黑印版就相当于 CMYK 颜色模式图像中的 C、M、Y、K 4 个通道。

- 复合通道：不同模式的图像通道的数量也不一样，默认情况下，位图、灰度和索引模式的图像只有 1 个通道，RGB 和 Lab 模式的图像有 3 个通道，CMYK 模式的图像有 4 个通道。在图 8-1 中，【通道】面板的最上面一个通道（复合通道）代表每个通道叠加后的图像颜色，下面的通道是拆分后的单色通道。

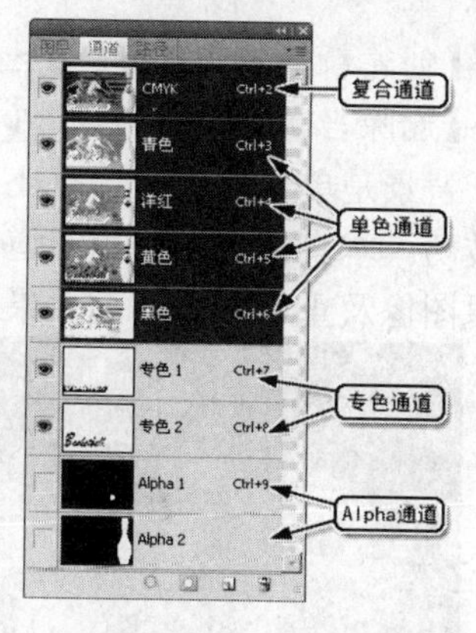

图8-1　通道类型说明图

- 单色通道：在【通道】面板中，单色通道都显示为灰色，它通过 0~256 级亮度的灰度表示颜色。在通道中很难控制图像的颜色效果，所以一般不采取直接修改颜色通道的方法改变图像的颜色。
- 专色通道：在处理颜色种类较多的图像时，为了让自己的印刷作品与众不同，往往要做一些特殊通道的处理。除了系统默认的颜色通道外，还可以创建专色通道，如增加印刷品的荧光油墨或夜光油墨，套版印制无色系（如烫金、烫银）等，这些特殊颜色的油墨一般称为“专色”，这些专色都无法用三原色油墨混合而成，这时就要用到专色通道与专色印刷了。
- Alpha 通道：单击【通道】面板底部的 按钮，可创建一个 Alpha 通道。Alpha 通道是为保存选区而专门设计的通道，其作用主要是用来保存图像中的选区和蒙版。在生成一个图像文件时，并不一定产生 Alpha 通道，通常它是在图像处理过程中为了制作特殊的选区或蒙版而人为生成的，并从中提取选区信息。因此在输出制版时，Alpha 通道会因为与最终生成的图像无关而被删除。但有时也要保留 Alpha 通道，比如在三维软件最终渲染输出作品时，会附带生成一张 Alpha 通道，用以在平面处理软件中做后期合成。

2. 【通道】面板

利用【通道】面板可以完成创建、复制或删除通道等操作。执行【窗口】/【通道】命令，即可在工作区中显示【通道】面板。下面介绍一下面板中各按钮的功能和作用。

- 【指示通道可见性】图标 ：此图标与【图层】面板中的 图标是相同的，多次单击可以使通道在显示或隐藏之间切换。注意，当【通道】面板中某一单色通道被隐藏后，复合通道会自动隐藏；当选择或显示复合通道后，所有的单色通道也会自动显示。
- 通道缩览图： 图标右侧为通道缩览图，其作用是显示通道的颜色信息。
- 通道名称：通道缩览图的右侧为通道名称，它能使用户快速识别各种通道。通道名称的右侧为切换该通道的快捷键。
- 【将通道作为选区载入】按钮 ：单击此按钮，或按住 Ctrl 键单击某通道，可以将该通道中颜色较淡的区域载入为选区。
- 【将选区存储为通道】按钮 ：当图像中有选区时，单击此按钮，可以将图像中的选区存储为 Alpha 通道。

- 【创建新通道】按钮 ：可以创建一个新的通道。
- 【删除当前通道】按钮 ：可以将当前选择或编辑的通道删除。

对于背景是单色的图像选取还是较为简单的，但如果是选取背景中透明的婚纱还需要掌握一定技巧。本案例介绍利用通道将复杂背景中的透明婚纱图像抠选出来，然后添加上新的背景，原图像及重新合成后的效果如图 8-2 所示。

图8-2 原图像及重新合成后的效果

【操作步骤】

(1) 打开素材文件中名为“婚纱照.jpg”的图片文件。

(2) 打开【通道】面板，将明暗对比较明显的“蓝”通道设置为工作状态，再单击面板底部 按钮，载入“蓝”通道的选区，然后按 Ctrl+2 组合键转换到 RGB 通道模式，载入的选区形状如图 8-3 所示。

图8-3 载入的选区形状

(3) 返回到【图层】面板中新建“图层 1”，将图层混合模式设置为“滤色”，并为“图层 1”填充红色，在【色板】中选择的颜色及填充的图层如图 8-4 所示，填充颜色后的效果如图 8-5 所示。

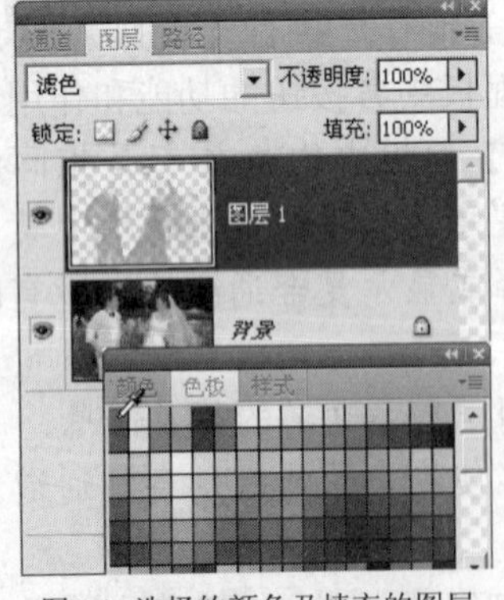

图8-4 选择的颜色及填充的图层

图8-5 填充红色后的效果

(4) 新建“图层 2”，将图层混合模式设置为“滤色”，并为“图层 2”填充绿色，在【色板】中选择的颜色及填充的图层如图 8-6 所示，填充颜色后的效果如图 8-7 所示。

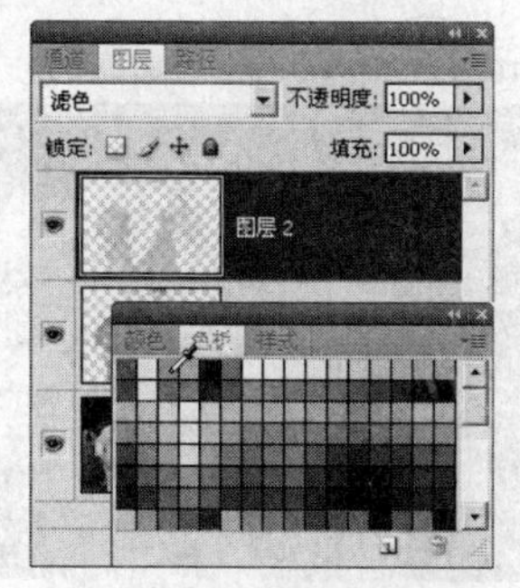

图8-6　选择的颜色及填充的图层

图8-7　填充绿色后的效果

(5) 新建“图层 3”，将图层混合模式设置为“滤色”，并为“图层 3”填充蓝色，在【色板】中选择的颜色及填充的图层如图 8-8 所示，填充颜色后的效果如图 8-9 所示。

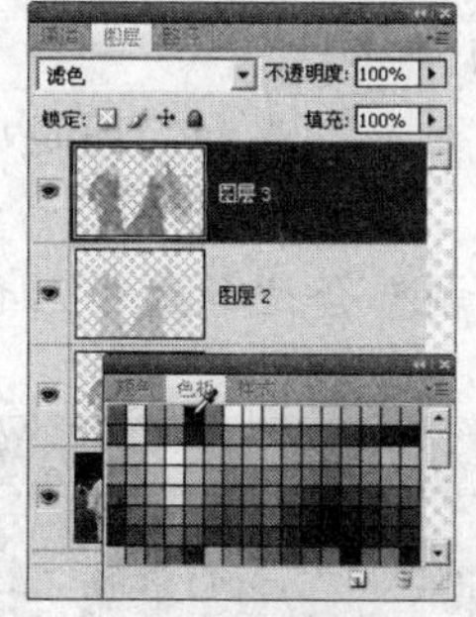

图8-8　选择的颜色及填充的图层

图8-9　填充蓝色后的效果

(6) 按 Ctrl+D 组合键删除选区，然后按两次 Ctrl+E 组合键将“图层 3”和“图层 2”向下合并到“图层 1”中。

(7) 将“背景 ”层复制生成为“背景 副本”层，然后为“背景”层填充上深蓝色（R:30,G:35,B:130）。

(8) 将“背景 副本”层设置为当前层，再单击【图层】面板底部的 按钮，为“背景 副本”层添加图层蒙版。

(9) 选择 工具，单击属性栏中的 按钮，在弹出的【画笔选项】面板中将【硬度】选项的参数设置为“50%”，然后依次设置合适的笔头大小在“背景 副本”层的蒙版中绘制黑色编辑蒙版，效果如图 8-10 所示。

(10) 将“图层 1”设置为当前层，选择 工具，设置合适的笔头大小后，将除人物外的其他部分擦除，最终效果如图 8-11 所示。

图8-10　编辑蒙版后的效果

图8-11　擦除后的效果

(11) 按住 Ctrl 键单击如图 8-12 所示“背景 副本”层的图层缩览图加载人物选区。

(12) 确认“图层 1”为工作层，单击 按钮为其添加图层蒙版，然后按 Ctrl+I 组合键进行

反相，生成的图层蒙版缩览图及画面效果如图 8-13 所示。

图8-12 按住Ctrl键单击图层缩览图

图8-13 生成的图层蒙版缩览图及画面效果

(13) 至此，婚纱选取完成，按 Shift+Ctrl+S 组合键，将此文件另命名为“选取婚纱.psd”保存。

(14) 打开素材文件中名为“秋景.jpg”的图片文件，如图 8-14 所示。

(15) 将“选取婚纱”文件设置为工作状态，然后将“背景 副本”层和“图层 1”同时选择，并将其移动复制到“秋景.jpg”文件中。

(16) 利用【编辑】/【自由变换】命令将复制入的人物图像调整合适的大小后放置到如图 8-15 所示的位置。

图8-14 打开的图片

图8-15 图像放置的位置

(17) 按 Shift+Ctrl+S 组合键，将此文件另命名为“合成婚纱背景.psd”保存。

任务二 利用通道选取图像

根据通道中单色通道的明暗分布情况，再加上少许的编辑，可以把通道中的白色区域转换成选区，从而达到选取指定图像的目的。对于利用路径或其他选取工具很难实现的图像选取，也许利用通道就会非常容易地把图像选取出来。下面通过案例来学习利用通道增加图像与背景的对比度，从而把需要的图像在背景中选取出来。

说明：在通道中，白色代替图像的透明区域，表示要处理的部分，可以直接添加选区；黑色表示不需处理的部分，不能直接添加选区。

利用通道命令将人物在背景中选出并为其更换背景，原图像及更改背景后的效果如图 8-16 所示。

【操作步骤】

(1) 打开素材文件中名为“美女.jpg”的图片文件。

(2) 在【通道】面板中单击"红"、"绿"、"蓝"通道，查看这 3 个通道的效果，可以看出蓝色通道中的头发与背景的对比最为强烈。

(3) 将"蓝"通道拖曳到下方的 按钮处将其复制，如图 8-17 所示，然后选择 工具，并设置属性栏中的各选项及参数如图 8-18 所示。

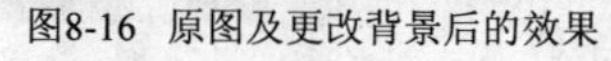

图8-16　原图及更改背景后的效果

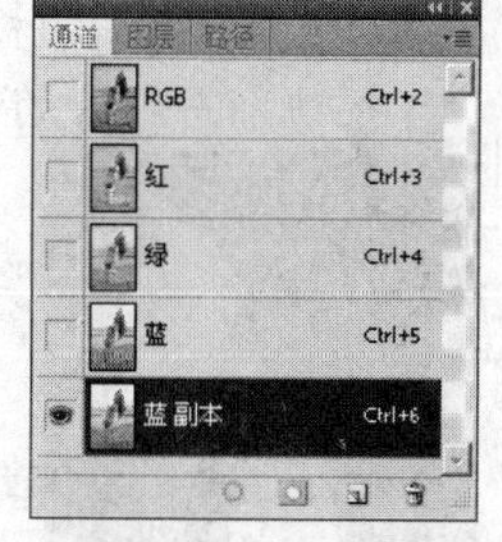

图8-17　复制出的通道

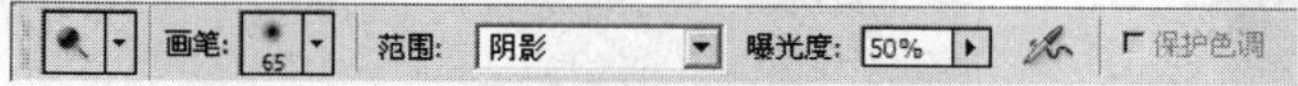

图8-18　【减淡】工具属性栏参数设置

(4) 在图像的背景区域依次拖曳鼠标将背景淡化处理，效果如图 8-19 所示。注意不要淡化人物区域，特别是头发位置。

(5) 执行【图像】/【应用图像】命令，在弹出的【应用图像】对话框中设置各项参数如图 8-20 所示。

图8-19　淡化处理后的效果

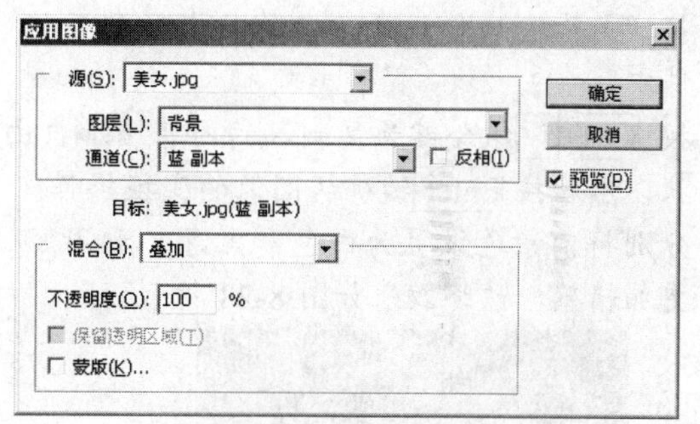

图8-20　【应用图像】对话框参数设置

(6) 单击 确定 按钮，背景的大部分区域已显示为白色，如图 8-21 所示。

(7) 再次执行【图像】/【应用图像】命令，在弹出的【应用图像】对话框中单击 确定 按钮，再一次将背景提亮，效果如图 8-22 所示。

(8) 按 Ctrl+I 组合键，将通道中的图像反相显示，效果如图 8-23 所示。

图8-21　执行【应用图像】命令后的效果

图8-22　再次执行【应用图像】后的效果

图8-23　反相操作后的效果

(9) 选择工具，将前景色设置为白色，然后分别设置合适的笔头大小，将人物区域全部描绘为白色，效果如图 8-24 所示。

(10) 按住 Ctrl 键单击"蓝 副本"通道加载人物选区，按 Ctrl+2 组合键转换到 RGB 通道模式，载入的选区形状如图 8-25 所示。

(11) 返回到【图层】面板中，将"背景"层复制为"背景 副本"层，然后单击面板下方的按钮，用现有的选区为复制的图层创建图层蒙版，如图 8-26 所示。

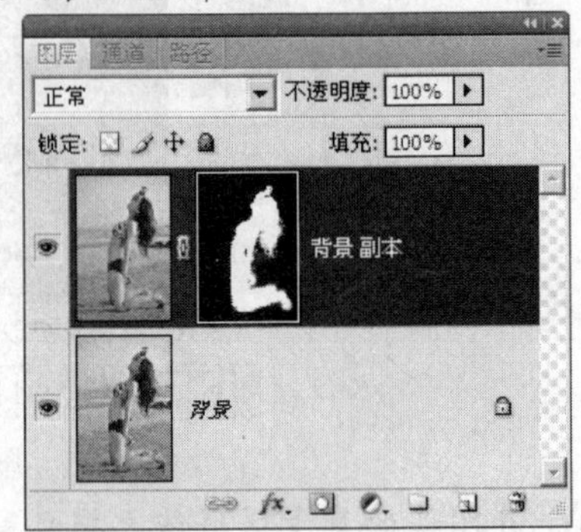

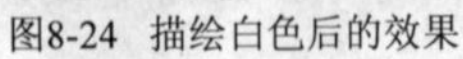

图8-24 描绘白色后的效果　　图8-25 载入的选区形状　　图8-26 创建的图层蒙版

(12) 按 Shift+Ctrl+S 组合键，将此文件另命名为"选取人物.psd"保存。

(13) 打开素材文件中名为"草地.jpg"的图片文件。

(14) 将"美女"文件设置为工作状态，然后将"背景 副本"层移动复制到"草地.jpg"文件中。

(15) 按 Ctrl+T 组合键为复制入的内容添加自由变形框，并将其调整至如图 8-27 所示的形状，然后按 Enter 键确认图像的变换操作。

(16) 分别将前景色设置为白色和黑色，利用工具对蒙版进行细部处理，使选取出的人物更加精确，最终效果如图 8-28 所示。

图8-27 图像调整的大小及位置

图8-28 编辑蒙版后的效果

(17) 按 Shift+Ctrl+S 组合键，将此文件另命名为"合成背景.psd"保存。

任务三 利用蒙版制作地产广告

蒙版是将不同灰度色值转化为不同的透明度，并作用到它所在的图层中，使图层不同部位透明度产生相应的变化，黑色为完全透明，白色为完全不透明。蒙版还具有保护和隐藏图像的功能，当对图像的某一部分进行特殊处理时，利用蒙版可以隔离并保护其余的图像部分不被修改和破坏。蒙版概念示意图如图 8-29 所示。

图8-29　蒙版概念示意图

【知识准备】

根据创建方式不同，蒙版可分为两种类型：图层蒙版和矢量蒙版。图层蒙版是位图图像，与分辨率相关，它是由绘图或选框工具创建的；矢量蒙版与分辨率无关，是由【钢笔】工具或形状工具创建的。

在【图层】面板中，图层蒙版和矢量蒙版都显示图层缩览图和附加缩览图。对于图层蒙版，此缩览图代表添加图层蒙版时创建的灰度通道；对于矢量蒙版，此缩览图代表从图层内容中剪下来的路径。图层蒙版和矢量蒙版说明图如图 8-30 所示。

图8-30　图层蒙版和矢量蒙版说明图

1.　创建图层蒙版

在【图层】面板中选择要添加图层蒙版的图层或图层组，然后执行下列任一操作。

- 在【图层】面板中单击 按钮或执行【图层】/【图层蒙版】/【显示全部】命令，即可创建出显示整个图层的蒙版。如当前图像文件中有选区，可以创建出显示选区内图像的蒙版。
- 按住 Alt 键单击【图层】面板中的 按钮或执行【图层】/【图层蒙版】/【隐藏全部】命令，即可创建出隐藏整个图层的蒙版。如当前图像文件中有选区，可以创建出隐藏选区内图像的蒙版。

在【图层】面板中单击蒙版缩览图，使之成为当前状态，然后在工具箱中选择任一个绘图工具，执行下列操作之一可以编辑图层蒙版。

- 在蒙版图像中绘制黑色，可增加蒙版被屏蔽的区域，并显示更多的图像。
- 在蒙版图像中绘制白色，可减少蒙版被屏蔽的区域，并显示更少的图像。
- 在蒙版图像中绘制灰色，可创建半透明效果的屏蔽区域。

2.　创建矢量蒙版

矢量蒙版可在图层上创建锐边形状的图像，若需要添加边缘清晰分明的图像可以使用矢

量蒙版。在【图层】面板中选择要添加矢量蒙版的图层或图层组，然后执行下列任一操作即可创建矢量蒙版。

- 执行【图层】/【矢量蒙版】/【显示全部】命令，可创建显示整个图层中图像的矢量蒙版。
- 执行【图层】/【矢量蒙版】/【隐藏全部】命令，可创建隐藏整个图层中图像的矢量蒙版。
- 当图像文件中有路径存在且处于显示状态时，执行【图层】/【矢量蒙版】/【当前路径】命令，可创建显示形状内容的矢量蒙版。

在【图层】或【路径】面板中单击矢量蒙版缩览图，将其设置为当前状态，然后利用【钢笔】工具或【路径编辑】工具更改路径的形状，即可编辑矢量蒙版。

在【图层】面板中选择要编辑的矢量蒙版层，然后执行【图层】/【栅格化】/【矢量蒙版】命令，可将矢量蒙版转换为图层蒙版。

3. 停用或启用蒙版

添加蒙版后，执行【图层】/【图层蒙版】/【停用】或【图层】/【矢量蒙版】/【停用】命令，可将蒙版停用，此时【图层】面板中蒙版缩览图上会出现一个红色的交叉符号，且图像文件中会显示不带蒙版效果的图层内容。

完成图层蒙版的创建后，既可以应用蒙版使其更改永久化，也可以扔掉蒙版而不应用更改，操作如下。

- 执行【图层】/【图层蒙版】/【应用】命令或单击【图层】面板下方的 按钮，在弹出的询问面板中单击 应用 按钮，即可在当前层中应用图层蒙版。
- 执行【图层】/【图层蒙版】/【删除】命令或单击【图层】面板下方的 按钮，在弹出的询问面板中单击 删除 按钮，即可在当前层中取消图层蒙版。

4. 删除矢量蒙版

- 将矢量蒙版缩览图拖曳到【图层】面板下方的 按钮上。
- 选择矢量蒙版，执行【图层】/【矢量蒙版】/【删除】命令。
- 在【图层】面板中，当矢量蒙版层为工作层时，按 Delete 键，可直接将该图层删除。

5. 取消图层与蒙版的链接

默认情况下，图层和蒙版处于链接状态，当使用【移动】工具移动图层或蒙版时，该图层及其蒙版会在图像文件中一起移动，取消它们的链接后可以进行单独移动。

- 执行【图层】/【图层蒙版】/【取消链接】或【图层】/【矢量蒙版】/【取消链接】命令，即可将图层与蒙版之间取消链接。
- 在【图层】面板中单击图层缩览图与蒙版缩览图之间的图标，链接图标消失，表明图层与蒙版之间已取消链接；当在此处再次单击，链接图标出现时，表明图层与蒙版之间又重建链接。

6. 选择图层上的不透明区域

通过载入图层，可以快速选择图层上的所有不透明区域；通过载入蒙版，可以将蒙版的边界作为选区载入。按住 Ctrl 键单击【图层】面板中的图层或蒙版缩览图，即可在图像

文件中载入以所有不透明区域形成的选区或以蒙版为边界的选区。如果当前图像文件中有选区，按住 Ctrl+Shift 组合键单击【图层】面板中的图层或蒙版缩览图，可向现有的选区中添加要载入的选区，以生成新的选区。按住 Ctrl+Alt 组合键单击【图层】面板中的图层或蒙版缩览图，可在现有的选区中减去要载入的选区，以生成新的选区。按住 Ctrl+Alt+Shift 组合键单击【图层】面板中的图层或蒙版缩览图，可将现有的选区与要载入的选区相交，生成新的选区。

利用蒙版制作出如图 8-31 所示的地产广告。

图8-31　设计完成的地产广告

【操作步骤】

(1) 新建一个【宽度】为“30 厘米”，【高度】为“20 厘米”，【分辨率】为“120 像素/英寸”，【颜色模式】为“RGB 颜色”，【背景内容】为青灰色（R:223,G:233,B:228）的文件。

(2) 打开素材文件中名为“风光.jpg”的文件，然后将其移动复制到新建文件中生成“图层 1”。

(3) 按 Ctrl+T 组合键为复制入的图片添加自由变换框，并将其调整至如图 8-32 所示的形状，然后按 Enter 键确认图像的变换操作。

(4) 按住 Ctrl 键单击“图层 1”的图层缩览图加载选区，然后将前景色设置为黑色，背景色设置为灰绿色（R:90,G:125,B:130）。

(5) 选择■工具，新建“图层 2”，按住 Shift 键为选区由上至下填充由前景色到背景色的线性渐变色，效果如图 8-33 所示，然后按 Ctrl+D 组合键删除选区。

图8-32　调整后的图像形状

图8-33　填充的渐变色

(6) 在【图层】面板中将“图层 2”调整至“图层 1”的下方，然后将“图层 1”的图层混合模式设置为“明度”，生成的效果及【图层】面板如图 8-34 所示。

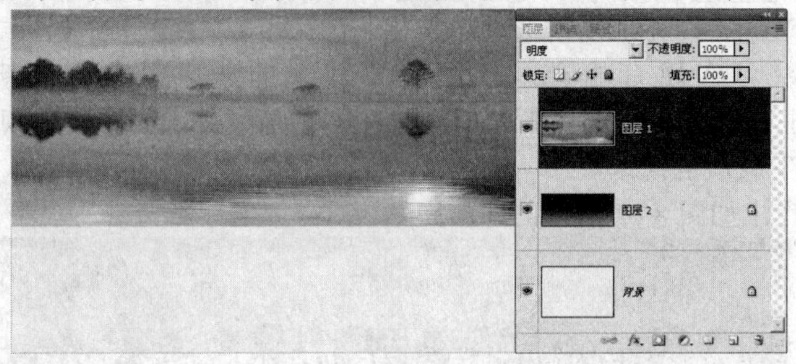

图8-34 设置图层后的效果

(7) 打开素材文件中名为“盘子和花.psd”的文件，然后将“图层 1”中的“花”移动复制到新建文件中生成“图层 3”，并将其调整大小后放置到如图 8-35 所示的位置。

(8) 将“盘子和花.psd”文件中“图层 2”中的“盘子”移动复制到新建文件中生成“图层 4”，并将其调整大小后放置到如图 8-36 所示的位置。

图8-35 图像放置的位置

图8-36 图像放置的位置

(9) 打开素材文件中名为“别墅.jpg”的文件，然后将其移动复制到新建文件中生成“图层 5”。

(10) 按 Ctrl+T 组合键为复制入的图片添加自由变换框，并将其调整至如图 8-37 所示的形状，然后按 Enter 键确认图像的变换操作。

(11) 单击【图层】面板下方的按钮，为“图层 5”添加图层蒙版，然后选择工具，设置合适的笔头大小后沿图像边缘描绘黑色，使别墅图片与盘子更好地融合，效果如图 8-38 所示。

图8-37 调整后的图像形状

图8-38 编辑蒙版后的效果

(12) 按 Ctrl+U 组合键，在弹出的【色相/饱和度】对话框中设置参数如图 8-39 所示。

(13) 单击 确定 按钮，图像调整颜色后的效果如图 8-40 所示。

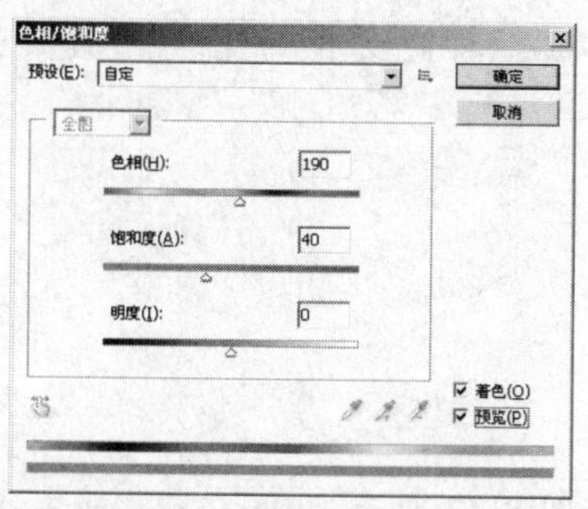

图8-39　【色相/饱和度】对话框参数设置

图8-40　调整颜色后的效果

(14) 新建“图层 6”，并将其调整至“图层 4”的下方位置，然后选取工具，设置合适的笔头大小后在盘子的下方位置描绘黑色，制作出盘子的投影效果，如图 8-41 所示。

(15) 利用工具在画面的上方位置依次输入如图 8-42 所示的黑色文字和字母。

图8-41　喷绘出的投影效果

图8-42　输入的文字和字母

(16) 新建“图层 7”，利用工具绘制出如图 8-43 所示的选区，并为其填充上深红色（R:110,G:5,B:5），然后按 Ctrl+D 组合键删除选区。

(17) 利用工具在深红色图形上输入如图 8-44 所示的白色文字。

图8-43　绘制的选区

图8-44　输入的文字

(18) 利用工具依次输入如图 8-45 所示的黑色文字。

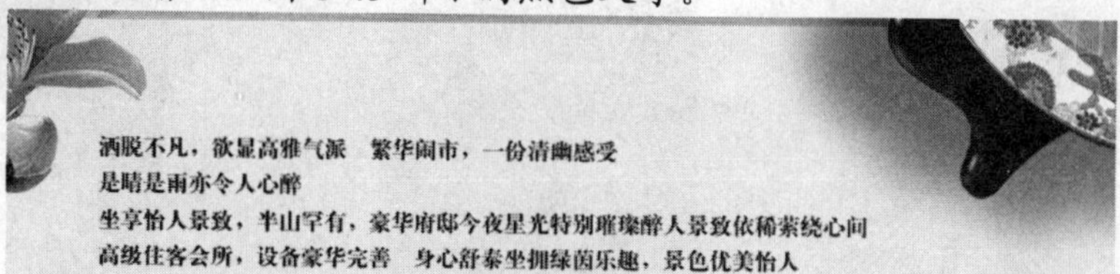

图8-45　输入的文字

(19) 至此，地产广告已设计完成，按 Ctrl+S 组合键，将此文件命名为“设计地产广告.psd”保存。

项目实训一 制作焦点蒙版效果

利用蒙版制作如图 8-46 所示的焦点蒙版效果。

【操作步骤】

(1) 打开素材文件中名为“女孩.jpg”的图片文件，如图 8-47 所示。

(2) 执行【图层】/【新建】/【通过拷贝的图层】命令，将“背景”层通过复制生成“图层 1”。

(3) 将“背景”层设置为当前层，然后单击“图层 1”左侧的按钮将其隐藏，此时【图层】面板的形状如图 8-48 所示。

图8-46 制作出的焦点蒙版效果

图8-47 打开的图片

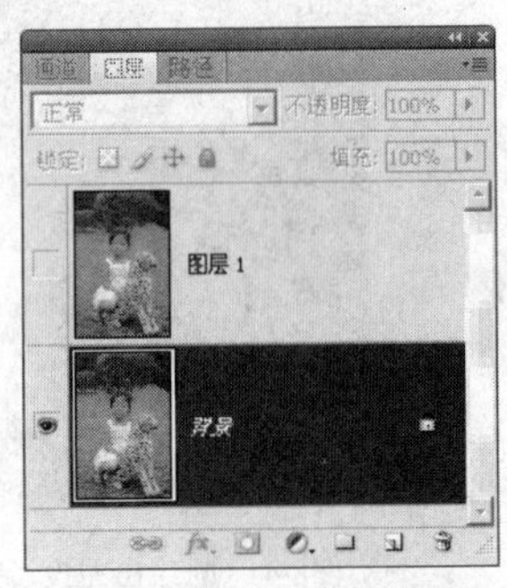

图8-48 【图层】面板的形态

(4) 执行【滤镜】/【模糊】/【径向模糊】命令，在弹出的【径向模糊】对话框中设置参数如图 8-49 所示。

(5) 单击 确定 按钮，执行【径向模糊】命令后的效果如图 8-50 所示。

(6) 单击“图层 1”左侧的按钮将其显示，并设置为当前层，然后单击【图层】面板底部的按钮添加图层蒙版。

(7) 将前景色设置为黑色，按 Alt+Delete 组合键为“图层 1”中的蒙版填充黑色，【图层】面板形状如图 8-51 所示。

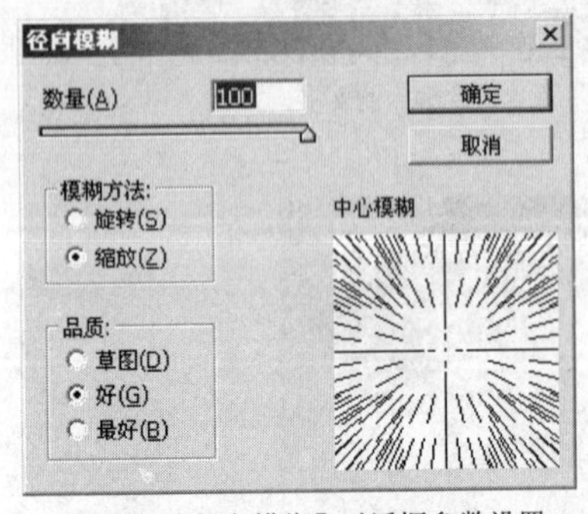

图8-49 【径向模糊】对话框参数设置

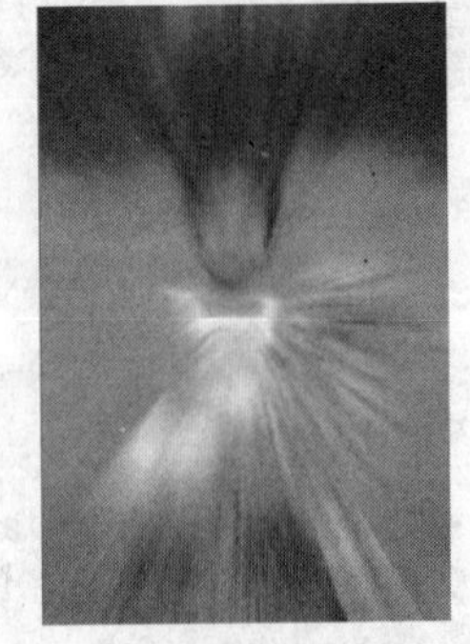

图8-50 执行【径向模糊】后的效果

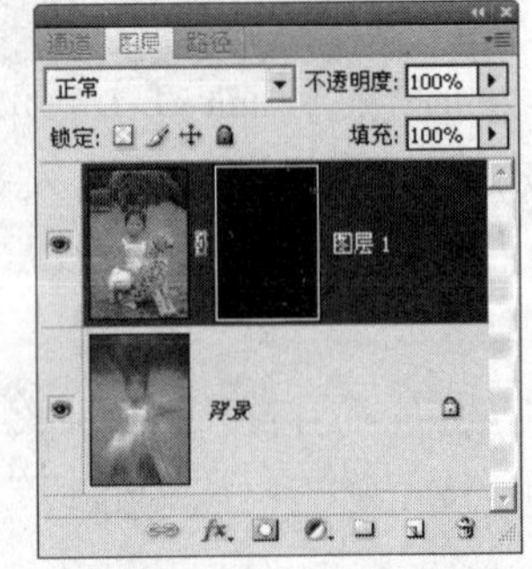

图8-51 【图层】面板的形状

(8) 将前景色设置为白色，选取工具，设置合适的笔头大小后在画面中喷绘编辑蒙版，出现的效果及【图层】面板的形状如图 8-52 所示。

(9) 选取工具，激活属性栏中的按钮，并单击选项右侧的倒三角按钮，在弹

出的【渐变样式】面板中选取如图 8-53 所示的“色谱”渐变样式。

(10) 新建“图层 2”，然后将鼠标指针移动到画面的中心位置，按下鼠标左键并向右下方拖曳，为画面填充编辑的渐变颜色，效果如图 8-54 所示。

图8-52　编辑蒙版后的效果及【图层】面板的形态

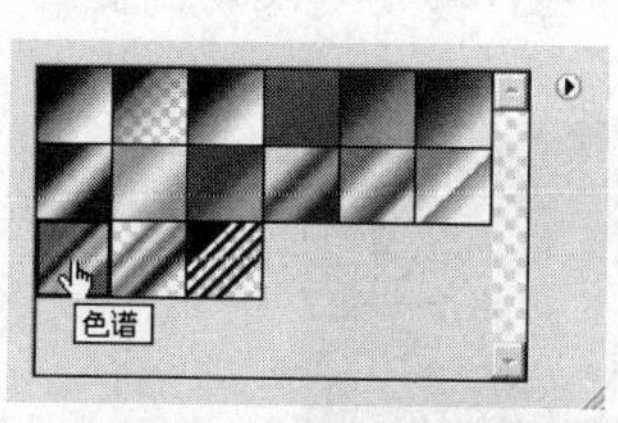

图8-53　选择的渐变样式

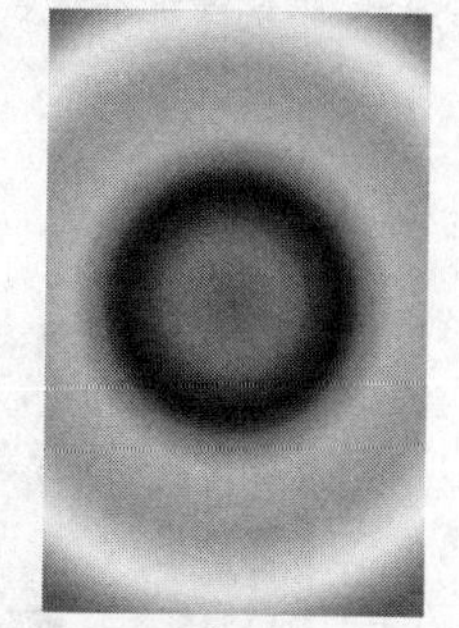
图8-54　填充渐变色后的效果

(11) 将“图层 2”的图层混合模式设置为“柔光”，【不透明度】选项的参数设置为“50%”，此时焦点蒙版制作完成，最终效果如图 8-46 所示。

(12) 按 Shift+Ctrl+S 组合键，将此文件另命名为“焦点蒙版效果.psd”保存。

项目实训二　制作面部皮肤美容效果

很多杂志封面的电影明星照片中，明星的皮肤非常细腻光滑，其中大部分照片都进行了后期的皮肤处理。本案例结合快速蒙版编辑模式的使用，制作出如图 8-55 所示的面部皮肤美容效果。

图8-55　原图与修饰完成的皮肤效果对比

【操作步骤】

(1) 打开素材文件中名为“男生.jpg”的图片文件。

(2) 单击工具箱下方的按钮，将图像设置为快速蒙版编辑模式，然后选取工具，并设置其属性栏如图 8-56 所示，注意要将画笔的【硬度】值设置为 100%。

画笔: 15　模式: 正常　不透明度: 100%　流量: 100%

图8-56　【画笔】工具属性栏参数设置

(3) 将前景色设置为黑色，然后将鼠标指针移动到图像文件中，沿着人物的面部区域拖曳

鼠标，创建选区的边界如图 8-57 所示。

> 利用工具在人物的边缘拖曳并不是在图像的边缘描绘了红色，而是确定选区的边界，当转换到标准模式下后，红色的区域将自动生成选区，原图像不会被破坏。另外，如创建了错误的选区边界时，可利用工具进行擦除，然后再重新创建。
>
> 说明

(4) 选择工具，将鼠标指针移动到人物的面部上并单击，填充蒙版颜色，效果如图 8-58 所示。

图8-57 绘制的蒙版选区边界

图8-58 填充的蒙版颜色

(5) 单击按钮，将图像蒙版编辑模式转换为标准模式，在画面中没有被屏蔽的区域出现如图 8-59 所示的选区。

(6) 按 Shift+Ctrl+I 组合键将选区反选，按 Ctrl+J 组合键将选区中的面部图像复制生成“图层 1”。

(7) 执行【滤镜】/【模糊】/【高斯模糊】命令，弹出【高斯模糊】对话框，参数设置如图 8-60 所示。

(8) 单击 确定 按钮，执行【高斯模糊】命令后的效果如图 8-61 所示。

图8-59 出现的选区形状

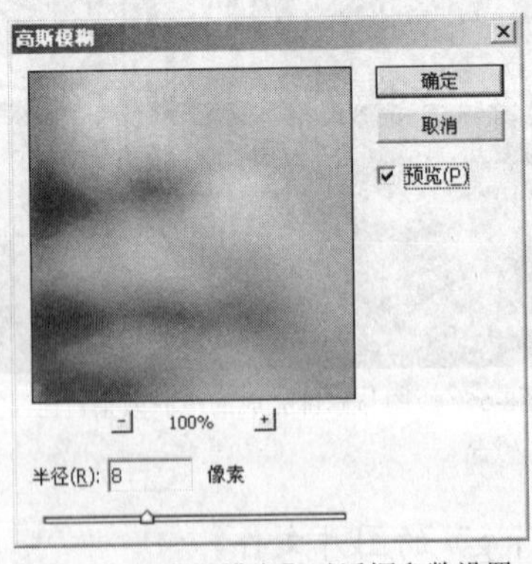

图8-60 【高斯模糊】对话框参数设置

图8-61 执行【高斯模糊】命令后的效果

(9) 单击【图层】面板下方的按钮，为“图层 1”添加图层蒙版，然后利用工具在眼睛位置绘制黑色编辑蒙版，使其显示出背景层中的清晰效果，如图 8-62 所示。

(10) 用与步骤 9 相同的方法，分别在眉毛、鼻子、嘴和下巴位置绘制黑色编辑蒙版，使其显示出清晰的图像，最终效果如图 8-63 所示。

图8-62　显示的眼睛清晰效果

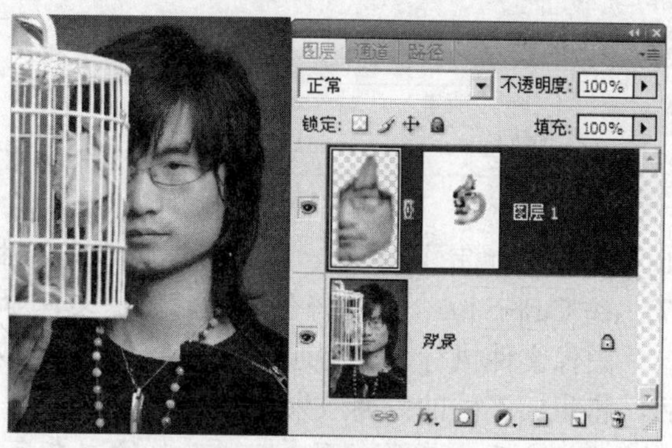

图8-63　编辑蒙版后的效果

(11) 按Shift+Ctrl+S组合键，将此文件另命名为“美容皮肤.psd”保存。

项目拓展　分离与合并通道

在图像处理过程中，有时需要将通道分离为多个单独的灰度图像，然后重新进行合并，对其进行编辑处理，从而制作各种特殊的图像效果。下面以案例的形式来讲解。

【操作步骤】

(1) 打开素材文件中名为“风景.jpg”的图片文件，如图 8-64 所示。

(2) 在【通道】面板中单击右上角的按钮，在弹出的下拉菜单中执行【分离通道】命令，此时原图像被关闭，生成的灰度图像以原文件名和通道缩写形式重新命名，它们分别置于不同的图像窗口中，相互独立，如图 8-65 所示。

图8-64　打开的图片

图8-65　分离通道后生成的灰度图像

(3) 在【通道】面板中单击右上角的按钮，在弹出的下拉菜单中执行【合并通道】命令，弹出如图 8-66 所示的【合并通道】对话框。

- 【模式】：用于指定合并图像的颜色模式，下拉列表中有“RGB 颜色”、“CMYK 颜色”、“Lab 颜色”和“多通道”4 种颜色模式。
- 【通道】：决定合并图像的通道数目，该数值由图像的颜色模式决定。当选择“多通道”模式时，可以有任意多的通道数目。

(4) 在【模式】下拉列表中选择“RGB 颜色”通道，然后单击 确定 按钮。

(5) 在再次弹出的【合并 RGB 通道】对话框中分别设置各通道应用的灰度图像，如图 8-67 所示。

图8-66 【合并通道】对话框

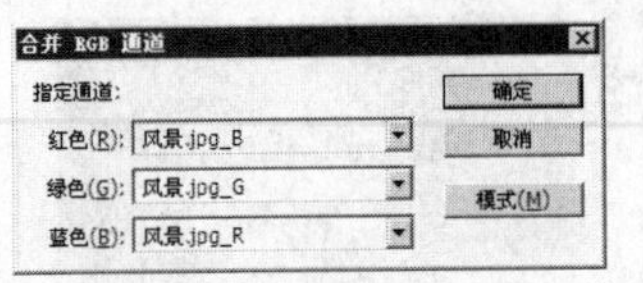

图8-67 【合并 RGB 通道】对话框

(6) 单击 确定 按钮，即可将图像合成，生成的效果如图 8-68 所示。

(7) 按 Ctrl+S 组合键，将合成后的图像文件命名为“合并通道效果 1.jpg”保存。

图像文件执行【分离通道】命令后，如对灰度图像文件进行了颜色调整，再次合并通道后，将生成不同的色调效果。

(8) 确认分离出来的“风景.jpg_B”通道灰色图像文件处于工作状态，执行【图像】/【调整】/【曲线】命令（快捷键为 Ctrl+M 组合键），在弹出的【曲线】对话框中，将鼠标指针放置到预览窗口中的斜线上，按下鼠标左键并拖曳，将曲线调整至如图 8-69 所示的形状。

(9) 单击 确定 按钮，图像调整亮度后的效果如图 8-70 所示。

图8-68 互换通道后合成的效果

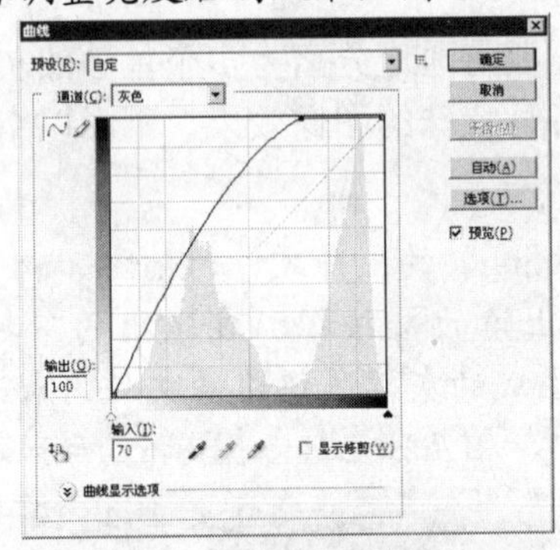

图8-69 调整后的曲线形状

图8-70 图像调整后的效果

(10) 在【通道】面板中单击右上角的按钮，在弹出的下拉菜单中执行【合并通道】命令，弹出【合并通道】对话框。

(11) 在【模式】下拉列表中选择“RGB 颜色”通道，然后单击 确定 按钮。

(12) 在再次弹出的如图 8-71 所示的【合并 RGB 通道】对话框中单击 确定 按钮，即可将图像合成，生成的效果如图 8-72 所示。

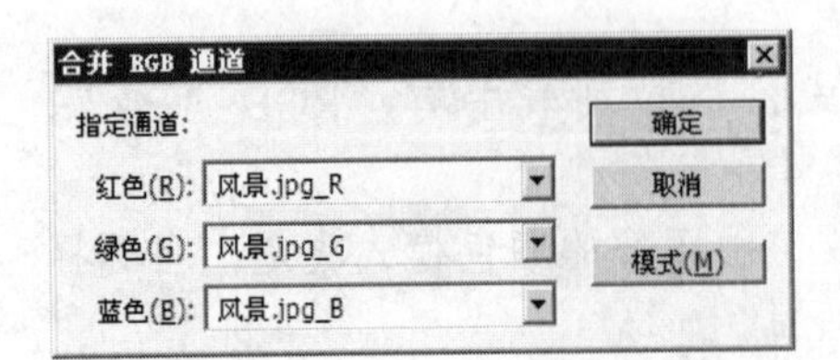

图8-71 【合并 RGB 通道】对话框

图8-72 通道调色后合成的效果

(13) 按 Ctrl+S 组合键，将合成后的图像文件命名为“合并通道效果 2.jpg”保存。

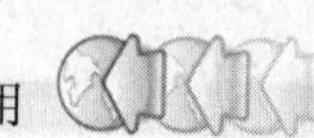

习题

1.　在素材文件中打开名为“婚纱.jpg”和“竹林.jpg”的图片文件，如图 8-73 所示。利用本项目介绍的选取婚纱操作方法，制作出如图 8-74 所示的婚纱图像合成效果。

图8-73　打开的图片

图8-74　合成效果

2.　在素材文件中打开名为“游乐场.jpg”和“天空.jpg”的图片文件，如图 8-75 所示。用本项目介绍的蒙版操作，制作出如图 8-76 所示的图像合成效果。

图8-75　打开的图片

图8-76　合成效果

3.　在素材文件中打开名为“人物.jpg”的图片文件，如图 8-77 所示。利用本项目介绍的面部皮肤美容操作方法，制作出如图 8-78 所示的面部皮肤美容效果。

图8-77　打开的图片

图8-78　制作完成的面部皮肤美容效果

项目九 图像编辑

本项目主要介绍 Photoshop CS4 菜单中的【编辑】命令。在前面几个项目的实例制作过程中已经介绍和使用了【编辑】菜单下的部分命令，相信读者对一些命令也有了一定的认识。在图像处理过程中，将工具和菜单命令配合使用，可以大大提高工作效率。熟练掌握这些命令也是进行图像特殊艺术效果处理的关键。

学习目标

学会【还原】和【恢复】命令操作。
学会【复制】和【粘贴】命令操作。
学会【变换】命令操作。
学会图像大小调整操作。

任务一 【还原】和【恢复】命令练习

【还原】与【恢复】命令主要是对图像处理过程中出现的失误进行纠正的命令。

【知识准备】

- 【还原】命令：将图像文件恢复到最后一次编辑操作前的状态。
- 【前进一步】命令：在图像中有被撤销的操作时，选择该命令，将向前恢复一步操作。
- 【后退一步】命令：选择该命令将向后撤销一步操作。
- 【渐隐】命令：对上一步图像的编辑操作进行不透明度和模式的调整。

利用【还原】和【恢复】命令对图像进行恢复操作练习。

【操作步骤】

(1) 打开素材文件中名为“玩具熊.jpg”的图片文件，如图 9-1 所示。
(2) 利用工具在画面中绘制玫红色和绿色两笔颜色，如图 9-2 所示。
(3) 执行【编辑】/【还原画笔工具】命令，即可将绘制的第 2 笔颜色在画面中撤销，如图 9-3 所示。

> **说明** 菜单栏中的【编辑】/【还原】命令的快捷键为 Ctrl+Z 组合键，当执行了此命令后，该命令将变为【编辑】/【重做】命令。

(4) 执行【编辑】/【重做画笔工具】命令，将刚撤销的绿色再恢复出来，如图 9-4 所示。

图9-1　打开的图片

图9-2　绘制的颜色

图9-3　撤销最后绘制的颜色

(5) 执行【编辑】/【后退一步】命令，即可将图像文件中已经执行的操作，按照从后向前的顺序后退到文件刚打开时的状态。

说明：菜单栏中的【编辑】/【后退一步】命令的快捷键为 Alt+Ctrl+Z 组合键，执行此命令，可以逐步删除前面所做的操作，每执行一次此命令，将向前撤销一步操作。

(6) 执行【编辑】/【渐隐画笔工具】命令，弹出【渐隐】对话框，如图 9-5 所示，调整不同的【不透明度】参数可以根据需要渐隐最后绘制的一笔颜色，效果如图 9-6 所示。

图9-4　恢复出撤销的颜色

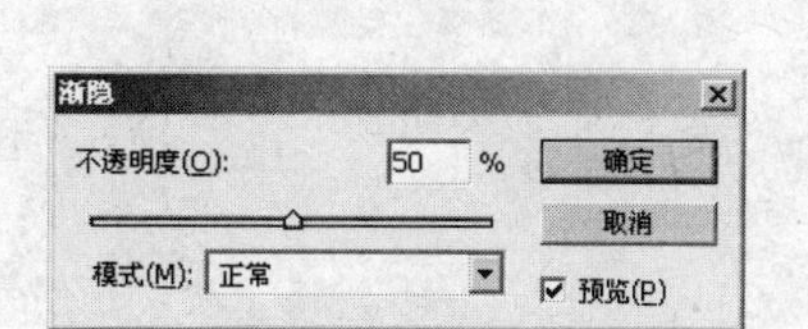

图9-5　【渐隐】对话框

图9-6　渐隐后的效果

(7) 执行【文件】/【恢复】命令，可以直接将编辑后的图像文件恢复到刚打开未编辑时的状态。如果在编辑过程中存储过图像文件，则恢复到最近一次存储文件时的状态。

任务二　【复制】和【粘贴】命令运用

图像的复制和粘贴主要包括【剪切】、【复制】、【粘贴】和【贴入】等命令，它们在实际工作中被频繁使用。在使用时要注意配合使用，如果要复制图像，就必须先将复制的图像通过【剪切】或【拷贝】命令保存到剪贴板上，然后再通过【粘贴】或【贴入】命令将剪贴板上的图像粘贴到指定的位置。

【知识准备】

- 【剪切】命令：将图像中被选择的区域保存至剪贴板上，并删除原图像中被选择的图像，此命令适用于任何图形图像设计软件。
- 【复制】命令：将图像中被选择的区域保存至剪贴板上，原图像保留，此命令适用于任何图形图像设计软件。
- 【合并复制】命令：此命令主要用于图层文件。将选区中所有图层的内容复制到剪贴板中，在粘贴时，将其合并为一个图层进行粘贴。
- 【粘贴】命令：将剪贴板中的内容作为一个新图层粘贴到当前图像文件中。
- 【贴入】命令：使用此命令时，当前图像文件中必须有选区。将剪贴板中的内容粘贴到当前图像文件中，并将选区设置为图层蒙版。
- 【清除】命令：将选区中的图像删除。

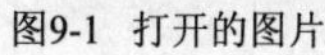

下面灵活运用【复制】和【粘贴】命令来为“美味烧烤”设计网页，制作完成的网页效果如图 9-7 所示。

图9-7 制作完成的网页效果

【操作步骤】

(1) 新建一个【宽度】为“20 厘米”，【高度】为“22 厘米”，【分辨率】为“150 像素/英寸”，【颜色模式】为“RGB 颜色”，【背景内容】为暗褐色（R:50,G:25,B:15）的文件。

(2) 按 Ctrl+R 组合键将标尺显示在图像窗口中，然后利用菜单栏中的【视图】/【新建参考线】命令，在图像窗口中添加出如图 9-8 所示的参考线。

> 添加参考线的水平位置分别为 2.5cm、10cm、11cm、14.5cm、15.5cm、19.5cm 和 20.5cm 处；垂直位置分别为 4cm、8cm、14cm、15cm 和 18cm 处。直接在标尺上按下鼠标左键向画面中拖曳，可以快速添加参考线，但利用此种方法添加的参考线位置不够精确。
>
> 说明

(3) 新建“图层 1”，然后利用工具绘制出如图 9-9 所示的选区。

图9-8 添加的参考线

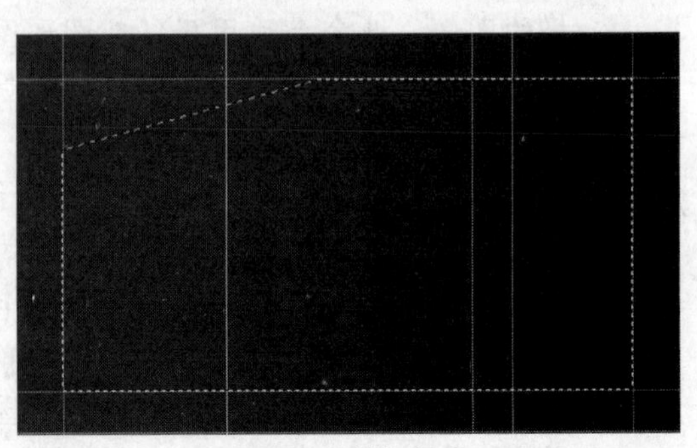

图9-9 绘制的选区

(4) 将前景色设置为深褐色（R:100,G:75,B:50），然后执行【编辑】/【描边】命令，在弹出的【描边】对话框中设置参数如图 9-10 所示。

(5) 单击 确定 按钮，描边后的效果如图 9-11 所示，然后按 Ctrl+D 组合键将选区删除。

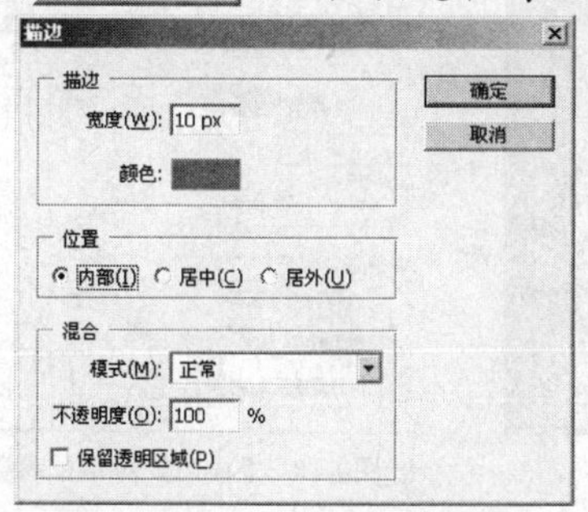

图9-10 【描边】对话框参数设置

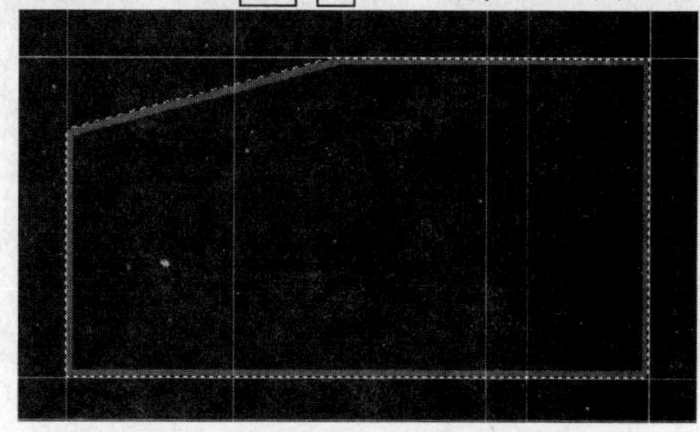

图9-11 描边后的效果

(6) 选择工具，勾选属性栏中的【连续】复选框，然后在深褐色边框内单击添加如图 9-12 所示的选区。

(7) 选择工具，激活属性栏中的按钮，然后在画面中绘制一个矩形选区，使其与原选区相减，其状态如图 9-13 所示。

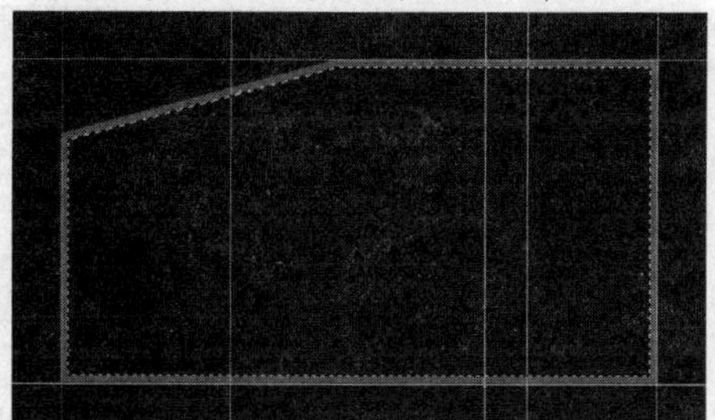

图9-12 添加的选区

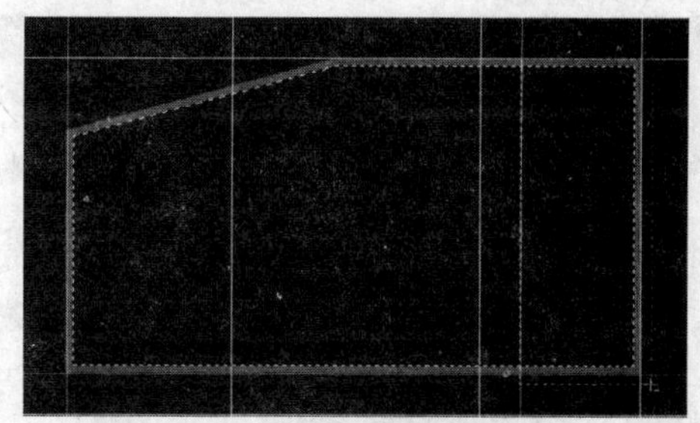

图9-13 修剪选区时的状态

(8) 打开素材文件中名为“烤肉.jpg”的图片，如图 9-14 所示。

(9) 按 Ctrl+A 组合键将烤肉图片全部选择，然后按 Ctrl+C 组合键将选择的烤肉图片复制到剪贴板中。

(10) 将新建的文件设置为工作状态，然后执行【编辑】/【贴入】命令，将剪贴板中的内容贴入当前选区中，此时会在【图层】面板中生成“图层 2”，且生成蒙版层，贴入的图片效果如图 9-15 所示。

图9-14 打开的图片

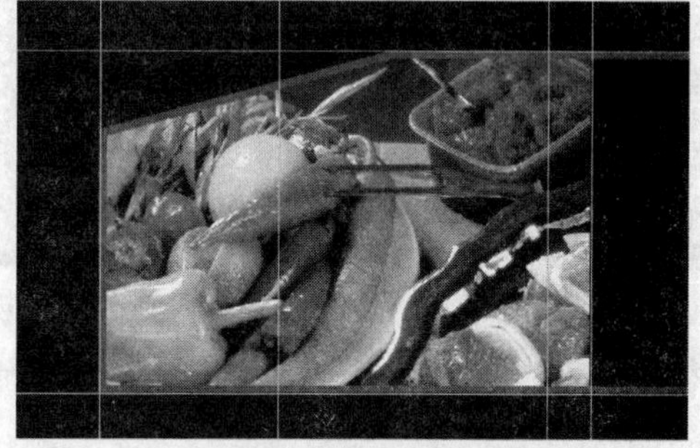

图9-15 贴入的图片效果

(11) 按 Ctrl+T 组合键为贴入的图片添加自由变换框，并将其调整至如图 9-16 所示的形状，然后按 Enter 键确认图片的变换操作。

(12) 新建“图层 3”，然后利用工具绘制出如图 9-17 所示的矩形选区。

(13) 执行【编辑】/【描边】命令，在弹出的【描边】对话框中设置参数如图 9-18 所示。

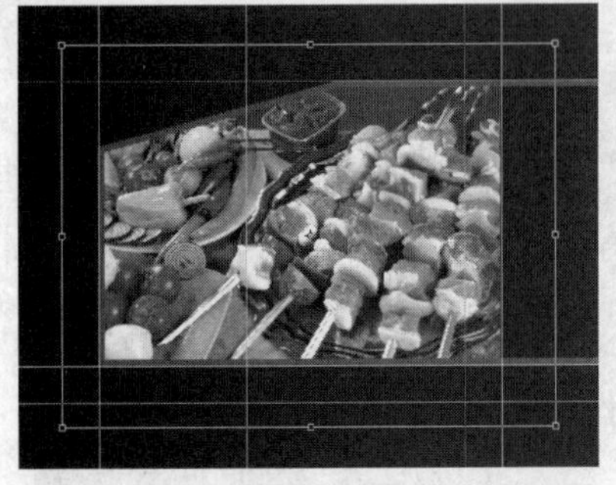
图9-16 调整后的图片形状

图9-17 绘制的选区

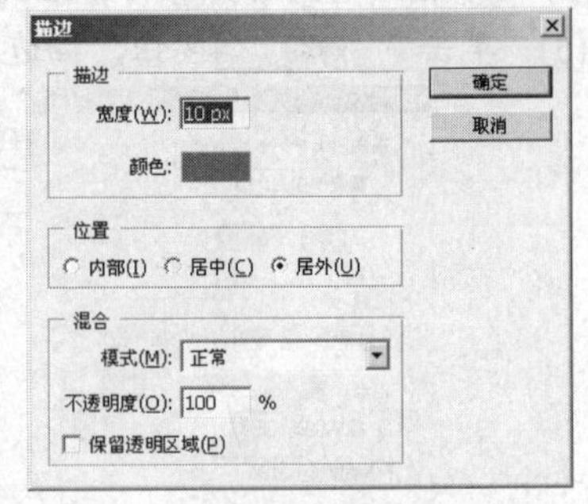

图9-18 【描边】对话框参数设置

(14) 单击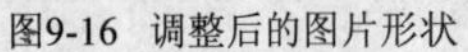按钮，然后按 Ctrl+D 组合键将选区删除，描边后的效果如图 9-19 所示。

(15) 利用工具绘制一个矩形选区，然后按 Alt+Delete 组合键为其填充前景色，效果如图 9-20 所示。

(16) 选取工具，按住 Shift+Alt 组合键，将鼠标指针移动至矩形选区内，按住鼠标左键并向下拖曳鼠标，依次复制出如图 9-21 所示的矩形，然后将选区删除。

图9-19 描边后的效果

图9-20 填充颜色后的效果

图9-21 复制出的图形

(17) 选取工具，将鼠标指针移动至如图 9-22 所示的位置单击，添加如图 9-23 所示的选区。

(18) 打开素材文件中名为“烤肉 01.jpg”的图片，如图 9-24 所示。

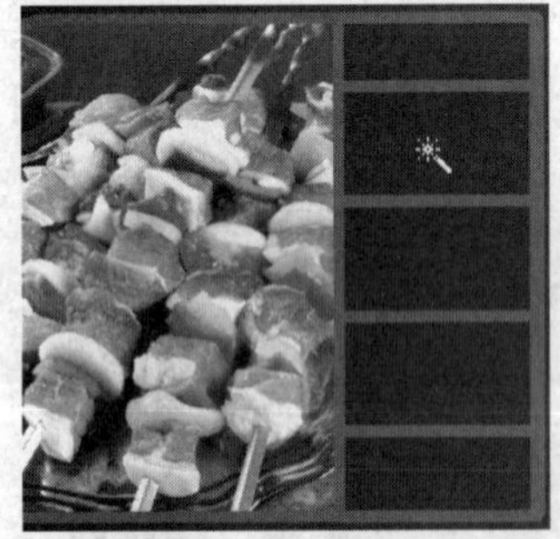
图9-22 单击的位置

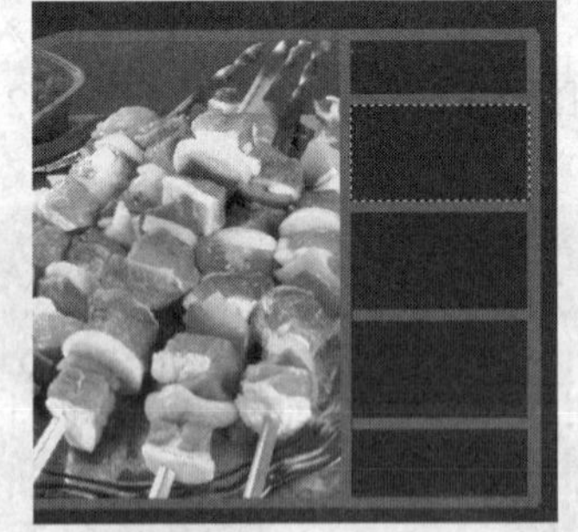
图9-23 添加的选区形状

图9-24 打开的图片

(19) 按 Ctrl+A 组合键将烤肉图片全部选择，然后按 Ctrl+C 组合键将选择的烤肉图片复制到剪贴板中。

(20) 将新建的文件设置为工作状态，然后执行【编辑】/【贴入】命令，将剪贴板中的内容贴入当前选区中，此时会在【图层】面板中生成“图层 4”，且生成蒙版层。

(21) 按 Ctrl+T 组合键为贴入的图片添加自由变形框，并将其调整至如图 9-25 所示的形状，

然后按Enter键确认图片的变换操作。

(22) 执行【图层】/【图层样式】/【内阴影】命令，在弹出的【图层样式】对话框中设置参数如图 9-26 所示。

图9-25 调整后的图片形状

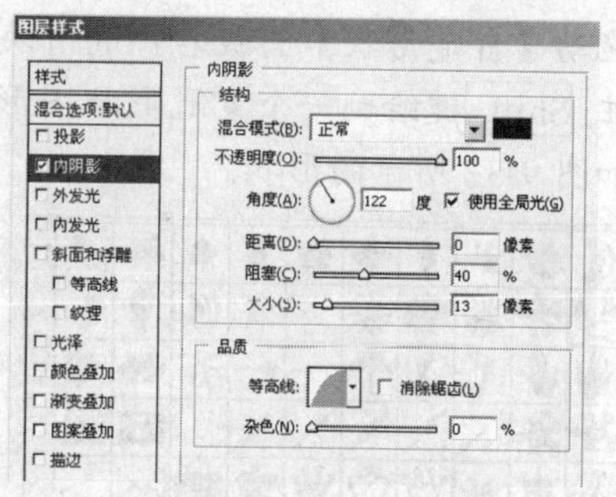

图9-26 【图层样式】对话框参数设置

(23) 单击 确定 按钮，添加内阴影样式后的图像效果如图 9-27 所示。

(24) 打开素材文件中名为“烤肉 02.jpg”和“烤肉 03.jpg”的图片，然后用与步骤 17~23 相同的方法，依次载入“图层 3”的选区后将其贴入到选区中并为其添加内阴影图层样式，效果如图 9-28 所示。

(25) 新建“图层 7”，然后确认前景色为深褐色（R:100,G:75,B:50）。

(26) 选取工具，激活属性栏中的按钮，并将粗细: 2 px 选项的参数设置为“2 px”，然后按住Shift键依次绘制出如图 9-29 所示的直线。

图9-27 添加内阴影样式后的图像效果

图9-28 贴入的图片

图9-29 绘制的直线

(27) 利用 T 工具依次输入如图 9-30 所示的文字。

图9-30 输入的文字

(28) 新建“图层 8”，然后将前景色设置为橘黄色（R:255,B:123）。

(29) 选取工具，激活选项栏中的按钮，并单击选项栏中的按钮，在弹出的【自定形状】面板中单击右上角的按钮。

(30) 在弹出的下拉菜单中选择【全部】命令，在【自定形状】面板中增加形状图形。

(31) 拖动【自定形状】面板右侧的滑块，选取如图 9-31 所示的"皇冠"形状图形，然后按住 Shift 键绘制一个皇冠形状图形，并利用【编辑】/【自由变换】命令，将其旋转至如图 9-32 所示的形状。

图9-31 所取的形状图形

图9-32 旋转后的图形形状

(32) 执行【图层】/【图层样式】/【外发光】命令，在弹出的【图层样式】对话框中设置参数如图 9-33 所示。

(33) 单击 确定 按钮，添加外发光样式后的图形效果如图 9-34 所示。

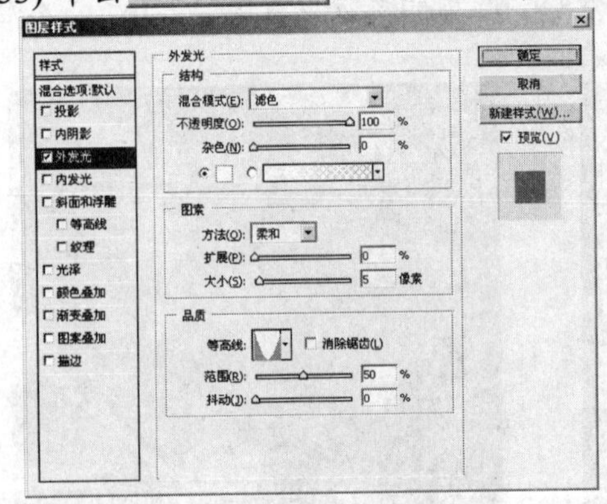

图9-33 【图层样式】对话框参数设置

图9-34 添加外发光样式后的图形效果

(34) 打开素材文件中名为"人物.jpg"和"香料.jpg"的图片，然后用与步骤 3~11 相同的方法制作出如图 9-35 所示的图像效果。

(35) 新建"图层 13"，利用工具绘制出如图 9-36 所示的深栗色（R:68,G:40,B:22）矩形，然后将其选区删除。

图9-35 制作出的图像效果

图9-36 绘制的图形

(36) 新建“图层 14”，再选取 工具，激活属性栏中的 按钮，并将 粗细: 1px 选项的参数设置为“1 px”，然后按住 Shift 键沿参考线依次绘制出如图 9-37 所示的直线。

图9-37　绘制的直线

说明

图 9-37 所示为隐藏参考线后的效果。为了更好地查看画面效果，在不需要参考线的时候可以按 Ctrl+H 组合键将其隐藏，当需要的时候再将其显示。在后面的操作中，将不在叙述参考线的显示或隐藏，读者可以灵活运用。

(37) 利用 T 工具，依次输入如图 9-38 所示的文字。

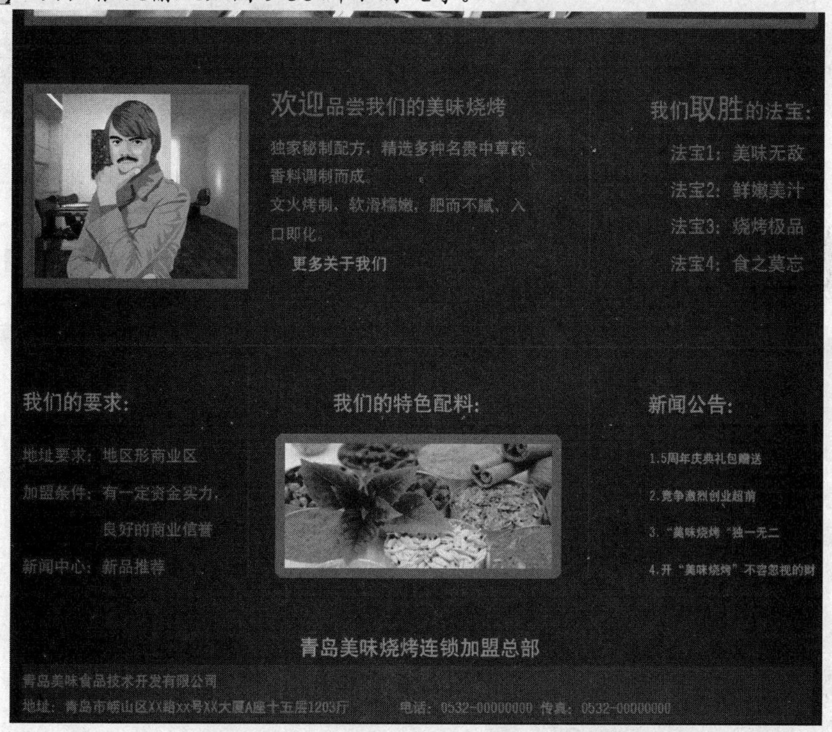

图9-38　输入的文字

(38) 新建“图层 15”，然后将前景色设置为橘黄色（R:237,B:145,B:50）。

(39) 选取 工具，激活选项栏中的 按钮，并单击选项栏中的 按钮，在弹出的【自定形状】面板中选取如图 9-39 所示的“三角形”形状图形。

(40) 按住 Shift 键绘制一个三角形图形，执行【编辑】/【变换】/【旋转 90 度（顺时针）】命令将其旋转至如图 9-40 所示的形状。

图9-39 选取的形状图形

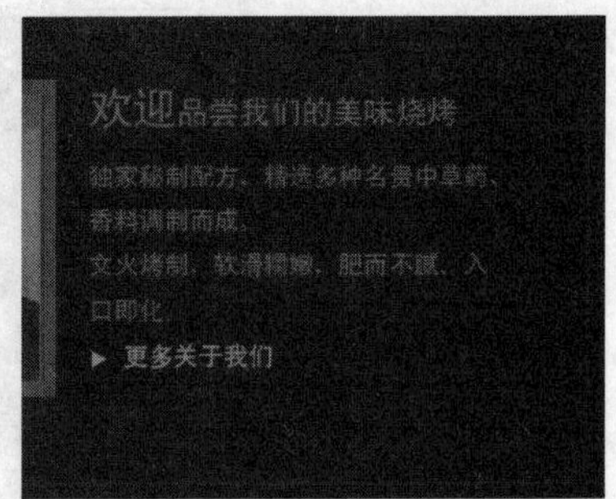

图9-40 旋转后的图形形状

(41) 将“图层 15”复制生成为“图层 15 副本”，然后单击【图层】面板上方的按钮，锁定“图层 15 副本”中的透明像素。

(42) 为“图层 15 副本”中的图形填充上栗色（R:145,G:90,B:38），然后将其移动至如图 9-41 所示的位置。

(43) 用移动复制图形的方法依次复制出如图 9-42 所示的三角形图形。

图9-41 图形放置的位置

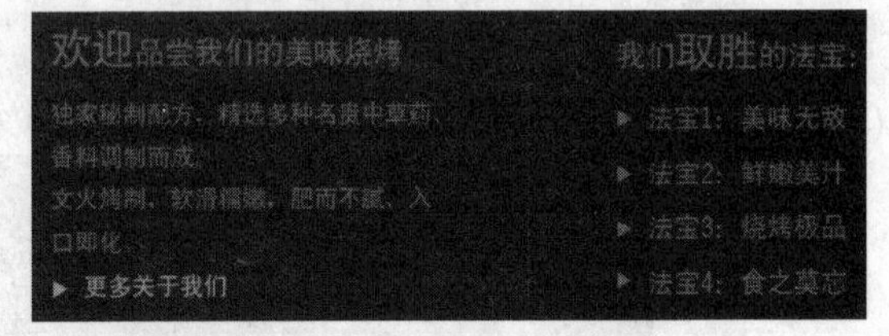

图9-42 复制出的图形

(44) 将“图层 15”复制生成为“图层 15 副本 2”，然后将复制出的图形调整大小后放置到如图 9-43 所示的位置。

(45) 将“图层 15 副本 2”的【填充】的参数设置为“0%”，然后执行【图层】/【图层样式】/【斜面和浮雕】命令，在弹出的【图层样式】对话框中设置参数如图 9-44 所示。

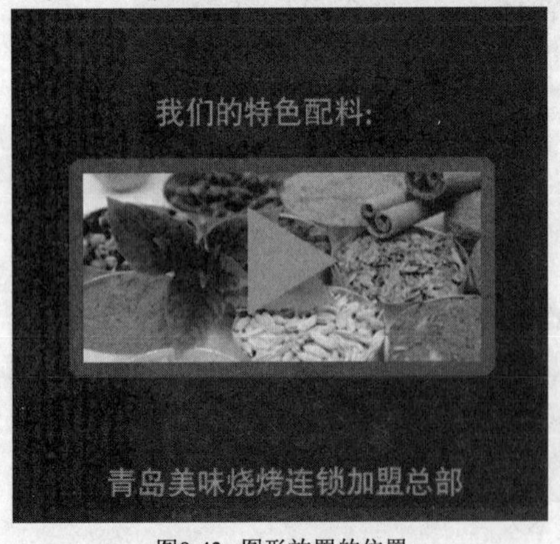

图9-43 图形放置的位置

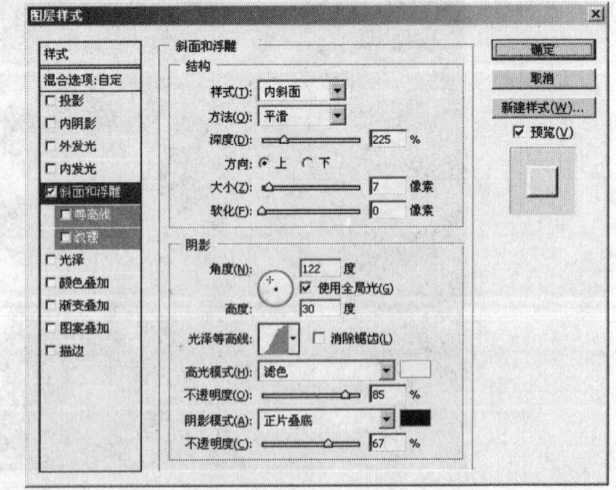

图9-44 【图层样式】对话框参数设置

(46) 单击 确定 按钮，添加斜面和浮雕样式后的图形效果如图 9-45 所示。

至此，网页广告已设计完成，其整体效果如图 9-46 所示。

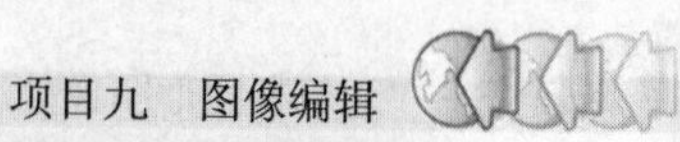

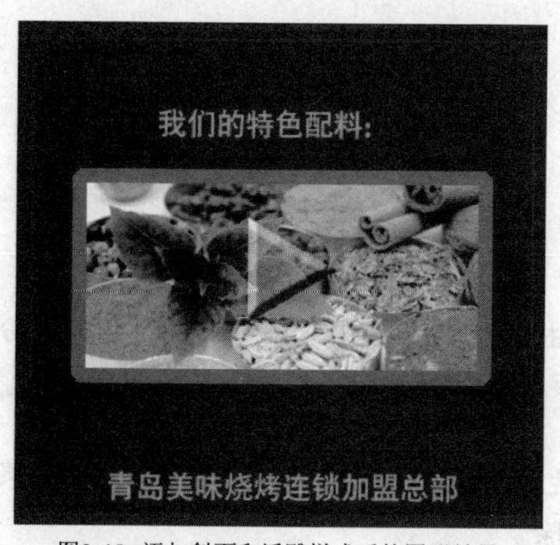

图9-45　添加斜面和浮雕样式后的图形效果

图9-46　设计完成的网页广告

(47) 按 Ctrl+S 组合键，将文件命名为“网页设计.cdr”保存。

项目实训　设计包装

学习以上命令后，下面我们为“葡萄奶”设计包装盒，设计完成的包装盒立体效果如图 9-47 所示。

图9-47　最终效果

（一）　制作包装平面图

首先来制作包装盒的平面展开图。

【操作步骤】

(1) 新建一个【宽度】为“31 厘米”，【高度】为“20 厘米”，【分辨率】为“120 像素/英寸”，【颜色模式】为“RGB 颜色”，【背景内容】为浅灰色（R:227,G:227,B:227）的文件。

(2) 按 Ctrl+R 组合键将标尺显示在图像窗口中，然后利用菜单栏中的【视图】/【新建参考线】命令，在图像窗口中添加出如图 9-48 所示的参考线。

说明

添加参考线的水平位置分别为 1cm、5cm、15cm 和 19cm 处；垂直位置分别为 10cm、15cm、25cm 和 30cm 处。直接在标尺上按下鼠标左键向画面中拖曳，可以快速添加参考线，但利用此种方法添加的参考线位置不够精确。

在画面中添加参考线后，选择工具箱中的【移动】工具，将鼠标指针放置在参考线上，当鼠标指针显示为双向箭头图标时，按下鼠标左键拖曳，可移动参考线的位置，当将鼠标指针拖曳到画面之外时，参考线会被删除。

(3) 新建“图层 1”，然后利用 [ ] 工具绘制出如图 9-49 所示的矩形选区。

图9-48 添加的参考线

图9-49 绘制的矩形选区

(4) 选取工具，激活属性栏中的按钮，再单击属性栏中按钮的颜色条部分，在弹出的【渐变编辑器】对话框中设置渐变颜色参数如图 9-50 所示，单击 确定 按钮。

(5) 将鼠标指针移动至选区的左上方位置，按住左键并向下拖曳鼠标填充渐变色，效果如图 9-51 所示，然后按 Ctrl+D 组合键将选区删除。

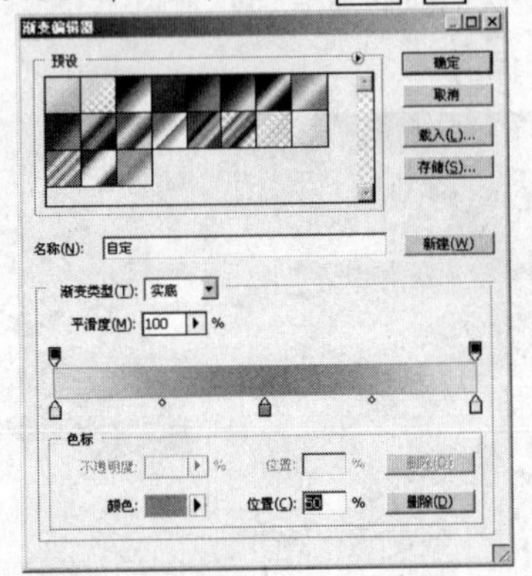

图9-50 【渐变编辑器】对话框参数设置

图9-51 填充渐变色后的效果

(6) 利用和工具绘制并调整出如图 9-52 所示的路径，然后按 Ctrl+Enter 组合键将其转换为选区。

(7) 选取工具，激活属性栏中的按钮，再单击属性栏中按钮的颜色条部分，在弹出的【渐变编辑器】对话框中设置渐变颜色参数如图 9-53 所示，单击 确定 按钮。

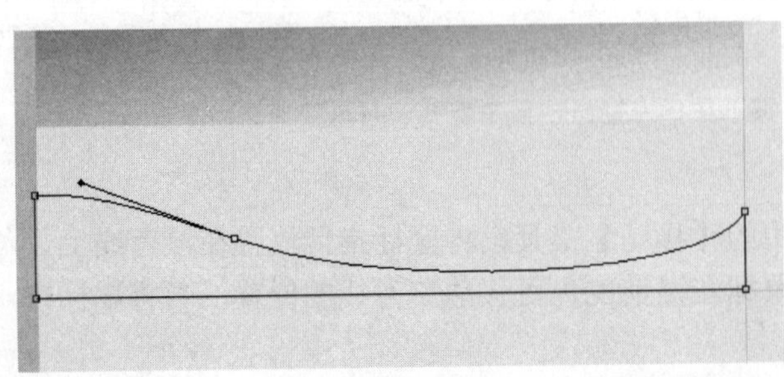
图9-52 绘制的路径

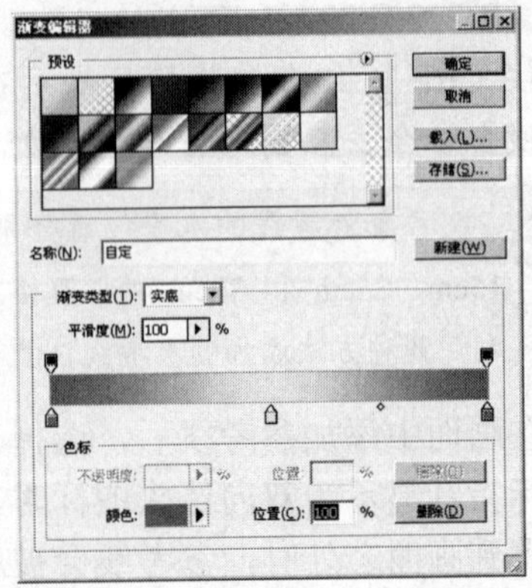

图9-53 【渐变编辑器】对话框参数设置

(8) 新建“图层 2”，将鼠标指针移动至选区的左上方位置，按住鼠标左键并向下拖曳鼠标填充渐变色，效果如图 9-54 所示，然后按Ctrl+D组合键将选区删除。

(9) 打开素材文件中名为“素材.psd”的图像文件，如图 9-55 所示，然后将“图层 2”中的水滴图片移动复制到新建文件中生成“图层 3”，并将其调整至“图层 2”的下方位置。

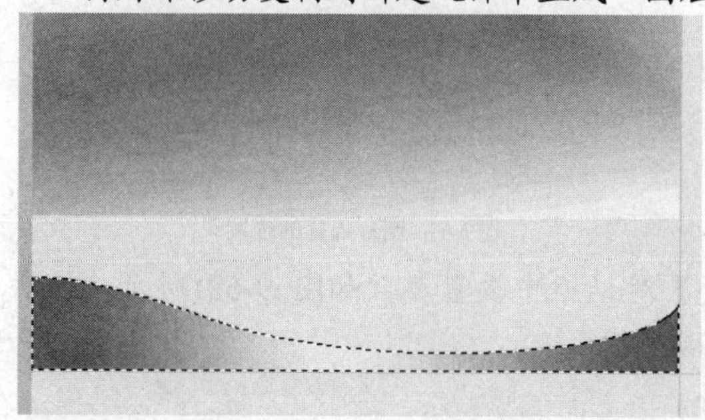

图9-54　填充渐变色后的效果

图9-55　打开的图片

(10) 按Ctrl+T组合键为水滴图片添加自由变换框，并将其调整至如图 9-56 所示的形状，然后按Enter键确认图片的变换操作。

(11) 按Ctrl+U组合键，在弹出的【色相/饱和度】对话框中设置参数如图 9-57 所示。

图9-56　调整后的图片形状

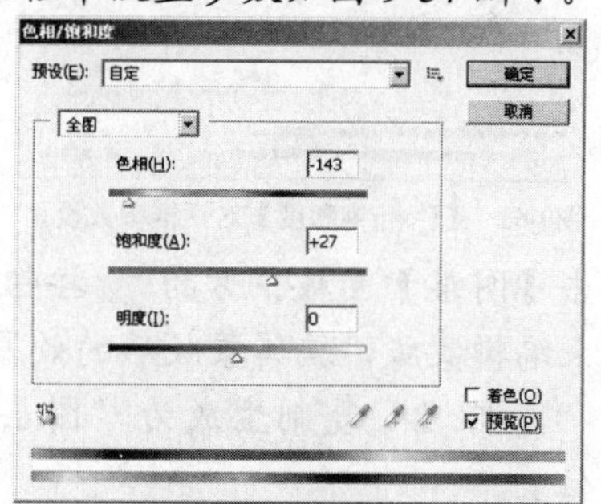

图9-57　【色相/饱和度】对话框参数设置

(12) 单击 确定 按钮，调整后的图片效果如图 9-58 所示。

(13) 将“素材.psd”文件“图层 1”中的绿树图片移动复制到新建文件中生成“图层 4”，并将其调整大小后放置到如图 9-59 所示的位置。

图9-58　调整后的图片效果

图9-59　图片放置的位置

(14) 单击【图层】面板下方的按钮为“图层 4”添加图层蒙版，然后利用工具喷绘黑色来编辑蒙版，编辑蒙版后的效果如图 9-60 所示。

(15) 打开素材文件中名为“云山.jpg”的图片，然后将其移动复制到新建文件中生成“图层 5”，并将其调整至“图层 3”的下方，调整大小后放置的位置如图 9-61 所示。

图9-60　编辑蒙版后的效果

图9-61　图片放置的位置

(16) 按 Ctrl+U 组合键，在弹出的【色相/饱和度】对话框中设置参数如图 9-62 所示，然后单击 确定 按钮，调整后的图片效果如图 9-63 所示。

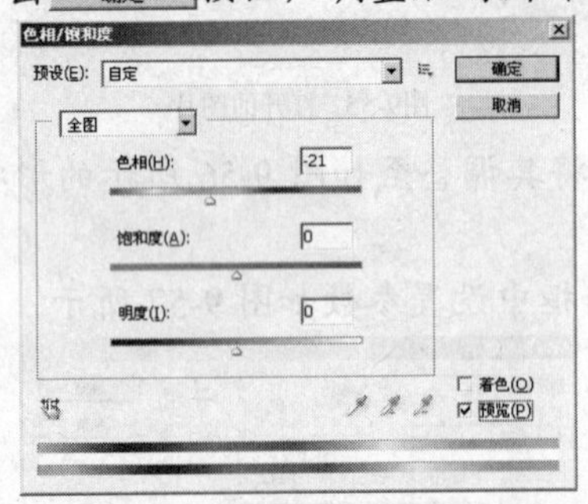

图9-62　【色相/饱和度】对话框参数设置

图9-63　调整后的图片效果

(17) 单击【图层】面板下方的 按钮为“图层 5”添加图层蒙版，然后利用 工具喷绘黑色来编辑蒙版，编辑蒙版后的效果如图 9-64 所示。

(18) 将“图层 2”复制生成为“图层 2 副本”，然后将“图层 2”中的图形垂直向上移动位置。

(19) 按 Ctrl+U 组合键，在弹出的【色相/饱和度】对话框中设置参数如图 9-65 所示。

图9-64　编辑蒙版后的图片效果

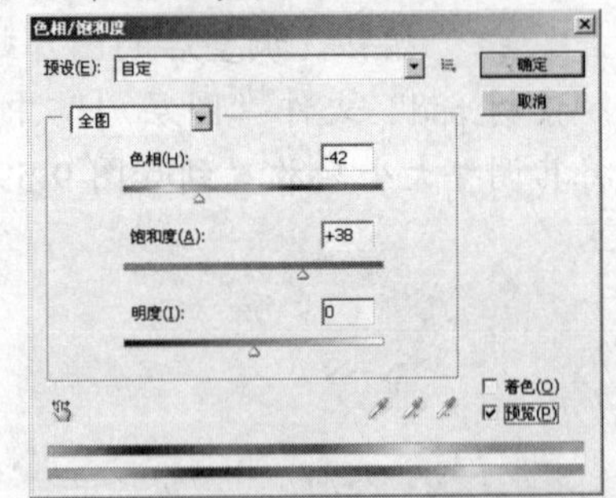

图9-65　【色相/饱和度】对话框参数设置

(20) 单击 确定 按钮，调整后的图形效果如图 9-66 所示。

图9-66　调整后的图形效果

(21) 打开素材文件中名为“葡萄.jpg”的图片，然后将其移动复制到新建文件中生成“图层6”。

(22) 按 Ctrl+T 组合键为葡萄图片添加自由变形框，并将其调整至如图 9-67 所示的形状，然后按 Enter 键确认图片的变换操作。

(23) 利用 和 工具绘制并调整出如图 9-68 所示的路径，然后按 Ctrl+Enter 组合键将路径转换为选区。

图9-67　调整后的图片形状

图9-68　绘制的路径

(24) 单击【图层】面板下方的 按钮创建出显示选区内图像的蒙版，效果如图 9-69 所示。

(25) 打开素材文件中名为“小电视.psd”的图片，然后将其移动复制到新建文件中生成“图层 7”，并将其调整大小后放置到如图 9-70 所示的位置。

图9-69　添加蒙版后的效果

图9-70　图片放置的位置

(26) 执行【图层】/【图层样式】/【投影】命令，在弹出的【图层样式】对话框中设置参数如图 9-71 所示。

(27) 单击 确定 按钮，添加投影样式后的图像效果如图 9-72 所示。

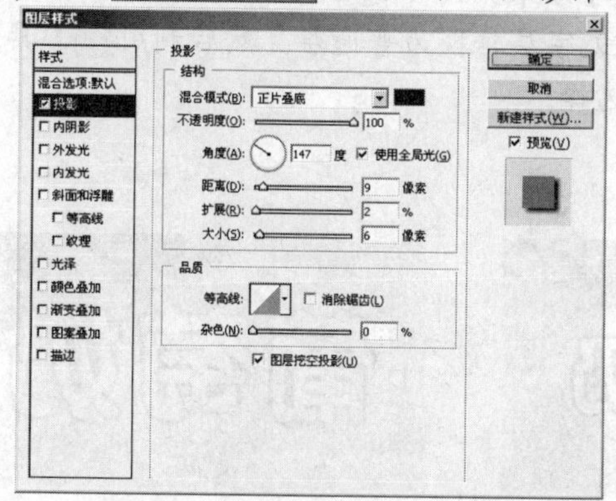

图9-71　【图层样式】对话框参数设置

图9-72　添加投影样式后的图像效果

(28) 利用 T 工具在电视的屏幕上依次输入白色的"浓缩"、"大颗粒"文字。

(29) 执行【图层】/【图层样式】/【描边】命令，在弹出的【图层样式】对话框中设置参数如图 9-73 所示。

(30) 单击 确定 按钮，添加描边样式后的文字效果如图 9-74 所示。

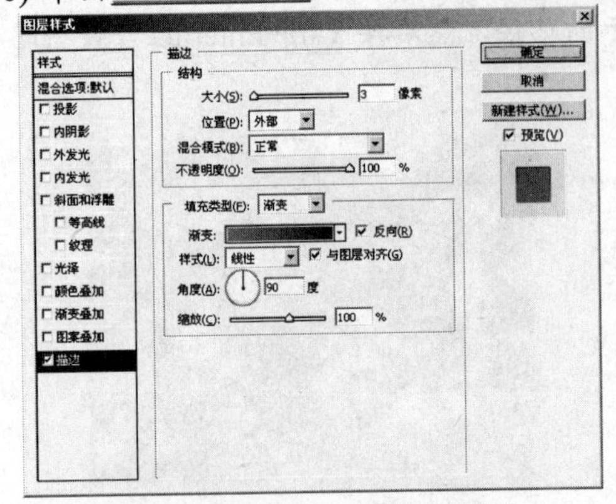

图9-73 【图层样式】对话框参数设置

图9-74 添加描边样式后的文字效果

(31) 新建"图层 8"，利用 ◯ 工具绘制出如图 9-75 所示的红色（R:203,B:20）椭圆形图形，然后将选区删除。

(32) 利用 T 工具依次输入如图 9-76 所示的白色文字。

(33) 继续利用 T 工具输入如图 9-77 所示的白色文字，注意将其调整至"图层 3"的下方。

图9-75 绘制的图形

图9-76 输入的文字

图9-77 输入的文字

(34) 执行【图层】/【图层样式】/【描边】命令，在弹出的【图层样式】对话框中设置参数如图 9-78 所示。

(35) 单击 确定 按钮，添加描边样式后的文字效果如图 9-79 所示。

(36) 执行【图层】/【栅格化】/【文字】命令，将文字层转换为普通层。然后利用 ▭ 工具绘制出如图 9-80 所示的矩形选区，将"葡"字选择。

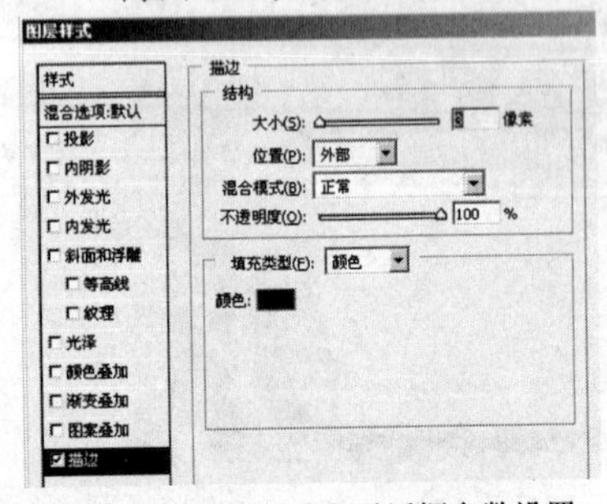

图9-78 【图层样式】对话框参数设置

图9-79 添加描边样式后的文字效果

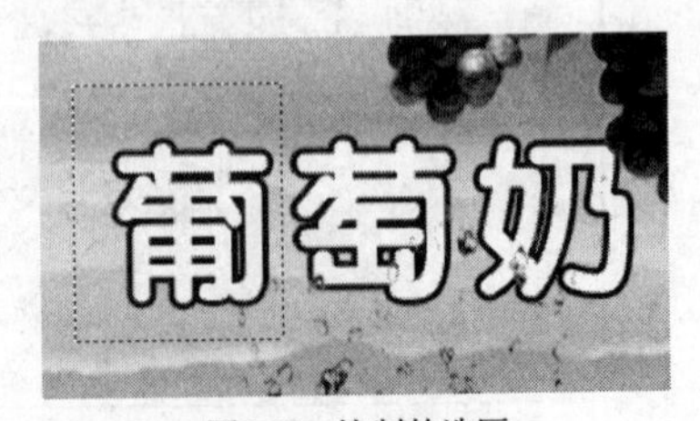

图9-80 绘制的选区

(37) 按Ctrl+T组合键为选择的文字添加自由变形框，并将其调整至如图9-81所示的形状，然后按Enter键确认文字的变换操作。

(38) 用与步骤36～37相同的方法依次将"萄"和"奶"字调整至如图9-82所示的形状，然后将选区删除。

(39) 利用T工具输入如图9-83所示的深蓝色（R:70,G:5,B:100）文字。

图9-81 调整后的文字形状

图9-82 调整后的文字形状

图9-83 输入的文字

至此，包装盒的正面已设计完成，其整体效果如图9-84所示。

(40) 将【图层】面板中除"背景层"外的所有图层选择，然后选取菜单栏中的【图层】/【新建】/【从图层建立组】命令，在弹出的【从图层新建组】对话框中将【名称】设置为"正面"。

(41) 单击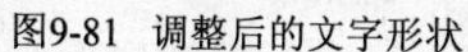按钮，将选择的图层置入新建的"正面"图层组中。

说明：因为本例包装中两个面的图案和文字内容是完全相同的，所以下面只需要将已经绘制完成的内容复制到另一个面中就可以了。由于所包含的文字和图形内容太多，为了后面操作的方便，可以将每一个面中的内容单独放置在一个图层组中。读者要好好掌握图层组的使用方法。

(42) 将"正面"图层组复制生成为"正面 副本"图层组，然后将复制出的内容水平移动至如图9-85所示的右侧另一个面中。

图9-84 设计完成的包装盒正面

图9-85 复制出的内容放置的位置

(43) 新建"图层 9"，利用▭工具绘制出如图 9-86 所示的浅紫色（R:210,G:180,B:230）矩形。

图9-86 绘制的矩形

(44) 新建“图层 10”，然后将前景色设置为白色。

(45) 选取▢工具，激活属性栏中的▢按钮，并将半径: 20 px 选项的参数设置为“20 px”，然后绘制出如图 9-87 所示的白色圆角矩形。

(46) 将“图层 10”的【不透明度】选项的参数设置为“30%”，降低不透明度后的图形效果如图 9-88 所示。

(47) 利用 T 工具依次输入如图 9-89 所示的文字。

图9-87 绘制的圆角矩形

图9-88 降低不透明度后的效果

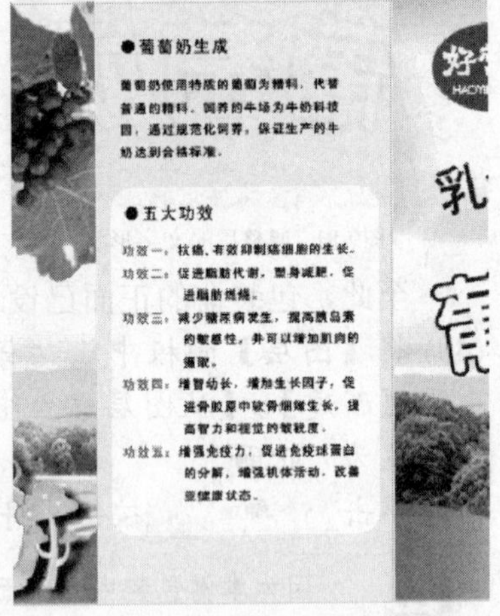

图9-89 输入的文字

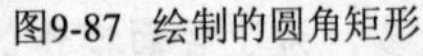

(48) 将“图层 9”复制生成为“图层 9 副本”，并将复制出的图形移动至右侧的另一个面中，然后利用 T 工具输入如图 9-90 所示的黑色文字。

(49) 打开素材文件中名为“图标 01.psd”和“图标 02.jpg”的图片，然后依次将其移动复制到新建文件中生成“图层 11”和“图层 12”，并将其调整大小后分别放置到如图 9-91 所示的位置。

图9-90 输入的文字

图9-91 图片放置的位置

(50) 新建“图层 13”，然后利用▢工具绘制出如图 9-92 所示的矩形选区。

(51) 选取▢工具，激活属性栏中的▢按钮，再单击属性栏中▢按钮的颜色条部分，在弹出的【渐变编辑器】对话框中设置渐变颜色参数如图 9-93 所示，单击 确定 按钮。

(52) 将鼠标指针移动至选区的中间位置，按住鼠标左键并向下拖曳鼠标填充渐变色，效果如图 9-94 所示，然后按 Ctrl+D 组合键将选区删除。

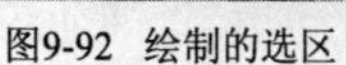

图9-92 绘制的选区

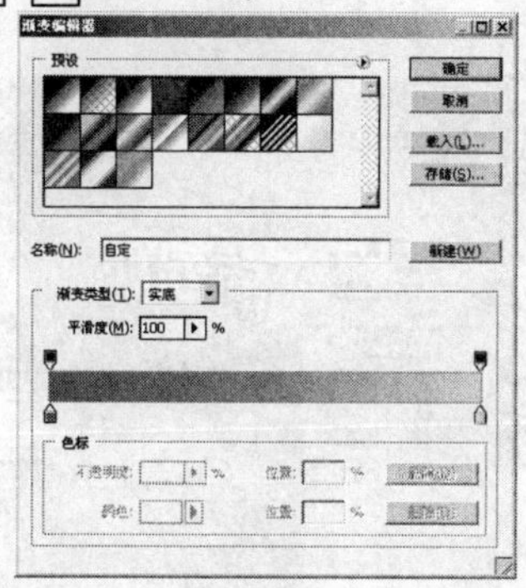

图9-93 【渐变编辑器】对话框

图9-94 填充渐变色后的效果

(53) 将“图层 8”中的红色椭圆形和其上的白色文字复制，并将复制出的图层合并为“图层 14”，再将其移动至如图 9-95 所示的位置。

(54) 将“图层 13”复制生成为“图层 13”副本，然后将复制出的图形移动至如图 9-96 所示的位置。

图9-95 图形放置的位置

图9-96 图形放置的位置

(55) 新建“图层 15”，利用工具绘制出如图 9-97 所示的白色矩形，然后将选区删除。

(56) 按 Ctrl+T 组合键为矩形添加自由变形框，再按住 Shift+Ctrl+Alt 组合键将其调整至如图 9-98 所示的透视形状，然后按 Enter 键确认图形的变换操作。

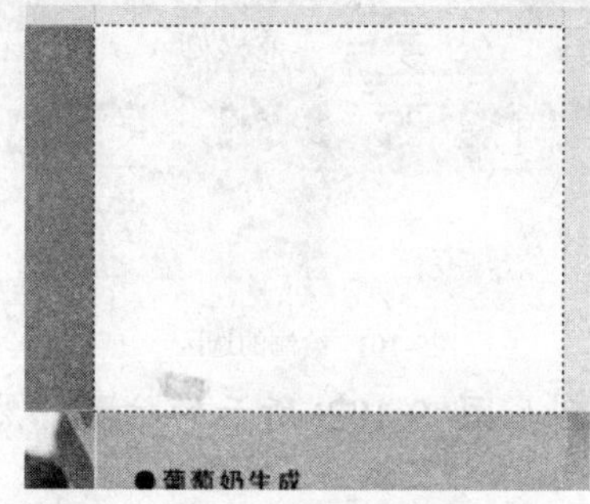

图9-97 绘制的图形

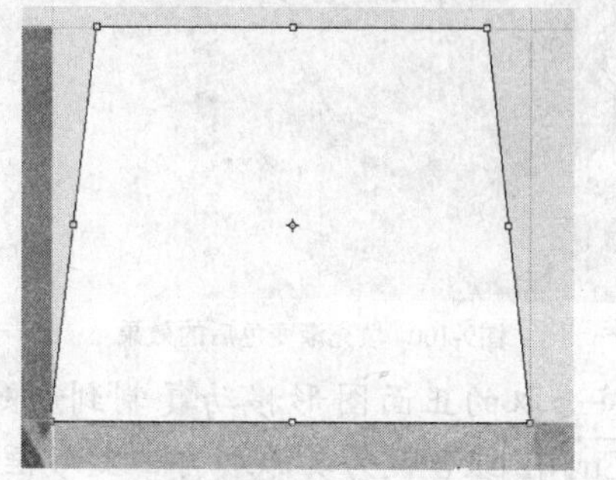

图9-98 调整后的图形形状

(57) 灵活运用复制及【垂直翻转】命令，将白色结构图形复制，最终效果如图 9-99 所示。

图9-99 设计完成的包装平面图

(58) 至此，包装平面图设计完成，按Ctrl+S组合键，将文件命名为“包装设计.psd”保存。

（二） 制作包装立体效果

下面利用设计完成的平面展开图来制作包装盒的立体效果图。

【操作步骤】

(1) 新建一个【宽度】为“25 厘米”，【高度】为“20 厘米”，【分辨率】为“120 像素/英寸”，【颜色模式】为“RGB 颜色”，【背景内容】为白色的文件。

(2) 选取工具，为“背景层”由左上角至右下角填充从深蓝色（R:35,B:65）到白色的线性渐变色，效果如图 9-100 所示。

(3) 将“包装设计.psd”文件打开，再单击“背景层”左侧的按钮，将其隐藏，然后按Shift+Ctrl+E组合键将所有可见图层合并。

(4) 利用工具绘制出如图 9-101 所示的矩形选区，将平面包装的正面图形选择。

图9-100 填充渐变色后的效果

图9-101 绘制的选区

(5) 将选取的正面图形移动复制到新建文件中，放置到如图 9-102 所示的位置，然后按Ctrl+T组合键为其添加自由变形框。

(6) 按住 Ctrl 键，将鼠标指针放置在变形框右下角的控制点上稍微向上移动此控制点，再稍微向上移动右上角的控制点，调整出透视效果，如图 9-103 所示，然后按Enter键确认图形的透视变形调整。

图9-102　正面图形放置的位置

图9-103　调整透视后的图形形状

(7) 利用工具将“包装设计.psd”文件中的侧面图形选取后移动复制到新建文件中，并将其放置到如图 9-104 所示的位置。

(8) 用与步骤 6 相同的透视变形调整方法将侧面图形调整至如图 9-105 所示的透视形状，然后按 Enter 键确认透视调整。

图9-104　侧面图形放置的位置

图9-105　调整后的图形形状

(9) 利用工具将“包装设计.psd”文件中的顶面图形选取后移动复制到新建文件中，并利用【自由变换】命令将其调整至如图 9-106 所示的透视形状，然后按 Enter 键确认透视调整。

包装盒的面和面之间的棱角结构转折位置应该是稍微有点圆滑的，而并不是刀锋般的生硬，所以读者要注意物体结构转折的微妙变化规律，只有仔细观察、仔细绘制，才能使表现出的物体更加真实自然。下面进行棱角处理。

(10) 新建“图层 4”，然后将前景色设置为白色。

(11) 选取工具，激活属性栏中的按钮，并设置 粗细: 3 px 选项的参数为“3 px”，然后沿包装盒的面和面的结构转折位置绘制出如图 9-107 所示的直线。

图9-106　调整后的图形形状

图9-107　绘制的直线

(12) 执行【滤镜】/【模糊】/【高斯模糊】命令，在弹出的【高斯模糊】对话框中将【半径】选项的参数设置为“2”像素。

(13) 单击 确定 按钮，执行【高斯模糊】命令后的图形效果如图 9-108 所示。

(14) 将“图层 2”设置为当前层，然后按 Ctrl+M 组合键，在弹出的【曲线】对话框中调整曲线形状如图 9-109 所示。

(15) 单击 确定 按钮，调整后的图形效果如图 9-110 所示。

图9-108 执行【高斯模糊】命令后的效果

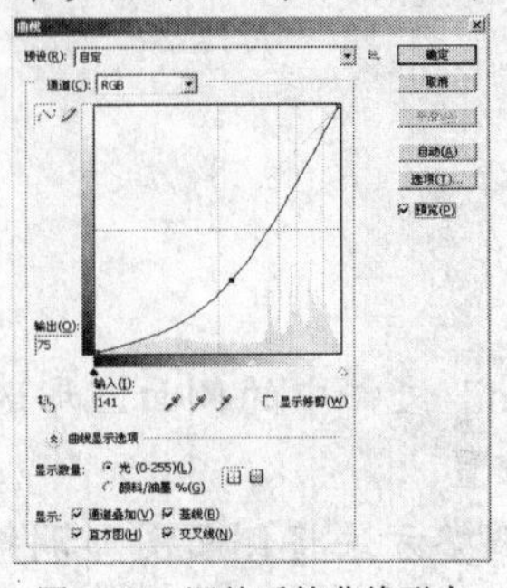
图9-109 调整后的曲线形态

图9-110 调整后的图形效果

(16) 将“图层 1”设置为当前层，然后按 Ctrl+M 组合键，在弹出的【曲线】对话框中调整曲线形状如图 9-111 所示。

(17) 单击 确定 按钮，调整后的图形效果如图 9-112 所示。

下面为包装盒绘制投影效果，增强包装盒在光线照射下的立体感。读者还要特别注意的是，每一种物体的投影形状根据物体本身的形状结构是不同的，投影要跟随物体的结构变化以及周围环境的变化而变化。

(18) 创建新图层“图层 5”，并将其放置在“图层 1”的下方，然后将工具箱中的前景色设置为黑色。

(19) 选取 工具，在画面中根据包装盒的结构绘制出如图 9-113 所示的投影区域。

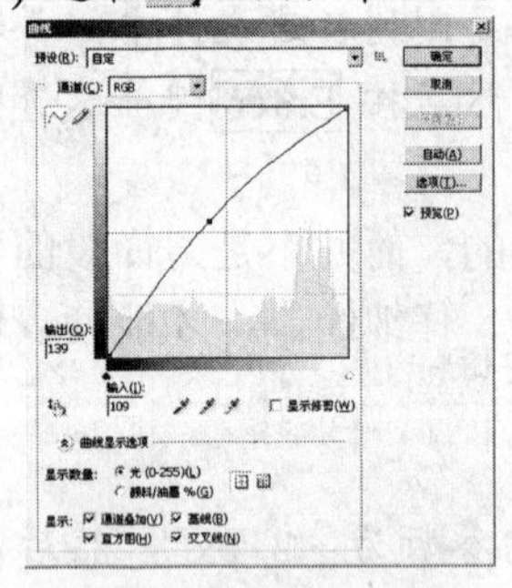
图9-111 【曲线】对话框

图9-112 调整后的图形效果

图9-113 绘制的选区

(20) 选取 工具，为选区由右下角至左上角填充从黑色到透明的线性渐变色，效果如图 9-114 所示，然后将选区删除。

(21) 执行【滤镜】/【模糊】/【高斯模糊】命令，在弹出的【高斯模糊】对话框中将【半径】选项的参数设置为“2”像素。

(22) 单击 确定 按钮，执行【高斯模糊】命令后的图形效果如图 9-115 所示。

(23) 单击【图层】面板底部的 按钮为“图层 5”添加图层蒙版，然后将前景色和背景色分别设置为白色和黑色。

(24) 选取 工具，确认属性栏中的渐变样式为“前景到背景”，渐变类型为“线性渐变”，然后在投影位置填充渐变色，制作出投影逐渐消失的虚化效果，如图 9-116 所示。

图9-114 填充渐变色后的效果

图9-115 执行【高斯模糊】命令后的效果

图9-116 制作出的虚化投影效果

(25) 按 Ctrl+S 组合键，将文件命名为“立体效果.psd”保存。

项目拓展 重新设置图像尺寸

在实际工作中，有时候所选择的图像素材尺寸比较大，而最终输出时并不需要这么大的图像，这时就需要适当地缩小原素材的尺寸。

【知识准备】

图像文件的大小以千字节（KB）和兆字节（MB）为单位，它们之间的大小换算为“1024KB=1MB”。

图像文件的大小是由文件的宽度、高度和分辨率决定的，图像文件的宽度、高度和分辨率数值越大，图像文件也就越大。在 Photoshop CS4 中，图像文件大小的设定如图 9-117 所示。

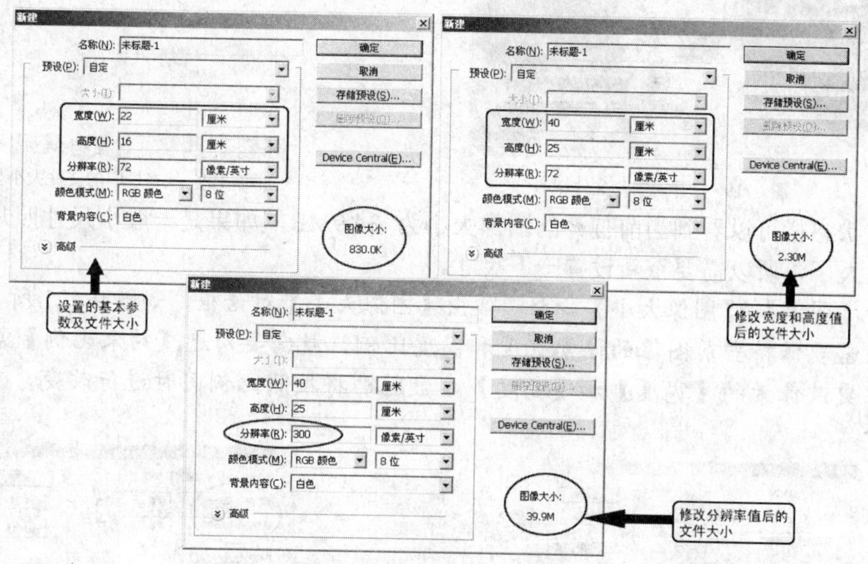

图9-117 位图图像的大小设置

当图像的宽度、高度及分辨率无法符合设计要求时，可以执行【图像】/【图像大小】命令，通过改变宽度、高度及分辨率的分配来重新设置图像的大小。当图像文件大小是定值时，其宽度、高度与分辨率成反比设置，如图 9-118 所示。

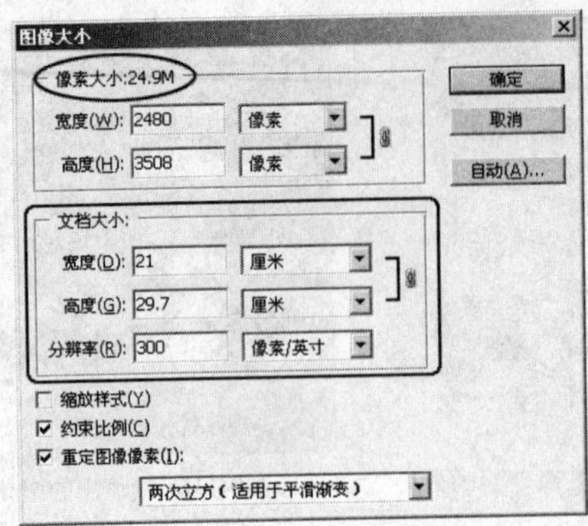

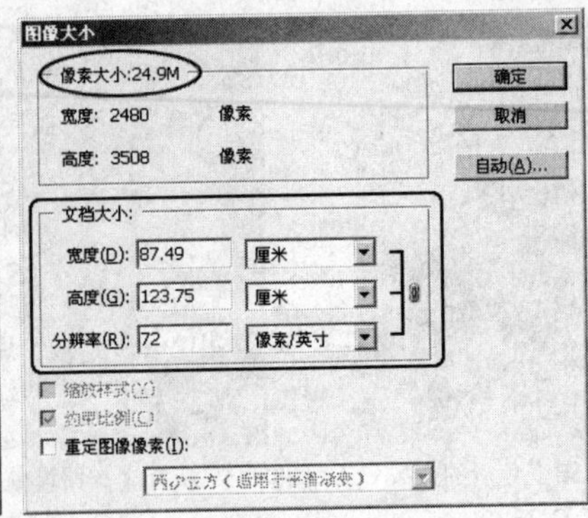

图9-118 修改的图像尺寸及分辨率

印刷输出的图像分辨率一般为“300 像素/英寸”。在实际工作中，设计人员经常会遇到文件尺寸较大但分辨率太低的情况，此时可以根据图像文件大小是定值，其宽度、高度与分辨率成反比设置的性质，来重新设置图像的分辨率，将宽度、高度降低，提高分辨率，这样就不会影响图像的印刷质量了。

下面通过一个实例介绍如何改变图像尺寸。

(1) 打开素材文件中名为“婚纱照.jpg”的图片文件，如图 9-119 所示。

(2) 在打开图像左下角的状态栏中会显示出图像的大小，如图 9-120 所示。

图9-119 打开的图片文件

20.68% 文档:34.9M/34.9M

图9-120 状态栏中的文件大小显示

通过状态栏可以看到当前打开的图像大小为 34.9MB，如果是一般小尺寸照片的输出，此图就太大了，所以需要重新设置一下尺寸。

(3) 执行【图像】/【图像大小】命令，弹出【图像大小】对话框，如图 9-121 所示。

(4) 如果需要保持当前图像的像素宽度和高度比例，就需要勾选【约束比例】复选框，这样在更改像素的【宽度】和【高度】参数时，将按照比例同时进行改变，如图 9-122 所示。

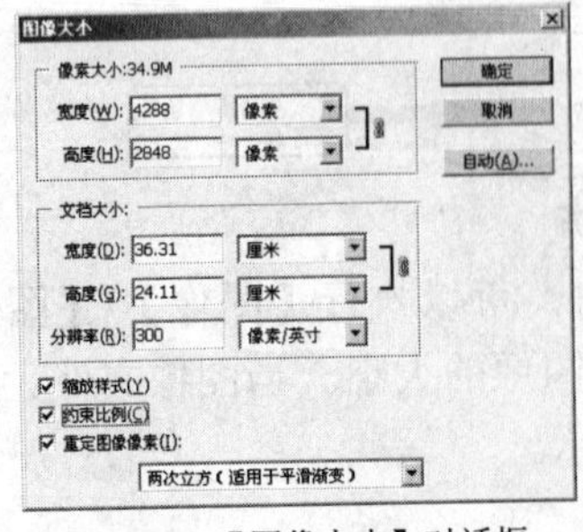

图9-121 【图像大小】对话框

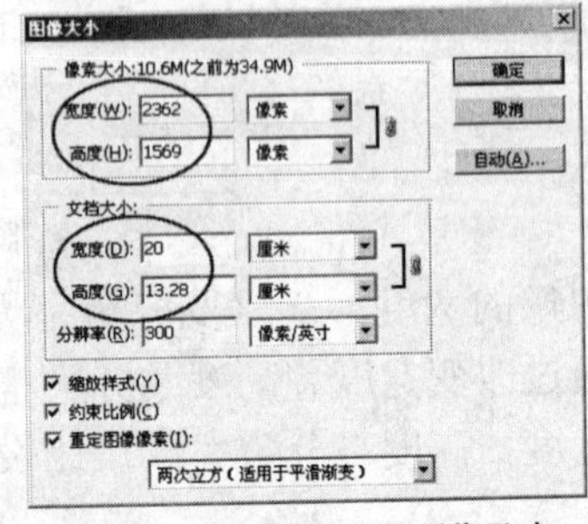

图9-122 按照比例修改图像尺寸

修改【宽度】和【高度】参数后，从【图像大小】对话框中【像素大小】后面可以看到修改后的图像大小为“10.6M”，括号内的“34.9M”表示图像的原始大小。

在改变图像文件的大小时，如图像由大变小，其印刷质量不会降低；如图像由小变大，其印刷品质将会下降。

(5) 单击 确定 按钮，即可完成图像尺寸大小的改变。

习题

1. 在素材文件中打开名为“图片.jpg”和“儿童.jpg”的图片文件，如图 9-123 所示。用本项目介绍的图像【复制】、【贴入】及【描边】等命令，制作出如图 9-124 所示的图案字效果。

图9-123 打开的图片

图9-124 制作的图案文字效果

2. 用本项目任务二中介绍的命令操作，制作出如图 9-125 所示的地产广告。用到的图片素材分别为本书素材文件“图库\项目九”目录下名为“底纹.jpg”、“砖墙.jpg”、“笔墨.jpg”、“花瓶.jpg”、“建筑.jpg”和“图章.psd”的文件。

图9-125 制作的地产广告

项目十

图像颜色的调整

本项目介绍菜单栏中的【图像】/【调整】命令，【调整】菜单下的命令主要是对图像或图像某一部分的颜色、亮度、饱和度及对比度等进行调整，使用这些命令可以使图像产生多种色彩上的变化。另外，在对图像的颜色进行调整时要注意选区的添加与运用。

学习目标

掌握利用颜色调整命令来调整不同情况和要求的照片颜色。

学会调整不同季节效果的方法。

学会人像皮肤颜色的调整。

学会照片负片效果的调整。

任务一　调整曝光不足的照片

执行【图像】/【调整】命令，系统将弹出如图 10-1 所示的【调整】子菜单。

【知识准备】

- 【亮度/对比度】命令：通过设置不同的数值及调整滑块的不同位置，来改变图像的亮度及对比度。
- 【色阶】命令：可以调节图像各个通道的明暗对比度，从而改变图像。
- 【曲线】命令：通过调整曲线的形状来改变图像各个通道的明暗数量，从而改变图像的色调。
- 【曝光度】命令：可以在线性空间中调整图像的曝光数量、位移和灰度系数，进而改变当前颜色空间中图像的亮度和明度。
- 【自然饱和度】命令：可以直接调整图像的饱和度。
- 【色相/饱和度】命令：可以调整图像的色相、饱和度和亮度，它既可以作用于整个画面，也可以对指定的颜色单独调整，并可以为图像染色。

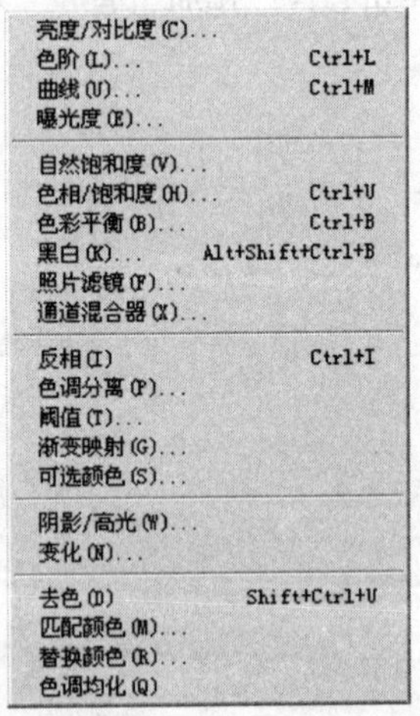

图10-1　【图像】/【调整】子菜单

- 【色彩平衡】命令：通过调整各种颜色的混合量来调整图像的整体色彩。如果在【色彩平衡】对话框中勾选【保持亮度】复选框，对图像进行调整时，可以保持图像的亮度不变。

- 【黑白】命令：可以快速将彩色图像转换为黑白图像或单色图像，同时保持对各颜色的控制。
- 【照片滤镜】命令：此命令可以模仿在相机镜头前面加彩色滤镜，以便调整通过镜头传输的光的色彩平衡和色温，使图像产生不同颜色的滤色效果。
- 【通道混合器】命令：可以通过混合指定的颜色通道来改变某一颜色通道的颜色，进而影响图像的整体效果。
- 【反相】命令：可以将图像中的颜色以及亮度全部反转，生成图像的反相效果。
- 【色调分离】命令：可以自行指定图像中每个通道的色调级数目，然后将这些像素映射在最接近的匹配色调上。
- 【阈值】命令：通过调整滑块的位置可以调整【阈值色阶】值，从而将灰度图像或彩色图像转换为高对比度的黑白图像。
- 【渐变映射】命令：可以将选定的渐变色映射到图像中以取代原来的颜色。
- 【可选颜色】命令：可以调整图像的某一种颜色，从而影响图像的整体色彩。
- 【阴影/高光】命令：可以校正由强逆光而形成剪影的照片或者校正由于太接近相机闪光灯而有些发白的焦点。
- 【变化】命令：可以调整图像或选区的色彩、对比度、亮度和饱和度等。
- 【去色】命令：可以将原图像中的颜色删除，使图像以灰色的形式显示。
- 【匹配颜色】命令：可以将一个图像（原图像）的颜色与另一个图像（目标图像）相匹配。使用此命令，还可以通过更改亮度和色彩范围以及中和色调调整图像中的颜色。
- 【替换颜色】命令：可以用设置的颜色样本来替换图像中指定的颜色范围，其工作原理是先用【色彩范围】命令选取要替换的颜色范围，再用【色相/饱和度】命令调整选取图像的色彩。
- 【色调均化】命令：可以将通道中最亮和最暗的像素定义为白色和黑色，然后按照比例重新分配到画面中，使图像中的明暗分布更加均匀。

在测光不准的情况下，很容易使所拍摄的照片出现曝光过度或曝光不足的情况，本节就介绍利用【图像】/【调整】/【色阶】命令对曝光不足的照片进行修复调整，调整前后的图像效果对比如图 10-2 所示。

图10-2　原图与调整后的图像效果对比

【操作步骤】

(1) 打开素材文件中名为“首饰.jpg”的图片文件，如图 10-3 所示。

由图 10-3 看到此片过于暗淡，整幅图像中没有高光，下面利用 Photoshop 中的【色阶】命令对其进行调整。

(2) 执行【图像】/【调整】/【色阶】命令，在弹出的如图 10-4 所示的【色阶】对话框中的“直方图”中可以看到图像中没有“高光”部分的像素，所有的像素都分布在“暗调”周围。

图10-3 打开的图片

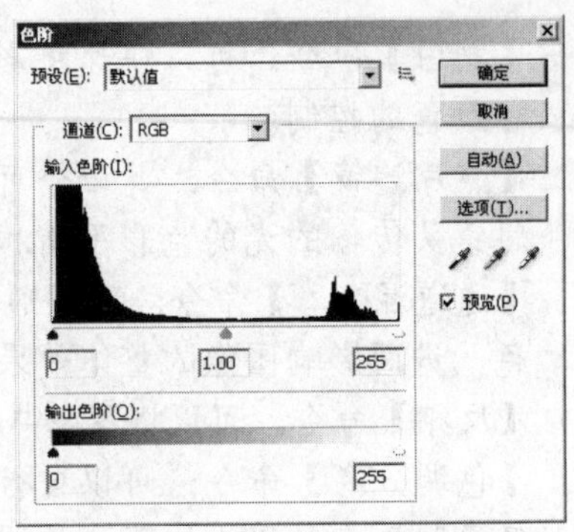

图10-4 【色阶】对话框

(3) 向左拖曳【色阶】对话框中中间的滑块调整图像的中间影调，调整后的效果如图 10-5 所示。

(4) 向左拖曳【色阶】对话框中最右侧的滑块调整图像的高光影调，调整后的效果如图 10-6 所示。

图10-5 调整后的效果

图10-6 调整后的效果

(5) 此时颜色已经很理想了，单击 确定 按钮，即可完成曝光不足照片的调整。

(6) 按 Shift+Ctrl+S 组合键，将文件另命名为"调整曝光不足的照片.jpg"保存。

任务二 调整不同的季节效果

利用【色相/饱和度】命令还可以将照片调整出不同季节的颜色效果，调整前后的图像效果对比如图 10-7 所示。

图10-7 调整前后的图像效果对比

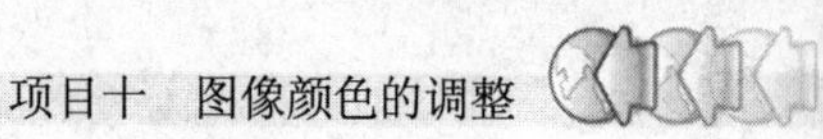

【操作步骤】

(1) 打开素材文件中名为“婚纱照.jpg”的图片文件。

(2) 按 Ctrl+U 组合键，在弹出的【色相/饱和度】对话框中将【预设】选项下方的 全图 选框设置为“黄色”，其他参数设置与调整参数后的照片显示效果如图 10-8 所示。

图10-8　参数设置与调整参数后的照片显示效果

(3) 将【预设】选项下方的 全图 选框设置为“绿色”，然后设置其他参数，调整参数后的照片显示效果如图 10-9 所示。

图10-9　参数设置与调整参数后的照片显示效果

(4) 将【预设】选项下方的 全图 选框设置为“红色”，然后设置其他参数，调整参数后的照片显示效果如图 10-10 所示。

图10-10　参数设置与调整参数后的照片显示效果

(5) 单击 确定 按钮，此时一幅夏天效果的照片即调整成了深秋的效果。

(6) 按 Shift+Ctrl+S 组合键，将调整后的照片另命名为“调整不同季节.jpg”保存。

任务三　矫正人像皮肤颜色

标准人像照片的背景一般都相对简单，拍摄时调焦较为准确，用光讲究，曝光充足，皮肤、服饰都会得到真实的质感表现。在夜晚或者光源不理想的环境下拍摄的照片，往往会出现人物肤色偏色或不真实的情况。下面介绍肤色偏色的矫正方法，使照片中的人物肤色更加真实，调整前后的图像效果对比如图 10-11 所示。

【操作步骤】

(1) 打开素材文件中名为“人物.jpg”的图片文件。

(2) 单击【图层】面板底部的 按钮，在弹出的菜单中选择【曲线】命令，在弹出的【调整】面板中调整曲线形状如图 10-12 所示，调整后的图像效果如图 10-13 所示。

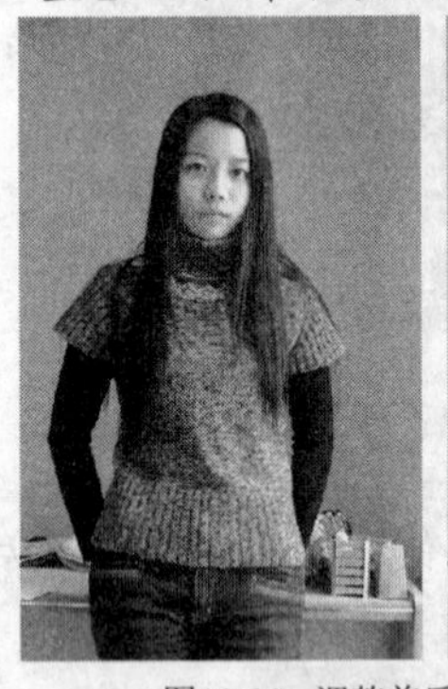

图10-11 调整前后的图像效果对比

图10-12 调整后的曲线形态

图10-13 调整后的图像效果

(3) 在【通道】选项的下拉列表中依次选择“红”、“绿”和“蓝”通道，根据图像颜色的实际情况进行提亮和加暗处理。在此操作过程中，读者要仔细进行实验和反复调整，直到调整出真实的皮肤颜色为止，曲线调整状态及最终效果如图 10-14 所示。

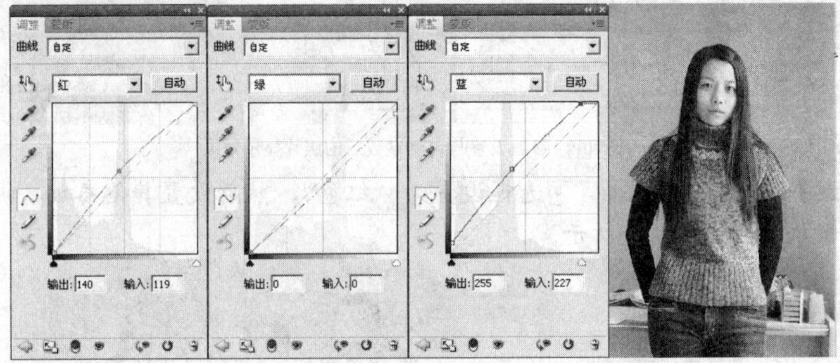

图10-14 曲线调整状态及最终效果

(4) 按 Shift+Ctrl+S 组合键，将文件另命名为“矫正人像皮肤颜色.psd”保存。

项目实训一 调整照片的色温

在利用数码相机拍摄照片时，由于对当时拍摄环境的预测或黑白平衡设置的失误，可能会使所拍摄出的照片出现偏色现象，而 Photoshop CS4 中的【照片滤镜】命令就可以简单而有效地进行照片色温的补偿。调整前后的效果对比如图 10-15 所示。

图10-15 调整前后的效果对比

【操作步骤】

(1) 打开素材文件中名为"小孩.jpg"的图片文件，如图 10-16 所示。

(2) 执行【图像】/【调整】/【照片滤镜】命令，弹出【照片滤镜】对话框，如图 10-17 所示。

图10-16　打开的图片

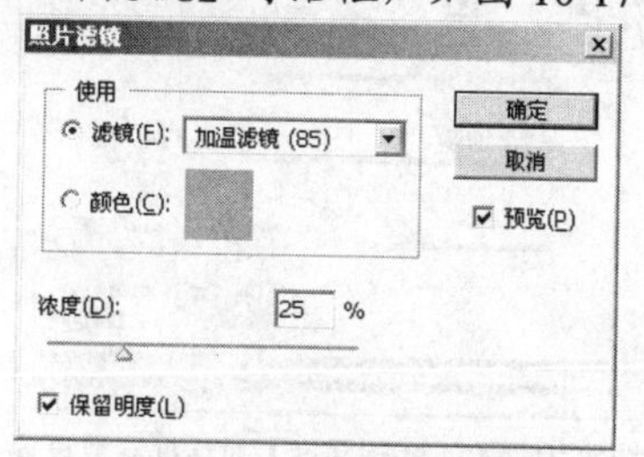

图10-17　【照片滤镜】对话框

(3) 在【滤镜】选项右侧的下拉列表中选择【深褐】选项，然后设置其他参数如图 10-18 所示。

(4) 单击 确定 按钮，此时画面色温将发生变化，如图 10-19 所示。

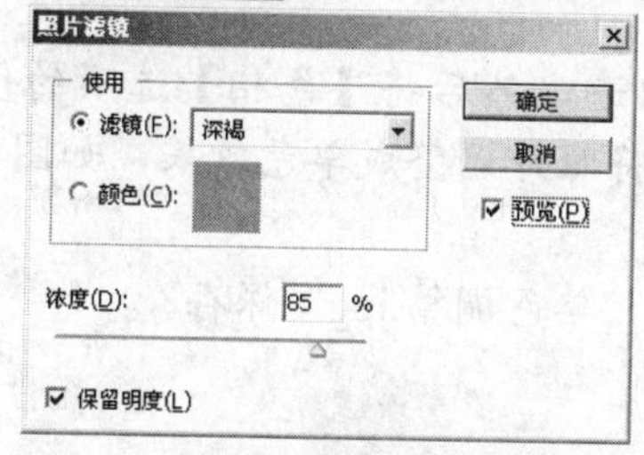

图10-18　【照片滤镜】对话框参数设置

图10-19　画面色温变化效果

(5) 按 Shift+Ctrl+S 组合键，将文件另命名为"色温调整.jpg"保存。

项目实训二　调整靓丽的照片

由于拍摄照片时的天气、光线等原因，可能会使所拍摄的照片颜色偏灰，本节介绍利用【图像】/【调整】/【色相/饱和度】命令将颜色偏灰的照片调整为靓丽的照片效果，调整前后的效果对比如图 10-20 所示。

图10-20　调整前后的效果对比

【操作步骤】

(1) 打开素材文件中名为"菊花.jpg"的照片文件。

(2) 执行【图像】/【调整】/【色相/饱和度】命令，弹出【色相/饱和度】对话框，将【饱和度】参数增大，如图 10-21 所示。

(3) 单击 确定 按钮，此时的照片将变得比较靓丽鲜艳，如图 10-22 所示。

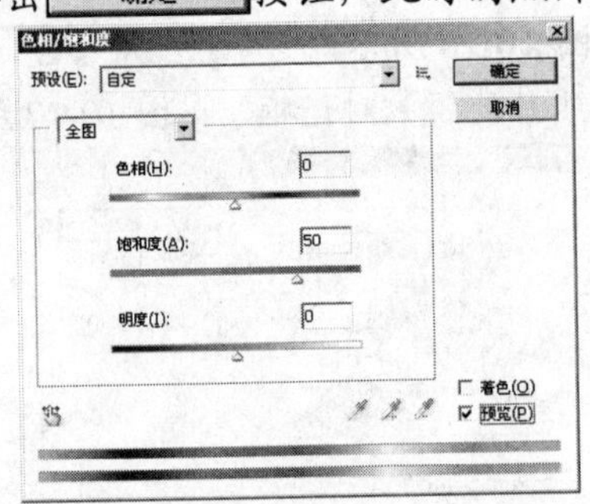

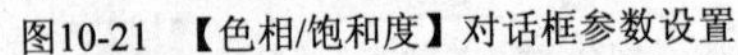

图10-21 【色相/饱和度】对话框参数设置

图10-22 调整后的效果

(4) 按 Shift+Ctrl+S 组合键，将调整后的照片另命名为“色相饱和度调整.jpg”保存。

利用【色相/饱和度】命令，还可以将照片调整成黑白效果或单色效果。

(5) 按 Ctrl+U 组合键，弹出【色相/饱和度】对话框，将【饱和度】参数调节到“-100”时画面将变为黑白效果，如图 10-23 所示。

(6) 在【色相/饱和度】对话框中将【着色】复选框勾选，然后将【色相】选项的值设置为“65”，【饱和度】选项的值设置为“30”，可以将照片调整成单色效果，如图 10-24 所示。

(7) 按 Shift+Ctrl+S 组合键，将调整后的照片另命名为“单色调整.jpg”保存。

图10-23 降低饱和度后的黑白效果

图10-24 调整出的单色效果

项目拓展 利用【应用图像】命令制作负片效果

综合利用【图像】/【应用图像】命令和【图像】/【调整】/【色阶】命令制作照片的负片效果，制作前后的对比效果如图 10-25 所示。

图10-25 制作负片前后的对比效果

【操作步骤】

(1) 打开素材文件中名为“婚纱照 01.jpg”的图片文件。

(2) 在【通道】面板中将“蓝”通道设置为工作状态，然后执行【图像】/【应用图像】命令，在弹出的【应用图像】对话框中设置选项及参数如图 10-26 所示。

(3) 单击 确定 按钮，执行【应用图像】命令后的画面效果如图 10-27 所示。

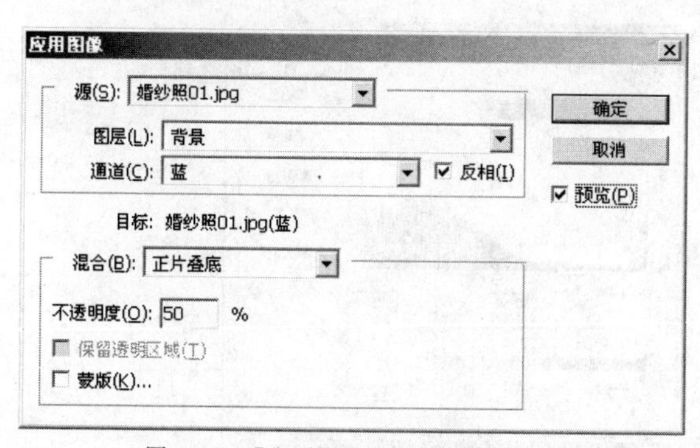

图10-26 【应用图像】对话框参数设置

图10-27 执行【应用图像】命令后的画面效果

(4) 将“绿”通道设置为工作通道，并再次执行【图像】/【应用图像】命令，选项及参数设置如图 10-28 所示。

(5) 单击 确定 按钮，执行【应用图像】命令后的画面效果如图 10-29 所示。

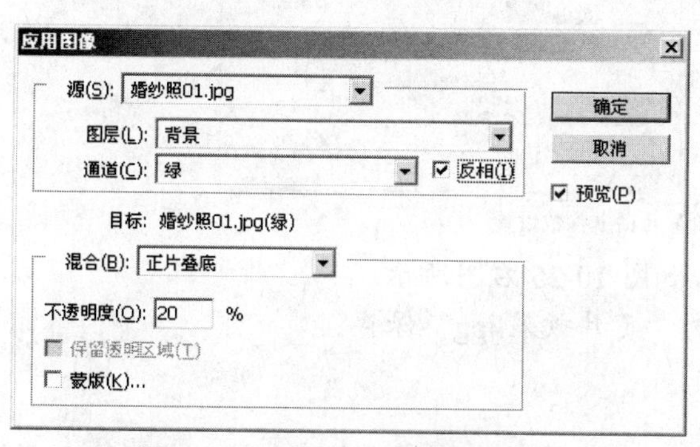

图10-28 【应用图像】对话框参数设置

图10-29 执行【应用图像】命令后的画面效果

(6) 将“红”通道设置为工作通道，并再次执行【图像】/【应用图像】命令，选项及参数设置如图 10-30 所示，然后单击 确定 按钮。

(7) 在【通道】面板中单击“RGB”通道，转换到 RGB 颜色模式，此时的画面效果如图 10-31 所示。

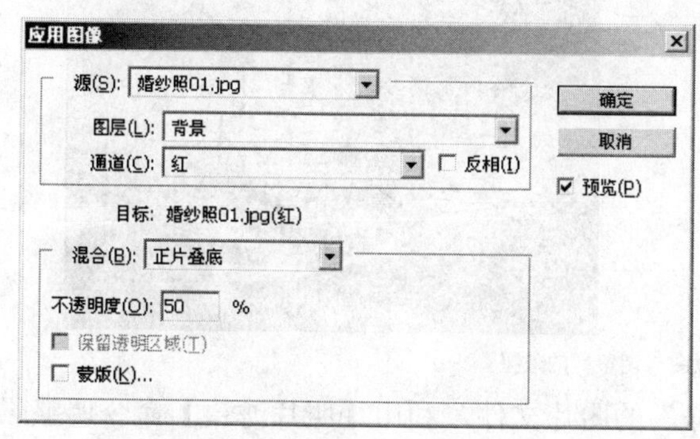

图10-30 【应用图像】对话框参数设置

图10-31 RGB 模式的画面效果

(8) 按 Ctrl+L 组合键将【色阶】对话框调出，然后依次调整“RGB”、“红”、“绿”、“蓝”通道的【输入色阶】值如图 10-32 所示。

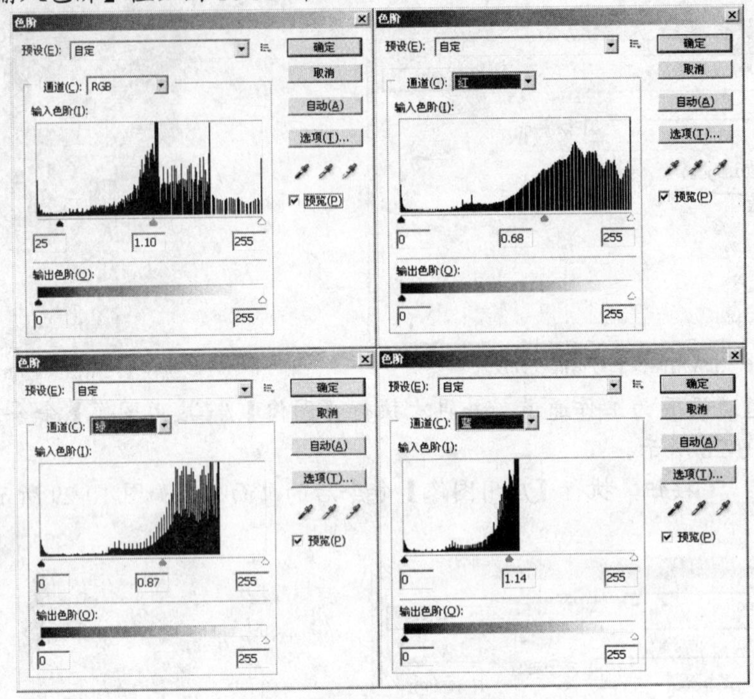

图10-32 【色阶】对话框参数设置

(9) 单击 确定 按钮，调整后的图像效果如图 10-25 右图所示。

(10) 按 Shift+Ctrl+S 组合键，将文件另命名为“负片效果.jpg”保存。

习题

1. 在素材文件中打开名为“风景.jpg”的图片文件，根据本项目任务一中实例内容的介绍，将曝光不足的照片进行调整，照片原图与调整后的效果如图 10-33 所示。

图10-33 照片原图与调整后的效果

2. 在素材文件中打开名为“人物 01.jpg”的图片文件，利用【照片滤镜】命令调整照片的色温，照片原图与调整后的效果如图 10-34 所示。

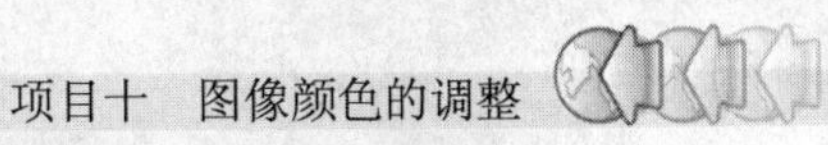

图10-34 照片原图与调整后的效果

3. 在素材文件中打开名为“人物 02.jpg”的图片文件，利用【变化】命令调整单色照片，原图及调整后的效果如图 10-35 所示。

图10-35 照片原图与调整后的效果

4. 在素材文件中打开名为“人物 03.jpg”的图片，根据本项目学过的【调整】命令将照片调整成彩色效果，原图及调整后的效果如图 10-36 所示。

图10-36 照片原图与上色后的效果

项目十一

滤镜应用

滤镜是 Photoshop 中最精彩的内容，应用滤镜可以制作出多种不同的图像艺术效果以及各种类型的艺术效果字。Photoshop CS4 的【滤镜】菜单中共有 100 多种滤镜命令，每个命令都可以单独使图像产生不同的效果，也可以利用滤镜库为图像应用多种滤镜效果。

滤镜命令的使用方法非常简单，只要在相应的图像上执行相应的滤镜命令，然后在弹出的对话框中设置不同的选项和参数就可直接出现效果。限于篇幅，本项目只列举几种在实际工作中常见的效果来介绍常用滤镜命令的使用方法，希望能够起到抛砖引玉的作用。同时，也希望读者通过本项目的学习，能够熟练运用多种常用的滤镜命令，以便在将来的实际工作中灵活运用。

学习目标

学会利用【滤镜】菜单命令制作特殊艺术效果的方法。
学会制作下雪效果的方法。
学会制作彩色星球的方法。
学会制作非主流涂鸦板的方法。
学会制作水质感文字的方法。
学会为汽车添加灯光效果的方法。

任务一 制作下雪效果

选择菜单栏中的【滤镜】命令，弹出的菜单如图 11-1 所示。

【知识准备】

- 【上次滤镜操作】命令：使图像重复上一次所使用的滤镜。
- 【转换为智能滤镜】命令：可将当前对象转换为智能对象，且在使用滤镜时原图像不会被破坏。智能滤镜作为图层效果存储在【图层】面板中，并可以随时重新调整这些滤镜的参数。
- 【滤镜库】命令：可以累积应用滤镜，并多次应用单个滤镜。还可以重新排列滤镜并更改已应用每个滤镜的设置等，以便实现所需的效果。
- 【液化】命令：使用此命令，可以使图像产生各种各样的图像扭曲变形效果。

- 【消失点】命令：可以在打开的【消失点】对话框中通过绘制的透视线框来仿制、绘制和粘贴与选定图像周围区域相类似的元素进行自动匹配。
- 【风格化】命令：可以使图像产生各种印象派及其他风格的画面效果。
- 【画笔描边】命令：在图像中增加颗粒、杂色或纹理，从而使图像产生多样的艺术画笔绘画效果。
- 【模糊】命令：可以使图像产生模糊效果。
- 【扭曲】命令：可以使图像产生多种样式的扭曲变形效果。
- 【锐化】命令：将图像中相邻像素点之间的对比增加，使图像更加清晰化。
- 【视频】命令：该命令是 Photoshop 的外部接口命令，用于从摄像机输入图像或将图像输出到录像带上。

上次滤镜操作(F)　Ctrl+F
转换为智能滤镜
滤镜库(G)...
液化(L)...
消失点(V)...
风格化
画笔描边
模糊
扭曲
锐化
视频
素描
纹理
像素化
渲染
艺术效果
杂色
其它
Digimarc
浏览联机滤镜...

图11-1　【滤镜】菜单

- 【素描】命令：可以使用前景色和背景色置换图像中的色彩，从而生成一种精确的图像艺术效果。
- 【纹理】命令：可以使图像产生多种多样的特殊纹理及材质效果。
- 【像素化】命令：可以使图像产生分块，呈现出由单元格组成的效果。
- 【渲染】命令：使用此命令，可以改变图像的光感效果。例如，可以模拟在图像场景中放置不同的灯光，产生不同的光源效果、夜景等。
- 【艺术效果】命令：可以使 RGB 模式的图像产生多种不同风格的艺术效果。
- 【杂色】命令：可以使图像按照一定的方式混合入杂点，制作着色像素图案的纹理。
- 【其它】命令：使用此命令，读者可以设定和创建自己需要的特殊效果滤镜。
- 【Digimarc】（作品保护）命令：将自己的作品加上标记，对作品进行保护。
- 【浏览联机滤镜】命令：使用此命令可以到网上浏览外挂滤镜。

利用【通道】面板及结合【滤镜】/【艺术效果】/【胶片颗粒】命令，制作出如图 11-2 所示的下雪效果。

【操作步骤】

(1) 打开素材文件中名为"风景.jpg"的图片文件，如图 11-3 所示。

图11-2　制作出的下雪效果

图11-3　打开的图片

(2) 打开【通道】面板，将"绿"通道复制生成为"绿 副本"通道，并将其设置为工作状态，然后执行【滤镜】/【艺术效果】/【胶片颗粒】命令，在弹出的【胶片颗粒】对话框中设置参数如图 11-4 所示。

(3) 单击 确定 按钮，执行【胶片颗粒】命令后的图像效果如图 11-5 所示。

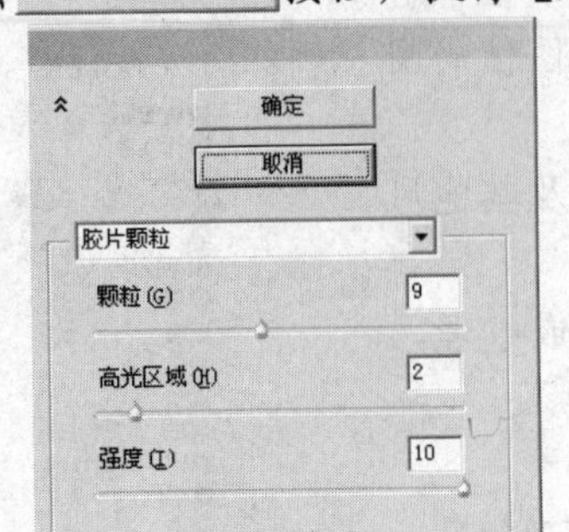

图11-4 【胶片颗粒】对话框参数设置

图11-5 执行【胶片颗粒】命令后的图像效果

(4) 按住 Ctrl 键单击“绿 副本”通道加载选区，按 Ctrl+2 组合键转换到 RGB 通道模式，载入的选区形状如图 11-6 所示。

(5) 返回到【图层】面板中，新建“图层 1”，再为选区填充上白色，效果如图 11-7 所示，然后按 Ctrl+D 组合键选区删除。

图11-6 载入的选区形状

图11-7 填充颜色后的效果

(6) 执行【图层】/【图层样式】/【斜面和浮雕】命令，在弹出的【图层样式】对话框中设置参数如图 11-8 所示。

(7) 单击 确定 按钮，添加图层样式后的图像效果如图 11-9 所示。

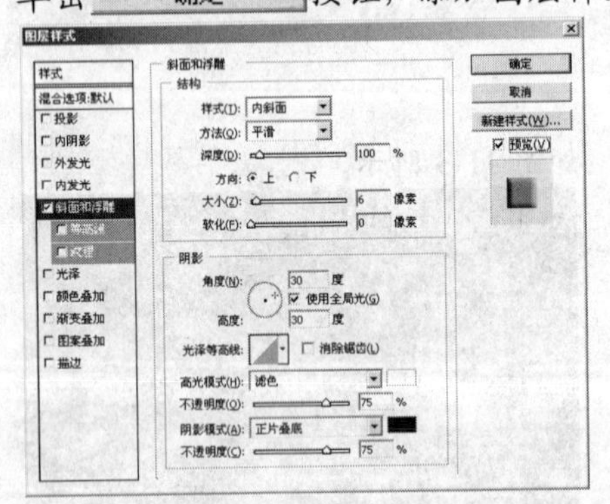
图11-8 【图层样式】对话框参数设置

图11-9 制作出的下雪效果

(8) 按 Shift+Ctrl+S 组合键，将此文件另命名为“下雪效果.psd”保存。

任务二 制作绚丽的彩色星球

制作的绚丽彩色星球效果如图 11-10 所示。

图11-10　制作出的绚丽彩色星球

【操作步骤】

(1) 新建一个【宽度】为“20 厘米”，【高度】为“13 厘米”，【分辨率】为“150 像素/英寸”，【颜色模式】为“RGB 颜色”，【背景内容】为黑色的文件。

(2) 新建“图层 1”，选择工具，并设置属性栏中羽化: 50 px选项的参数为“50 px”，然后绘制出如图 11-11 所示的具有羽化性质的椭圆形选区。

(3) 按 D 键将前景色和背景色设置为默认的黑色和白色，然后执行【滤镜】/【渲染】/【云彩】命令，为“图层 1”添加由前景色与背景色混合而成的云彩效果，如图 11-12 所示。

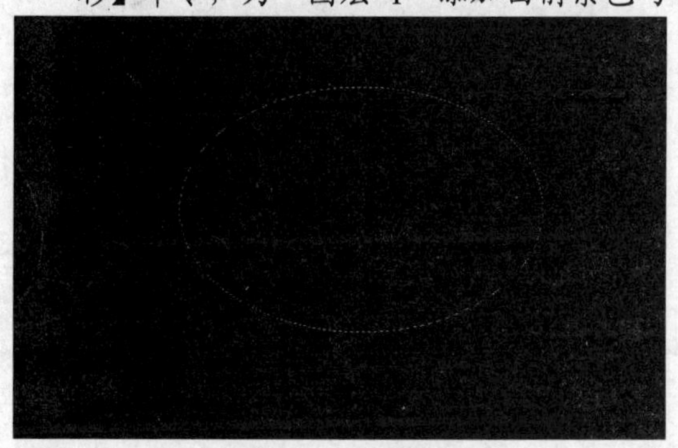
图11-11　绘制的选区

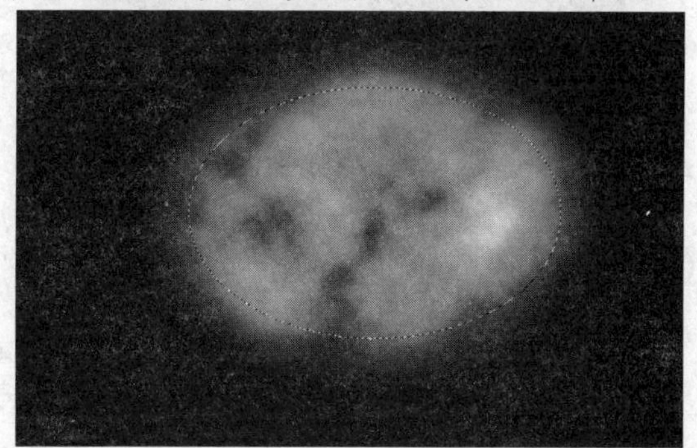
图11-12　添加的云彩效果

(4) 按 Ctrl+L 组合键，在弹出的【色阶】对话框中设置参数如图 11-13 所示，然后单击 确定 按钮，调整颜色后的图像效果如图 11-14 所示。

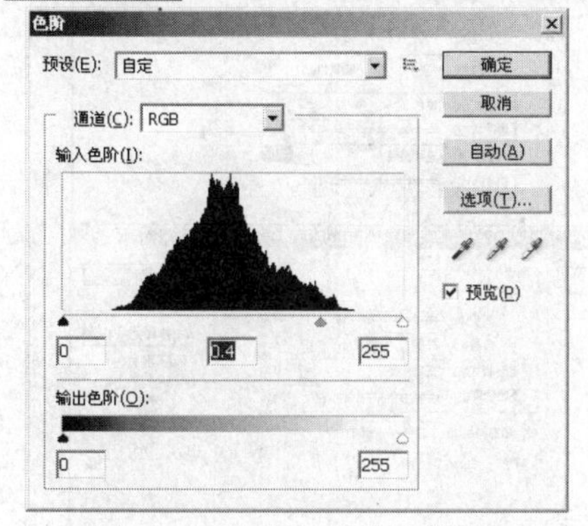

图11-13　【色阶】对话框参数设置

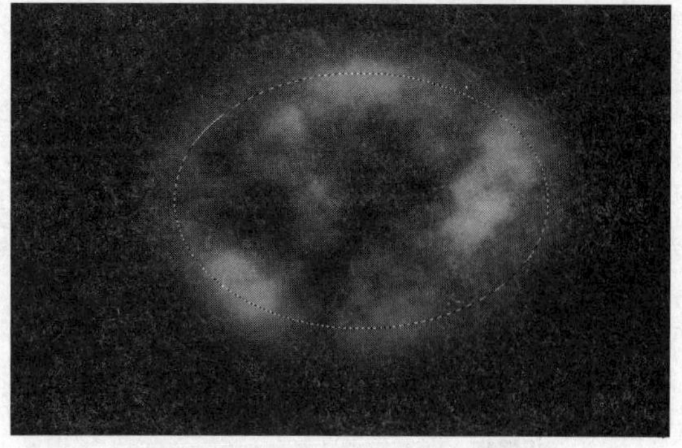
图11-14　调整颜色后的图像效果

(5) 按 Ctrl+D 组合键将选区删除，然后执行【滤镜】/【扭曲】/【旋转扭曲】命令，在弹出的【旋转扭曲】对话框中将【角度】选项的参数设置为“999”度。

(6) 单击 确定 按钮，执行【旋转扭曲】命令后的图像效果如图 11-15 所示。

(7) 执行【编辑】/【变换】/【透视】命令，为图像添加透视变换框，并将其调整至如图 11-16 所示的透视形状，然后按 Enter 键确认图像的透视变换操作。

图11-15 执行【旋转扭曲】命令后的图像效果

图11-16 调整后的图像形状

(8) 新建“图层 2”，然后选择工具，按住Shift键绘制出如图 11-17 所示的圆形选区。
(9) 为选区填充上黑色，效果如图 11-18 所示，然后按Ctrl+D组合键将选区删除。

图11-17 绘制的选区

图11-18 填充颜色后的效果

(10) 执行【图层】/【图层样式】/【混合选项】命令，在弹出的【图层样式】对话框中设置各项参数如图 11-19 所示。

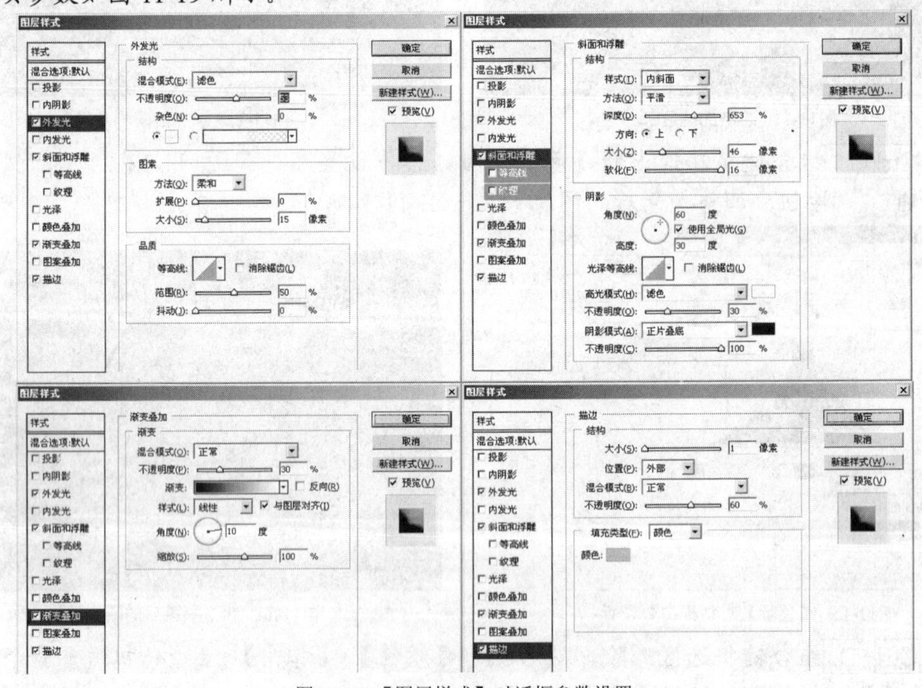

图11-19 【图层样式】对话框参数设置

(11) 单击 确定 按钮，添加图层样式后的图像效果如图 11-20 所示。
(12) 将“图层 2”调整至“图层 1”的下方位置，调整图层堆叠顺序后的画面效果如图 11-21 所示。

图11-20 添加图层样式后的图像效果

图11-21 调整图层堆叠顺序后的画面效果

(13) 新建“图层 3”，并将其调整至“图层 2”的下方，然后将前景色设置为白色。

(14) 选取工具，单击属性栏中的按钮，在弹出的【画笔】面板中设置选项和参数如图11-22所示。

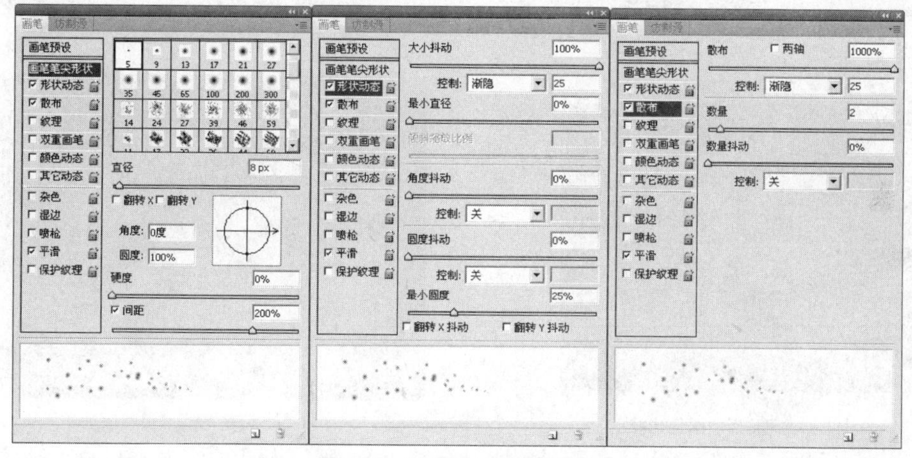
图11-22 【画笔】面板参数设置

(15) 将鼠标指针移动到画面中，按住鼠标左键并自由拖曳，喷绘如图11-23所示的白色杂点。

(16) 新建“图层 4”，选取工具，并设置属性栏中羽化: 50 px 选项的参数为“50 px”，然后绘制出如图11-24所示的具有羽化性质的选区。

图11-23 喷绘出的杂点

图11-24 绘制的选区

(17) 按D键将前景色和背景色设置为默认的黑色和白色，执行【滤镜】/【渲染】/【分层云彩】命令，在选区内使用随机生成的介于前景色与背景色之间的值生成云彩图案，然后将其选区删除，添加的云彩效果如图11-25所示。

(18) 按Ctrl+T组合键为“图层 4”中的云彩图像添加自由变换框，并将其调整至如图11-26所示的形状，然后单击属性栏中的按钮，将变换框转换为变形框。

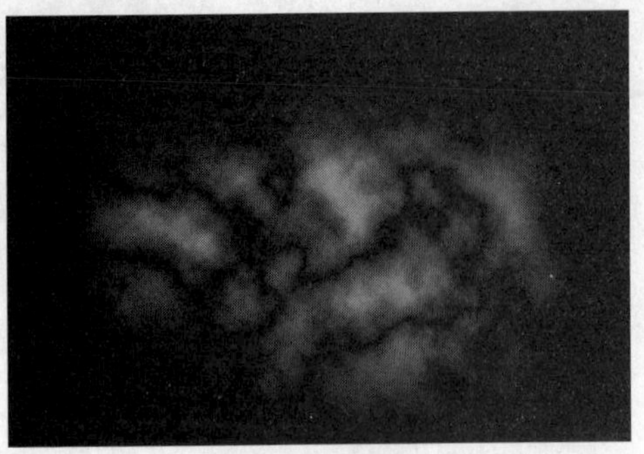
图11-25 添加的云彩效果

图11-26 调整后的图像形状

(19) 通过调整变形框 4 个角上的调节点的位置以及控制柄的长度和方向，将图像调整至如图 11-27 所示的形状，然后按 Enter 键确认图像的变换操作。

(20) 将“图层 4”调整至“图层 2”的下方位置，调整图层堆叠顺序后的画面效果如图 11-28 所示。

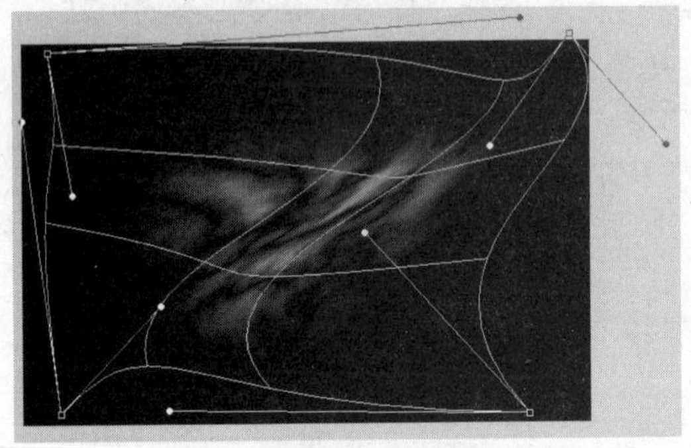
图11-27 调整后的图像形状

图11-28 调整图层堆叠顺序后的效果

(21) 将“图层 4”复制生成为“图层 4 副本”，然后按 Ctrl+T 组合键为复制出的图像添加自由变换框，并将其旋转至如图 11-29 所示的形状。

(22) 按 Enter 键确认图像的变换操作，再将“图层 4 副本”调整至“图层 1”的上方位置，然后将其图层混合模式设置为“滤色”，更改混合模式后的图像效果如图 11-30 所示。

图11-29 调整后的图像形状

图11-30 更改混合模式后的图像效果

(23) 将“图层 1”的图层混合模式设置为“强光”，更改混合模式后的图像效果如图 11-31 所示。

(24) 将“图层 3”设置为当前层，并将前景色设置为白色，然后利用工具喷绘出如图 11-32 所示的白色杂点。

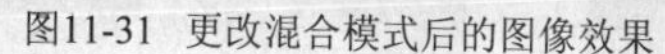

图11-31　更改混合模式后的图像效果

图11-32　喷绘出的杂点

(25) 利用和工具绘制并调整出如图 11-33 所示的曲线路径。

图11-33　绘制并调整出的路径

(26) 选择工具，单击其属性栏中的按钮，在弹出的【画笔】面板中设置选项和参数如图 11-34 所示。

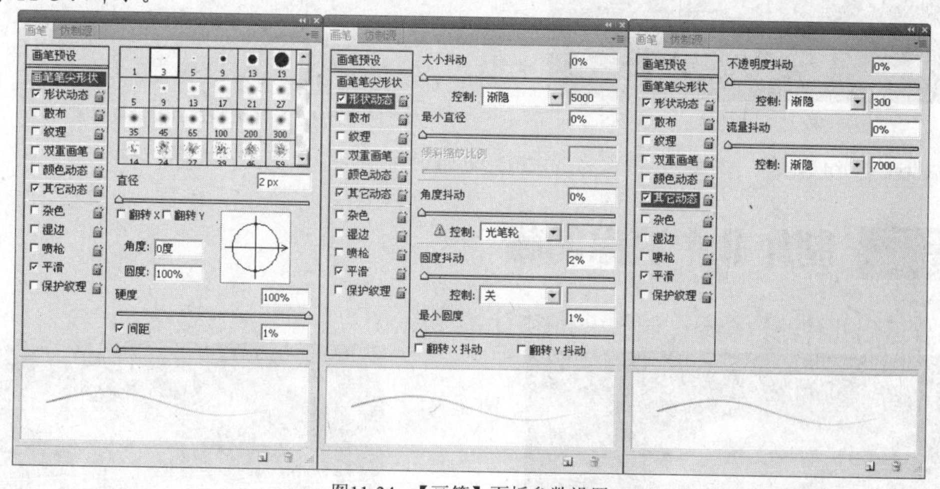

图11-34　【画笔】面板参数设置

(27) 新建“图层 5”，并将前景色设置为白色，再单击【路径】面板底部的按钮描绘路径，然后在【路径】面板的灰色区域单击，隐藏路径后的效果如图 11-35 所示。

(28) 将“图层 5”调整至“图层 2”的下方位置，再按 Ctrl+T 组合键为其添加自由变换，并将其调整至如图 11-36 所示的形状，然后按 Enter 键确认线形的变换操作。

(29) 将“图层 5”复制生成为“图层 5 副本”，然后执行【编辑】/【变换】/【水平翻转】命令，将复制出的线形翻转。

(30) 按 Ctrl+T 组合键为复制出的线形添加自由变形框，并将其调整至如图 11-37 所示的形状，然后按 Enter 键确认图形的变换操作。

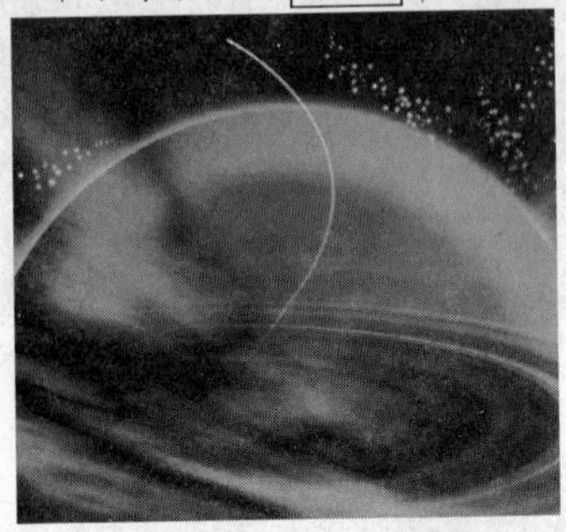
图11-35 描绘路径后的效果

图11-36 调整后的线形形状

图11-37 调整后的图形形状

(31) 用与步骤 25~30 相同的方法依次绘制并调整出如图 11-38 所示的线形。

(32) 将“图层 4 副本”设置为当前层，单击【图层】面板下方的 按钮，在弹出的下拉菜单中选择【色彩平衡】命令，弹出【调整】面板，设置选项及参数如图 11-39 所示，调整后的画面效果如图 11-40 所示。

图11-38 绘制出的线形

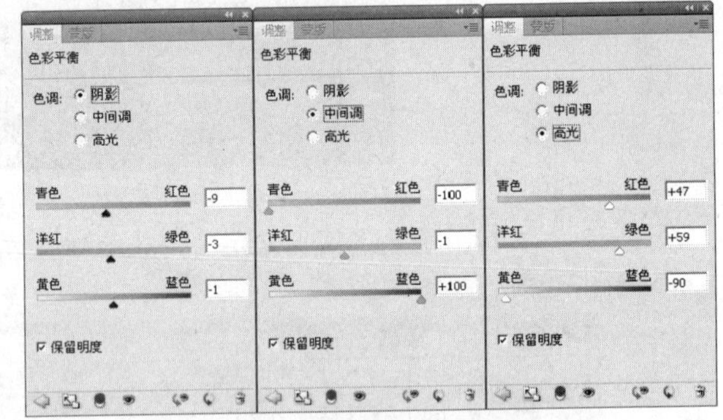

图11-39 【调整】面板参数设置

(33) 按 Ctrl+S 组合键，将文件命名为“打造绚丽的彩色星球.psd”保存。

任务三 制作非主流涂鸦板

综合运用几种滤镜命令，制作出如图 11-41 所示的非主流涂鸦板效果。

图11-40 调整后的图像效果

图11-41 制作出的涂鸦板效果

【操作步骤】

(1) 新建一个【宽度】为“20 厘米”，【高度】为“15 厘米”，【分辨率】为“120 像素/英寸”，【颜色模式】为“RGB 颜色”，【背景内容】为白色的文件。

(2) 按D键将前景色和背景色设置为默认的黑色和白色，然后执行【滤镜】/【渲染】/【云彩】命令，为“背景”层添加由前景色与背景色混合而成的云彩效果，如图 11-42 所示。

(3) 执行【滤镜】/【素描】/【绘图笔】命令，在弹出的【绘图笔】对话框中设置参数如图 11-43 所示。

(4) 单击 确定 按钮，执行【绘图笔】命令后的图像效果如图 11-44 所示。

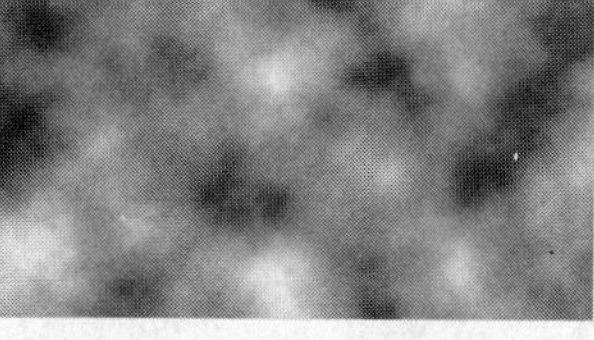

图11-42　添加的云彩效果

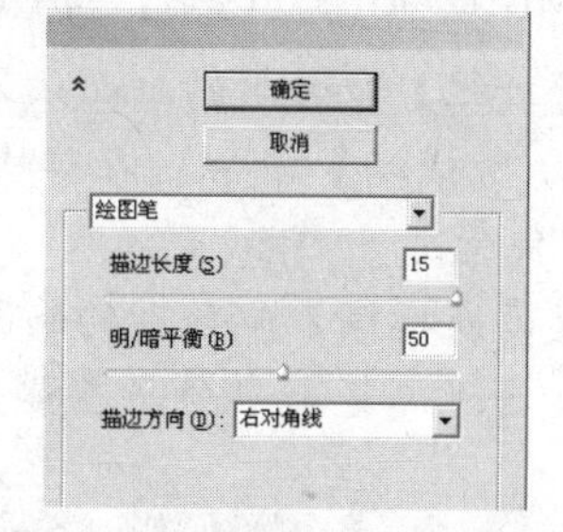

图11-43　【绘图笔】对话框参数设置

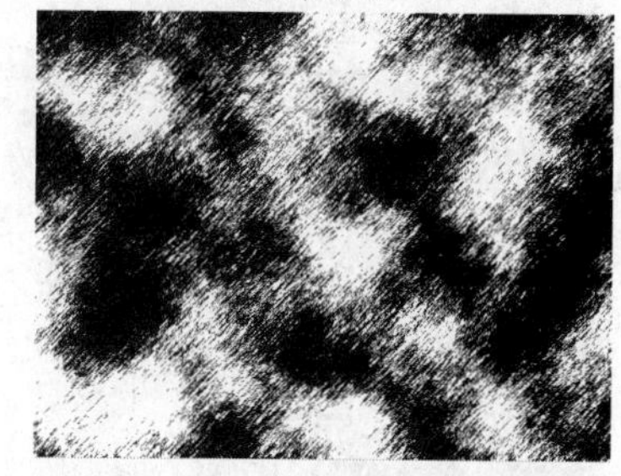

图11-44　执行【绘图笔】命令后的效果

(5) 执行【滤镜】/【模糊】/【高斯模糊】命令，在弹出的【高斯模糊】对话框中将【半径】选项的参数设置为“5”像素。

(6) 单击 确定 按钮，执行【高斯模糊】命令后的图像效果如图 11-45 所示。

(7) 执行【滤镜】/【扭曲】/【置换】命令，弹出【置换】对话框，设置选项及参数如图 11-46 所示。

(8) 单击 确定 按钮，然后在弹出的【选择一个置换图】对话框中选择素材文件中名为“图案.psd”的图像文件。

(9) 单击 打开(O) 按钮，置换图像后的画面效果如图 11-47 所示。

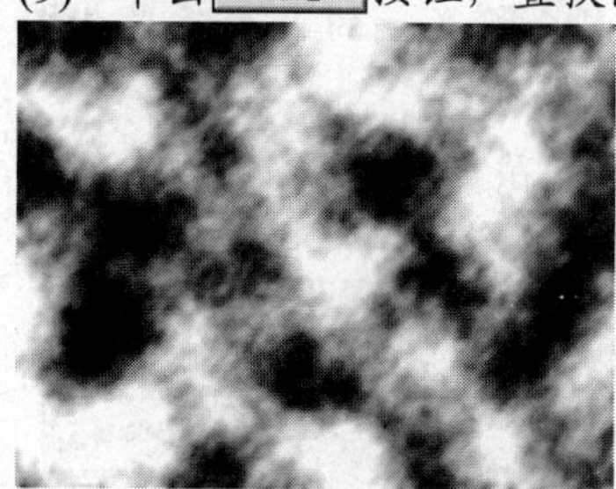

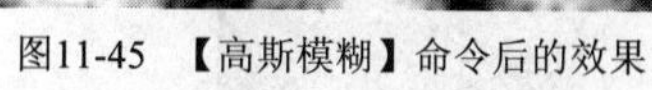

图11-45　【高斯模糊】命令后的效果

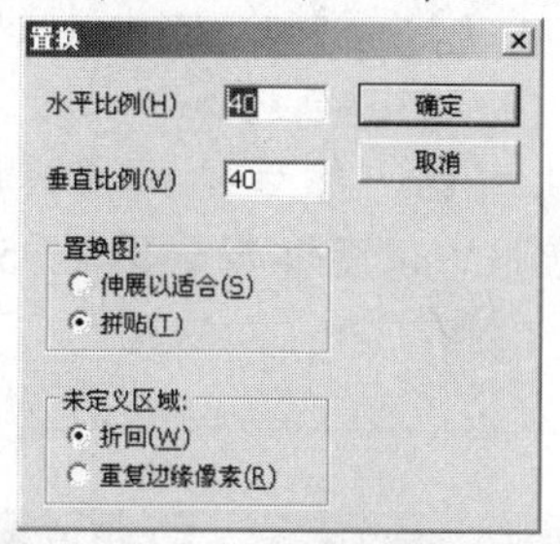

图11-46　【置换】对话框参数设置

图11-47　置换图像后的画面效果

(10) 执行【图像】/【图像旋转】/【90 度（顺时针）】命令，将图像窗口顺时针旋转，效果如图 11-48 所示。

(11) 按Ctrl+F组合键重复执行【置换】命令，生成的画面效果如图 11-49 所示。

(12) 执行【图像】/【旋转画布】/【90 度（逆时针）】命令，将画布逆时针旋转。

(13) 新建“图层 1”，并为其填充上白色，然后执行【滤镜】/【渲染】/【纤维】命令，在弹出的【纤维】对话框中设置参数如图 11-50 所示。

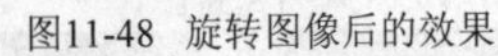
图11-48 旋转图像后的效果

图11-49 重复执行【置换】命令后的效果

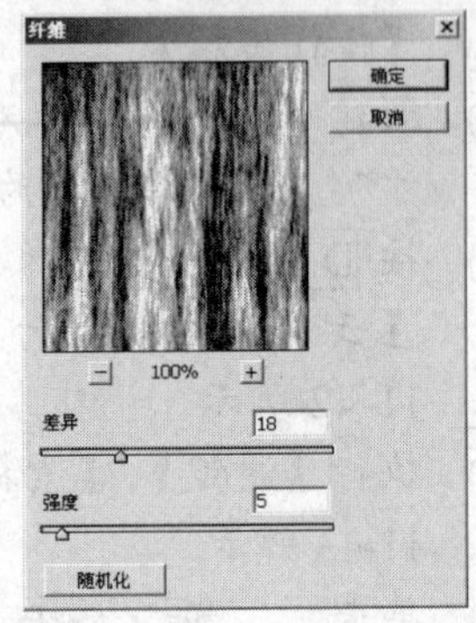

图11-50 【纤维】对话框参数设置

(14) 单击 确定 按钮，执行【纤维】命令后的画面效果如图 11-51 所示。

(15) 执行【滤镜】/【模糊】/【高斯模糊】命令，在弹出的【高斯模糊】对话框中将【半径】选项的参数设置为“5”像素。

(16) 单击 确定 按钮，执行【高斯模糊】命令后的画面效果如图 11-52 所示。

(17) 执行【滤镜】/【艺术效果】/【干画笔】命令，在弹出的【干画笔】对话框中设置参数如图 11-53 所示。

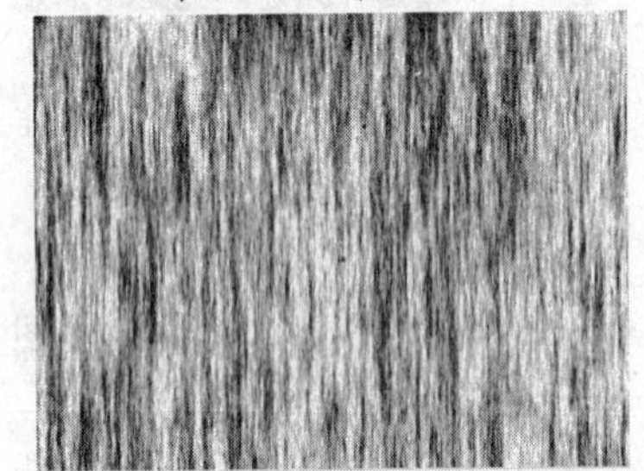
图11-51 执行【纤维】命令后的画面效果

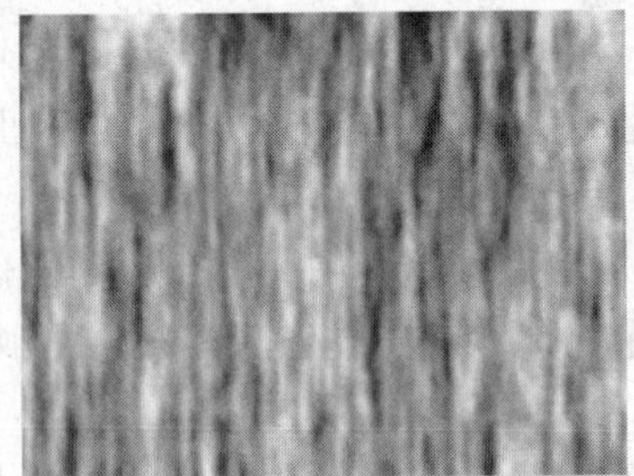
图11-52 执行【高斯模糊】命令后的效果

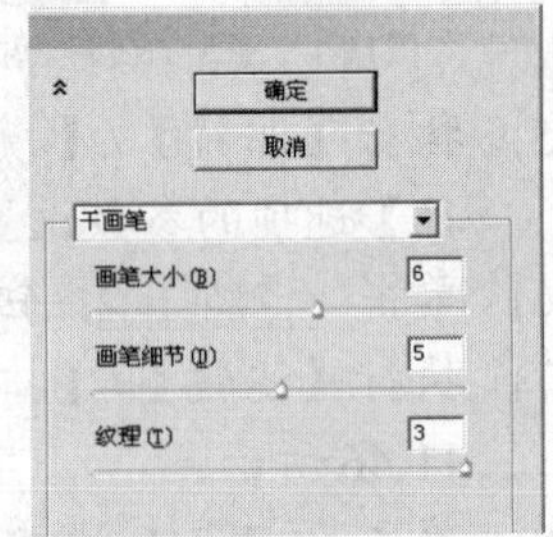

图11-53 【干画笔】对话框

(18) 单击 确定 按钮，执行【干画笔】命令后的画面效果如图 11-54 所示。

(19) 将“图层 1”的图层混合模式设置为“颜色加深”，更改混合模式后的画面效果如图 11-55 所示。

(20) 新建“图层 2”，并为其填充上白色，然后执行【滤镜】/【杂色】/【添加杂色】命令，在弹出的【添加杂色】对话框中设置参数如图 11-56 所示。

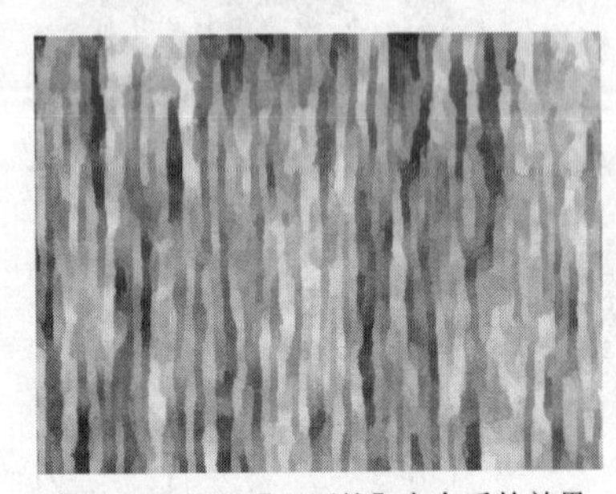
图11-54 执行【干画笔】命令后的效果

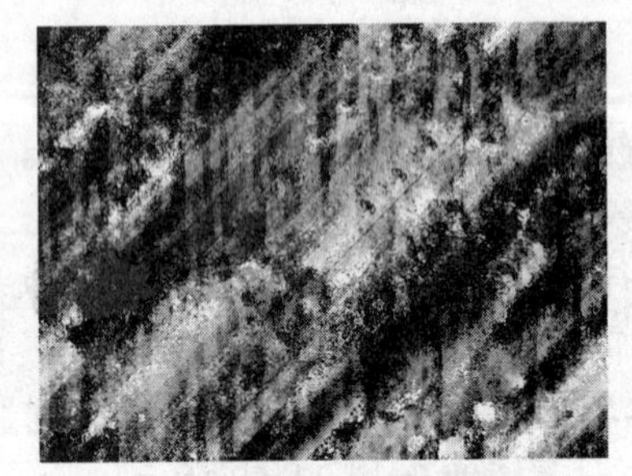
图11-55 更改混合模式后的效果

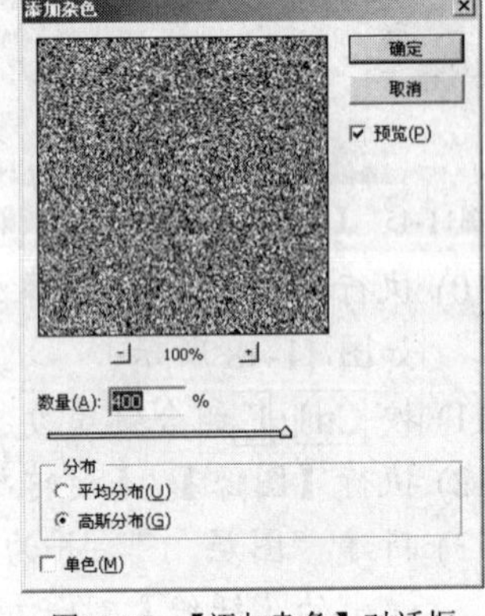

图11-56 【添加杂色】对话框

(21) 单击 确定 按钮，执行【添加杂色】命令后的画面效果如图 11-57 所示。

(22) 执行【滤镜】/【像素化】/【晶格化】命令，在弹出的【晶格化】对话框中将【单元格大小】选项的参数设置为“80”。

(23) 单击 确定 按钮，生成的晶格化效果如图 11-58 所示。

(24) 执行【图像】/【调整】/【照片滤镜】命令，在弹出的【照片滤镜】对话框中设置参数如图 11-59 所示。

图11-57　【添加杂色】后的画面效果

图11-58　执行【晶格化】命令后的效果

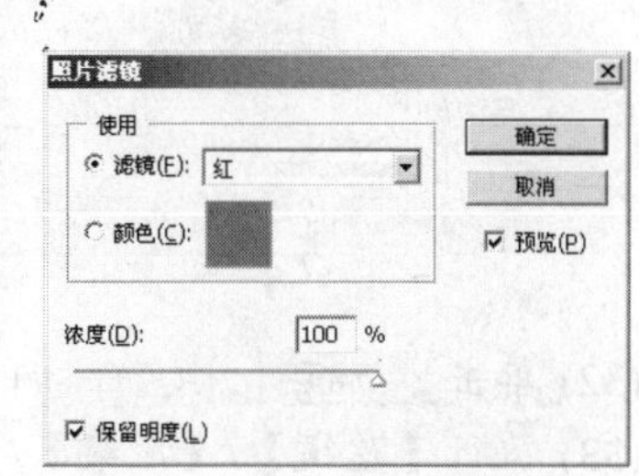

图11-59　【照片滤镜】对话框

(25) 单击 确定 按钮，调整后的图像颜色如图 11-60 所示。

(26) 执行【滤镜】/【模糊】/【动感模糊】命令，在弹出的【动感模糊】对话框中设置参数如图 11-61 所示。

(27) 单击 确定 按钮，执行【动感模糊】命令后的画面效果如图 11-62 所示。

图11-60　调整后的图像颜色

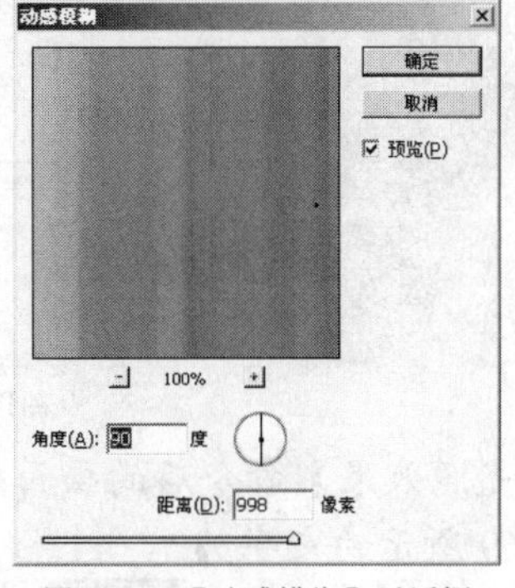

图11-61　【动感模糊】对话框

图11-62　执行【动感模糊】命令后的效果

(28) 执行【滤镜】/【模糊】/【高斯模糊】命令，在弹出的【高斯模糊】对话框中将【半径】选项的参数设置为“20”像素。

(29) 单击 确定 按钮，执行【高斯模糊】命令后的画面效果如图 11-63 所示。

(30) 将“图层 2”的图层混合模式设置为“叠加”，更改混合模式后的画面效果如图 11-64 所示。

图11-63　执行【高斯模糊】命令后的画面效果

图11-64　更改混合模式后的画面效果

(31) 按 Ctrl+L 组合键，在弹出的【色阶】面板中依次将【通道】选项设置为“RGB”、“红”、“绿”和“蓝”通道，并分别设置参数如图 11-65 所示。

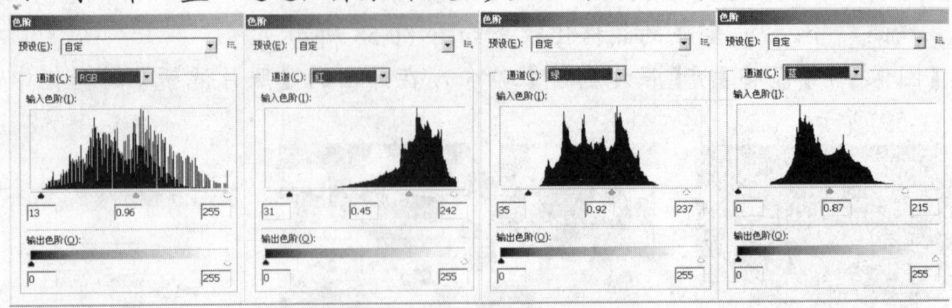

图11-65 【色阶】对话框参数设置

(32) 单击 确定 按钮，调整后的画面效果如图 11-66 所示。

(33) 执行【滤镜】/【渲染】/【光照效果】命令，在弹出的【光照效果】对话框中设置参数如图 11-67 所示。

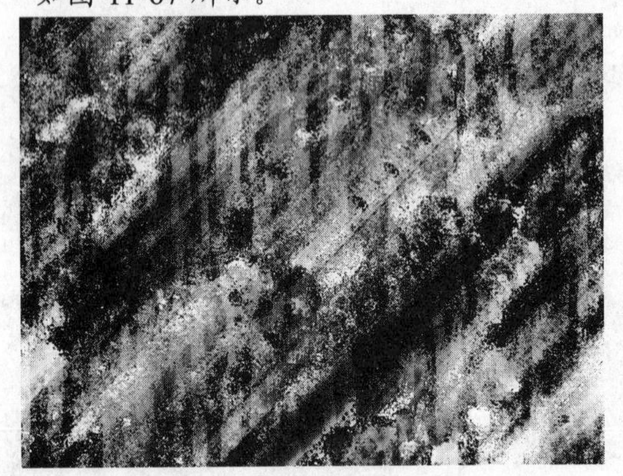

图11-66 调整后的画面效果

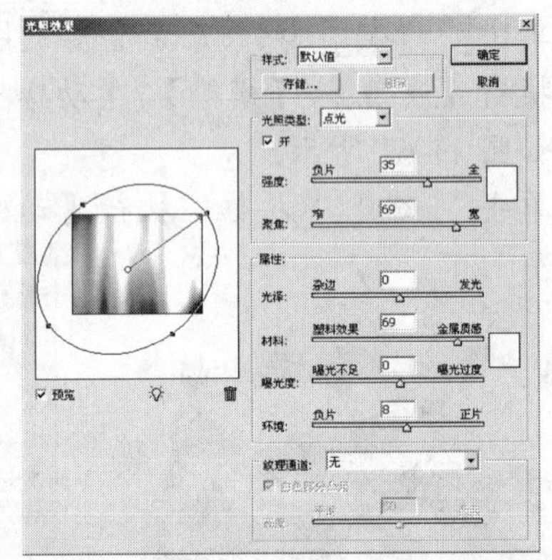

图11-67 【光照效果】对话框参数设置

(34) 单击 确定 按钮，执行【光照效果】命令后的画面效果如图 11-68 所示。

(35) 利用 T 工具依次输入如图 11-69 所示的文字。

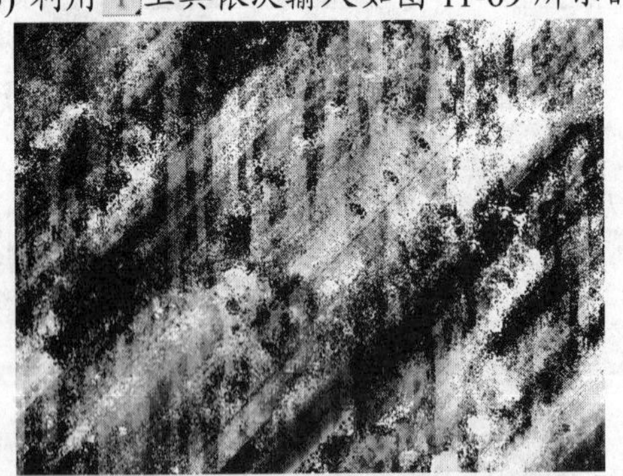

图11-68 执行【光照效果】命令后的画面效果

图11-69 输入的文字

(36) 按 Ctrl+S 组合键，将文件命名为“非主流涂鸦板.psd”保存。

项目实训 打造水质感文字

下面主要利用【滤镜】/【画笔描边】/【成角的线条】和【滤镜】/【渲染】/【光照效

果】命令及结合【图层样式】命令，制作出如图 11-70 所示的水质感文字效果。

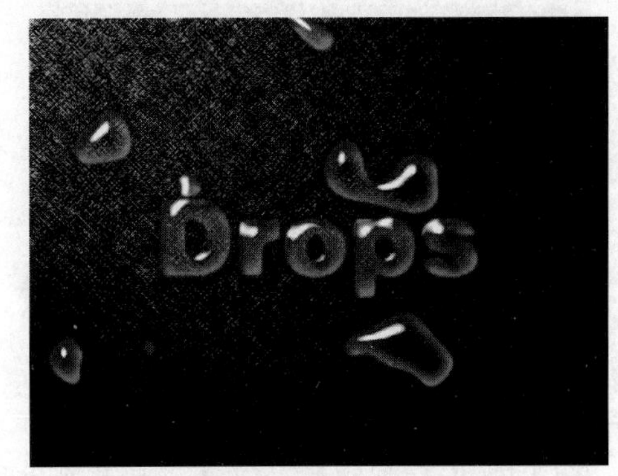

图11-70　制作出的水质感文字效果

【操作步骤】

(1) 新建一个【宽度】为“20 厘米”，【高度】为“15 厘米”，【分辨率】为“120 像素/英寸”，【颜色模式】为“RGB 颜色”，【背景内容】为白色的文件。

(2) 执行【滤镜】/【杂色】/【添加杂色】命令，在弹出的【添加杂色】对话框中设置参数如图 11-71 所示。

(3) 单击 确定 按钮，执行【添加杂色】命令后的画面效果如图 11-72 所示。

(4) 执行【滤镜】/【画笔描边】/【成角的线条】命令，在弹出的【成角的线条】对话框中设置参数如图 11-73 所示。

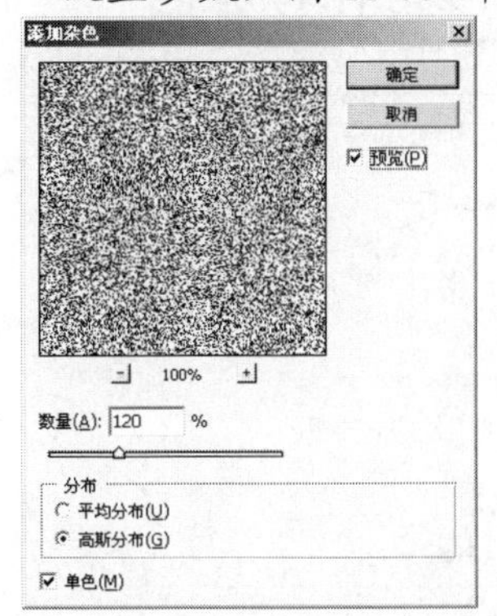

图11-71　【添加杂色】对话框

图11-72　执行【添加杂色】命令后的画面效果

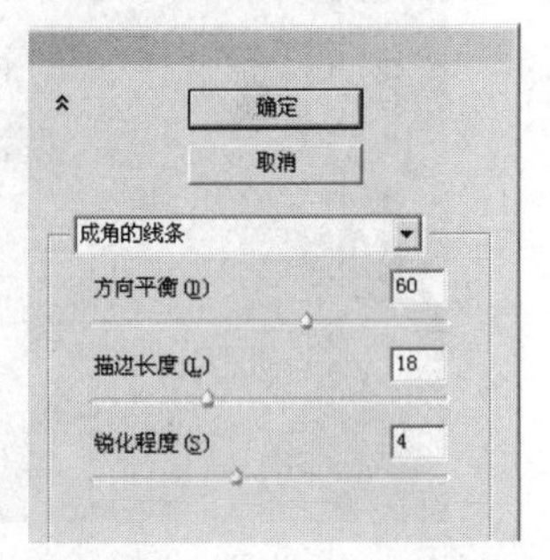

图11-73　【成角的线条】对话框

(5) 单击 确定 按钮，执行【成角的线条】命令后的效果如图 11-74 所示。

(6) 执行【滤镜】/【渲染】/【光照效果】命令，在弹出的【光照效果】对话框中设置参数如图 11-75 所示。

图11-74　执行【成角的线条】命令后的画面效果

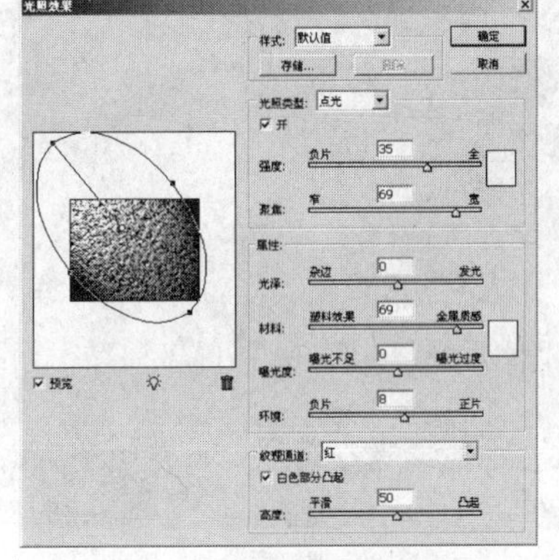

图11-75　【光照效果】对话框参数设置

(7) 单击 确定 按钮，执行【光照效果】命令后的画面效果如图 11-76 所示。

(8) 执行【编辑】/【渐隐光照效果】命令，在弹出的【渐隐】对话框中设置【不透明度】选项的参数为“35%”，设置不透明度后的画面效果如图 11-77 所示。

图11-76 执行【光照效果】命令后的画面效果

图11-77 设置不透明度后的画面效果

(9) 按 Ctrl+J 组合键将“背景”层复制生成为“图层 1”，然后为“背景”层填充上天蓝色（R:18,G:130,B:255）。

(10) 将“图层 1”的图层混合模式设置为“线性加深”，更改图层混合模式后的画面效果如图 11-78 所示。

(11) 按 Ctrl+M 组合键，在弹出的【曲线】对话框中调整曲线形状如图 11-79 所示。

图11-78 更改混合模式后的画面效果

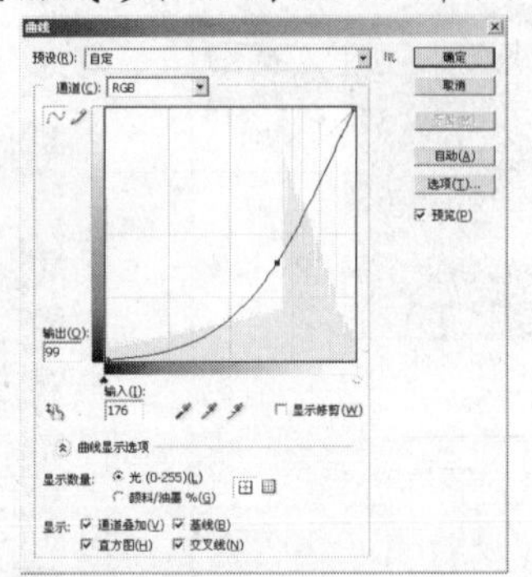

图11-79 【曲线】对话框曲线形态

(12) 单击 确定 按钮，调整后的画面效果如图 11-80 所示。

(13) 将“背景”层设置为当前层，然后执行【滤镜】/【渲染】/【光照效果】命令，在弹出的【光照效果】对话框中设置参数如图 11-81 所示。

图11-80 调整后的画面效果

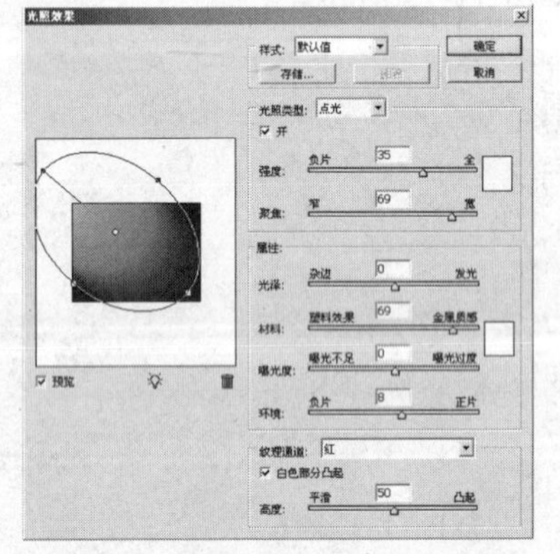

图11-81 【光照效果】对话框参数设置

(14) 单击 确定 按钮，执行【光照效果】命令后的画面效果如图 11-82 所示。

(15) 新建“图层 2”，并为其填充上白色，然后利用 T 工具输入如图 11-83 所示的黑色英文字母。

图11-82　【光照效果】命令后的效果

Drops

图11-83　输入的文字

(16) 将“图层 2”设置为工作层，按 D 键将前景色和背景色设置为默认的黑色和白色，然后执行【滤镜】/【渲染】/【云彩】命令，为图层添加由前景色与背景色混合而成的云彩效果，如图 11-84 所示。

(17) 执行【滤镜】/【素描】/【图章】命令，在弹出的【图章】对话框中设置参数如图 11-85 所示。

(18) 单击 确定 按钮，执行【图章】命令后的画面效果如图 11-86 所示。

图11-84　添加的云彩效果

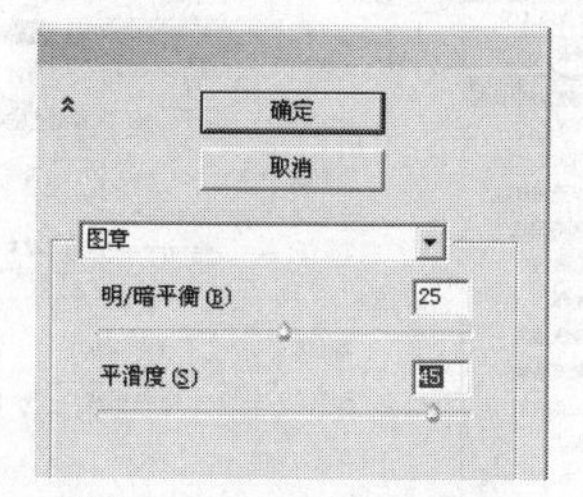

图11-85　【图章】对话框

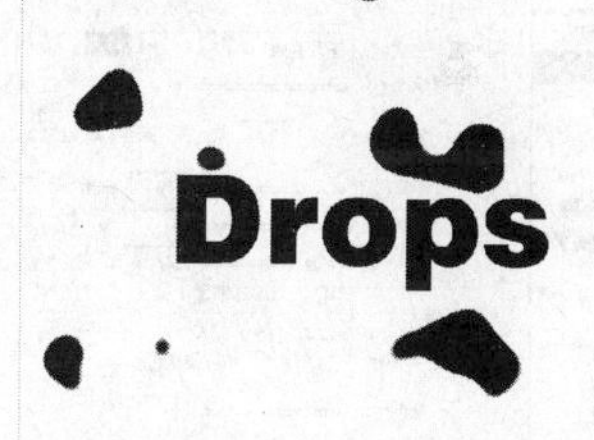

图11-86　执行【图章】命令后的画面效果

(19) 将“Drops”文字层设置为当前层，然后执行【图层】/【栅格化】/【文字】命令，将文字层转换为普通层。

(20) 执行【滤镜】/【模糊】/【高斯模糊】命令，在弹出的【高斯模糊】对话框中将【半径】选项的参数设置为“5”像素。

(21) 单击 确定 按钮，执行【高斯模糊】命令后的文字效果如图 11-87 所示。

(22) 按 Ctrl+E 组合键将“Drops”文字层向下合并为“图层 2”，然后执行【图像】/【调整】/【阈值】命令，在弹出的【阈值】对话框中设置参数如图 11-88 所示。

图11-87　执行【高斯模糊】命令后的效果

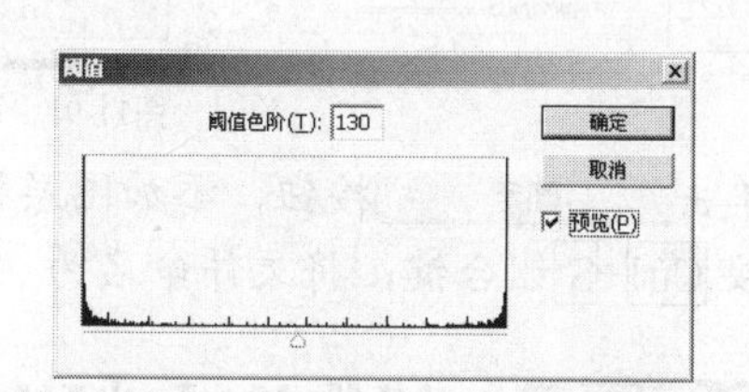

图11-88　【阈值】对话框参数设置

(23) 单击 确定 按钮，调整后的文字效果如图 11-89 所示。

(24) 利用工具在画面中的白色区域处单击添加选区，再按 Delete 键删除选区中的内容，

效果如图 11-90 所示，然后按 Ctrl+D 组合键删除选区。

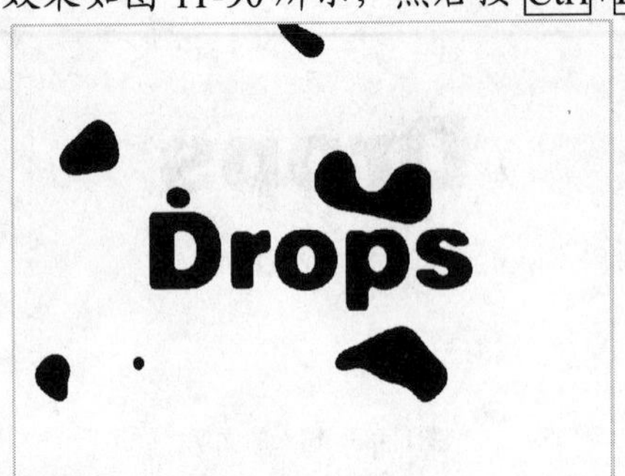

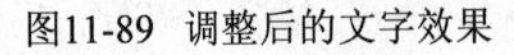
图11-89 调整后的文字效果

图11-90 删除选区内容后的画面效果

(25) 执行【滤镜】/【模糊】/【高斯模糊】命令，在弹出的【高斯模糊】对话框中将【半径】选项的参数设置为“2”像素，然后单击 确定 按钮。

(26) 将“图层 2”的【填充】选项的参数设置为“0%”，然后执行【图层】/【图层样式】/【混合选项】命令，在弹出的【图层样式】对话框中设置参数如图 11-91 所示。

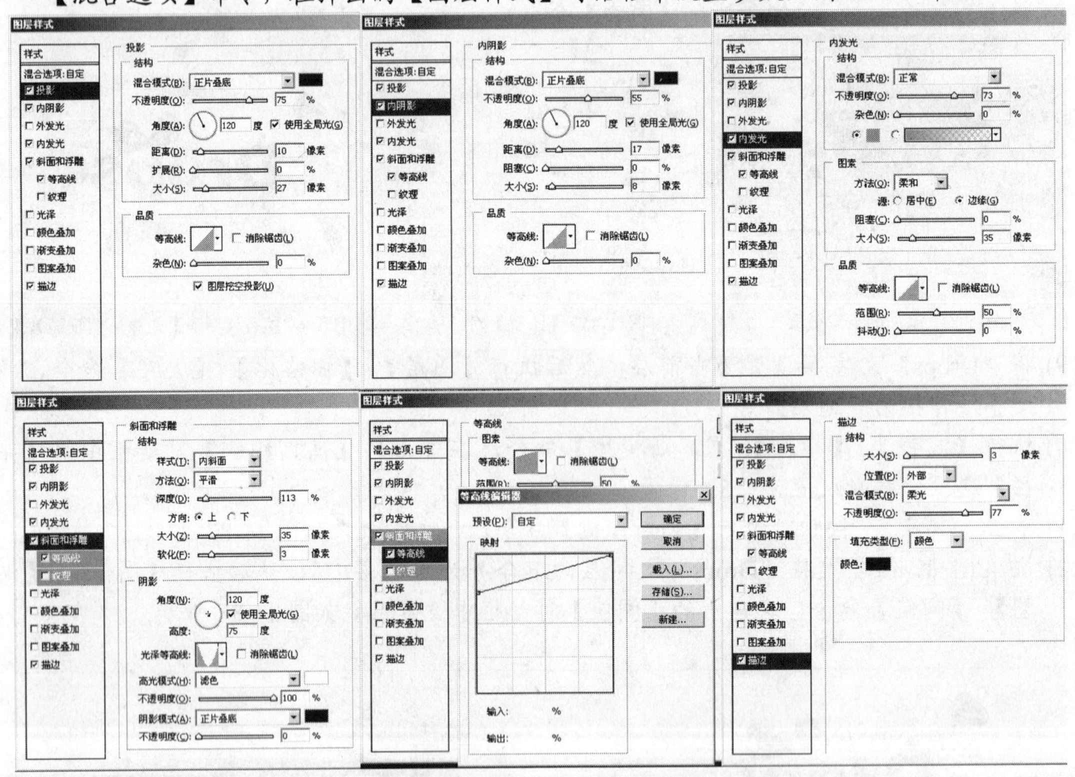

图11-91 【图层样式】对话框参数设置

(27) 单击 确定 按钮，添加图层样式后的文字效果如图 11-70 所示。

(28) 按 Ctrl+S 组合键，将文件命名为“打造水质感文字.psd”保存。

项目拓展 制作汽车灯光效果

为汽车添加的灯光效果如图 11-92 所示。

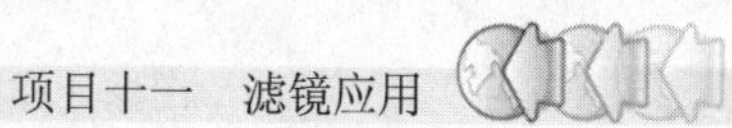

【操作步骤】

(1) 打开素材文件中名为“汽车.jpg”的图片文件，如图 11-93 所示。

图11-92　制作的汽车灯光效果

图11-93　打开的图片

(2) 新建“图层 1”，并为其填充上黑色，然后执行【滤镜】/【渲染】/【镜头光晕】命令，在弹出的【镜头光晕】对话框中设置参数如图 11-94 所示。

(3) 单击 确定 按钮，执行【镜头光晕】命令后的画面效果如图 11-95 所示。

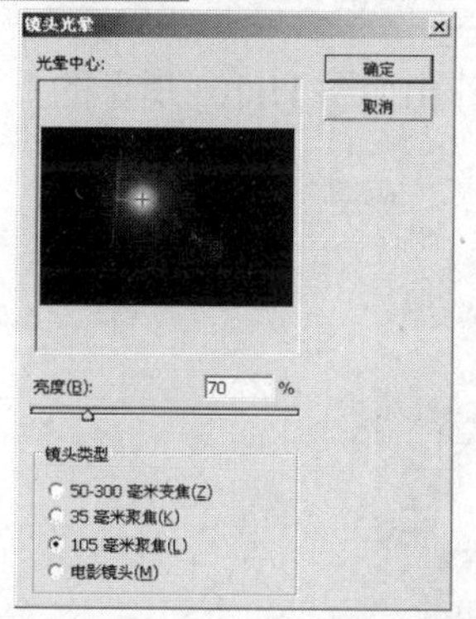

图11-94　【镜头光晕】对话框参数设置

图11-95　执行【镜头光晕】命令后的画面效果

(4) 将“图层 1”的图层混合模式设置为“滤色”，更改混合模式后的画面效果如图 11-96 所示，然后将添加的光晕效果移动至如图 11-97 所示的右侧车灯位置。

图11-96　更改混合模式后的画面效果

图11-97　光晕效果放置的位置

(5) 利用工具对汽车灯光外的眩光进行擦除，效果如图 11-98 所示。

(6) 将“图层 1”复制生成为“图层 1 副本”，再按 Ctrl+T 组合键为复制出的图像添加自由变形框，并将其调整至如图 11-99 所示的形状，然后按 Enter 键确认图像的变换操作。

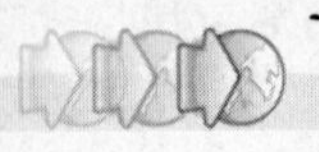

图11-98 擦除后的灯光效果

图11-99 调整后的图像效果

(7) 将"图层 1 副本"的【不透明度】的参数设置为"70%"，降低不透明度后的图像效果如图 11-92 所示。

(8) 按 Shift+Ctrl+S 组合键，将文件另命名为"制作汽车灯光效果.psd"保存。

习题

1. 在素材文件中打开名为"松球.jpg"的图片文件，制作出如图 11-101 所示的下雪效果。

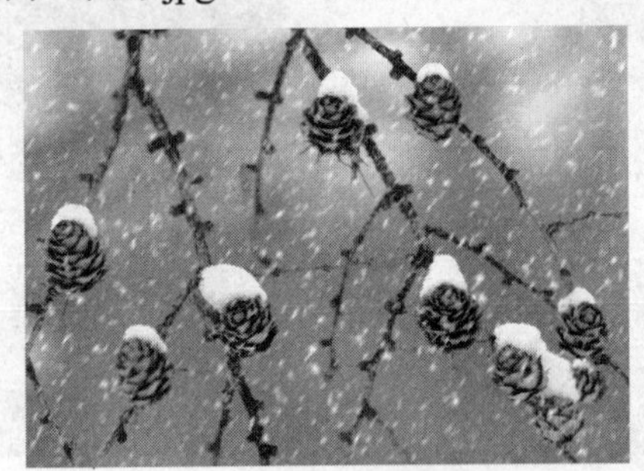

图11-100 制作的下雪效果

2. 利用【滤镜】/【风格化】/【风】和【滤镜】/【扭曲】/【波纹】命令，制作出如图 11-101 所示的火轮效果。图片素材为本书素材文件"图库\项目十一"目录下名为"火轮.jpg"的文件。

3. 灵活运用本项目学过的滤镜命令，将咖啡调制成牛奶效果，原图片及调整后的效果如图 11-102 所示。图片素材为本书素材文件"图库\项目十一"目录下名为"咖啡.jpg"的文件。

图11-101 火轮效果

图11-102 原图片及调整后的效果